新时代水利高等职业教育特色发展实践探索

罗迈钦 著

黄河水利出版社

·郑州·

内 容 提 要

本书是在党中央高度重视水利事业和职业教育的背景下,通过对水利高等职业教育的特色发展展开探索与研究,分析构建符合新时代需求的水利高等职业教育体系的各类关键因素。主要内容包括水利高等职业教育的基本理论、特色发展成功实例;水利高等职业教育改革趋势、任务、发展定位、特色发展影响因素;构建水利高等职业教育体系的基本原则;水利高等职业教育特色发展的重要内容;构建新时代强有力的政策法律支持体系;构建和完善务实的水利行业指导办学制度;建设现代水利高等职业教育集团化发展体制机制等。

本书可以为水利高等职业教育从业人员推动水利高等职业教育教学发展,不断提升水利高等职业教育人才培养水平和服务能力提供有益参考。

图书在版编目(CIP)数据

新时代水利高等职业教育特色发展实践探索/罗迈钦
著.—郑州:黄河水利出版社,2018.7
ISBN 978-7-5509-2062-0

Ⅰ.①新…　Ⅱ.①罗…　Ⅲ.①水利工程-高等职业
教育-发展-研究　Ⅳ.①TV-4

中国版本图书馆 CIP 数据核字(2018)第 141989 号

出　版　社:黄河水利出版社　　　　　　　　　　　网址:www.yrcp.com
　　　　　地址:河南省郑州市顺河路黄委会综合楼 14 层　　邮政编码:450003
发行单位:黄河水利出版社
　　　　　发行部电话:0371-66026940、66020550、66028024、66022620(传真)
　　　　　E-mail:hhslcbs@126.com
承印单位:河南新华印刷集团有限公司
开本:787 mm×1 092 mm　　1/16
印张:15
字数:260 千字　　　　　　　　　　　　印数:1—1 000
版次:2018 年 7 月第 1 版　　　　　　　印次:2018 年 7 月第 1 次印刷
定价:39.00 元

前　言

　　水是生命之源、生产之要、生态之基。兴水利、除水害,事关人类生存、社会进步,历来是治国安邦的大事。习近平总书记就保障国家水安全问题多次发表重要讲话,站在党和国家事业发展全局的战略高度,精辟论述了治水对民族发展和国家兴盛的极端重要性,明确提出了"节水优先、空间均衡、系统治理、两手发力"的新时期水利工作方针。党的十九大报告也有多处涉及水利工作,将水利放在九大基础设施建设之首,放在建设现代化经济体系和加快生态文明体制改革的突出位置。

　　《全国水利人才队伍建设"十三五"规划》(以下简称《规划》)指出,"十三五"是全面建成小康社会的决胜阶段,是推进水利现代化进程、提升水安全保障能力至关重要的 5 年,水利人才队伍建设面临新的形势和要求。国家战略新布局、创新驱动发展新理念、水安全战略新定位、水利改革新进程、民生水利新发展对人才工作提出了新要求。到"十三五"末,要求基层水利人才队伍中具有中专及以上学历人员的比例提高到 70%,贫困地区县级及以下部门(单位)水利人才队伍中具有中专及以上学历人员的比例达到 70%,水利系统中专及以上学历人员的比例提高到 75%;水资源管理、工程建设管理、水生态文明、水权水市场、水利信息化等急需紧缺人才和复合型管理人才必须得到有效补充。《规划》还对水利系统中的专业技术职称人员比例进行了规定,对开展职业培训提出了明确要求。

　　笔者所在的湖南省是水利大省,"十三五"期间,湖南将抢抓长江经济带和洞庭湖生态经济区建设的重大机遇,进一步夯实农村水利、拓展城市水利、注重生态水利,着力构筑安全、高效、生态的现代"水利网",预期水利投资规模将达到 2 010 亿元。同时,湖南水利行业将以高层次专业技术人才、高技能人才、基层水利人才等为重点,实施水利人才开发工程,预计未来几年全省水利技术技能人才缺口为 1.4 万多人,还有 6 万多名水利在职员工需要接受业务培训,国家和湖南省对于水利人才的重视给全国和湖南水利职业教育带来了巨大的发展机遇。

　　在新时代、新形势下,推进水利职业教育改革发展成为落实中央治水兴水决策部署,推动水利跨越式发展的必然要求,成为加快水利人才培养、破解基层人才瓶颈问题的重要途径,成为服务"三农"、增强农村发展活力的有力支撑。本书共分十章,简要介绍了水利高等职业教育的基本理论、特色发展成功实例与国外先进模式,分析了水利高等职业教育改革趋势、任务、发展定位、特色发展影响因素,指出构建水利高职教育体系、水利高等职业教育特色发展的重要因素和重要内容,以及在新时代背景下,构建强有力的政策法律支持体系,完善务实的水利行业指导办学制度,建设现代水利集团化发展体制机制的重要性。本书旨在为水利高职教育从业人员准确分析把握水利职业教育科学定位,进一步明确水利职业教育发展目标,着力完善水利职业教育制度体系,努力推动水利职业教育教学改革,不断提升水利职业教育服务能力提供有益的参考。

由于作者水平有限,书中难免存在疏漏和不足之处,敬请读者批评指正!

作 者
2018 年 5 月

目　录

第一章　水利高等职业教育的基本理论

第一节　现代水利与水利职业教育

一、水利产业背景

水是生命之源、生产之要、生态之基、乡村之魂。水利是农业的命脉，是国民经济的基础，是国民经济中不可或缺的基础产业，是安定天下的产业，是人们和谐生活的保障，是百业发展的基石。如果水利不能提供有效保障，人民的生活就不会安定，国家由此将失去独立自主的基础。水利高职教育作为水利行业高等教育的重要组成部分，作为培养高素质水利专业技术技能人才，建设强大的水利人力资源的基础力量之一，必须将自我的发展深植于水利行业的沃土之中，实现"对接水利行业、服务水利行业、提升水利行业、引领水利行业"的目标。

目前我国发展进入新时代，在新常态下，经济发展的速度和结构、机制和动力、战略和政策都呈现出与以前大不相同的特点。一方面，粮食产量实现连增，农民收入继续较快增长，农村公共事业持续发展，农村社会和谐稳定，东部沿海一带现代水利比重显著提升，中西部地区向现代水利迈进的速度加快；另一方面，全国的水利发展正面临新挑战，中国农村和农民对加快发展现代水利的要求越来越迫切。从总体上看，目前我国已进入传统水利向现代水利转型发展的重大转折时期。

现代水利以生态、安全为原则，用现代物质条件装备水利，用现代科学技术改造水利，用现代产业体系提升水利，用现代经营形式推进水利，逐步转变水利生产方式，大幅度提高水利生产效率，使水利能够可持续发展并支撑国民经济的发展。

近些年，以发展现代水利、推进社会主义新农村建设为总揽，坚持"以工补农、以城促乡"和城乡统筹发展方略，推进水利发展转型提质，水利持续健康发展，农村面貌显著改善，实现了新常态下水利发展的新高点，现代水利发展步伐明显加快。

（一）传统水利不断向现代水利转变

在新常态下，水利发展环境和策略正在发生深刻变化。随着农村第一、二、三产业的比例进一步优化和农村劳动力的持续大量转移，第一产业就业人口大量减少。如果没有劳动力素质的提高，只有劳动者数量的减少，水利的可持续发展会受到严重影响，国民经济的正常运转也难以为继。因此，国家治水的思路向可持续发展转变，当前的水利建设更加注重保障民生、农村饮水、防汛抗旱、农田水利、水资源利用与保护、水土保持等重点环节和重点领域的发展。改变生产方式，发展现代水利，把水利发展转向依靠技术进步和提高劳动者素质的轨道上来成为当前水利发展的诉求。大力发展水利高职教育正是适应这一转变的必然要求。

（二）水利行业向专业化、技能化、标准化、信息化方向发展

新常态下的水利在发展组织形式上更加注重专业化、技能化、标准化和信息化，更加注重培育新型水利水电经营管理主体，健全水利社会化服务体系，提高水利行业组织化、规模化、市场化、信息化、机械化水平。水利面临的新形势可以用三句话概括，即有发展基础、有发展优势、有发展压力。水利改革发展取得了一系列新的重大发展，特别是近几年抢抓历史机遇，干成了许多打基础利长远的大事，干成了多年想干没干成的难事。从发展优势看，党的十九大报告提出了加快水利基础设施网络建设、实施国家节水行动、加快水污染治理、推进水土流失综合治理等一系列政策措施，提出了乡村振兴战略，水利大有可为。

（三）水利科技创新发展，水利科技进步贡献率进一步提升

改进科技研发推广工作机制，水利科技创新效率不断提升。一是水利科技研发不断加强。一批有影响的水利科研项目得到批准，完善了现代水利行业技术体系。二是关键技术的研发与示范推广不断加强。三是水利科技利用转化手段不断改进。基层水利体系建设不断完善，水利科技进村入户，政府购买技术服务方式日益增多，现代水利示范区、示范园的示范引领作用逐步彰显，成为水利科技转化的孵化器和加油站。因此，水利高职院校必须适应新时代要求，担负起水利科技创新重任。

（四）水安全的重要性尤为突出

一是水利标准化生产得到大力推广。标准体系进一步完善，生态源头治理进一步加强。二是水生态全程质量安全监管不断强化。监管检测体系和监管员队伍建设逐步健全，监管能力逐步提升。三是积极推进河（湖）长制，明确了质量安全地方政府属地责任和企业主体责任。建立了质量安全追溯体系

和信用体系。

（五）农业农村发展水利基础不断夯实

党的十九大提出实施乡村战略,中央农村工作会议对实施乡村战略做了全面部署。水利是农业农村发展的基本条件和重要支撑,走中国特色社会主义乡村振兴道路,解决好农村水问题尤为关键。在目前,正在通过加快灌区续建配套和节水改造,建设一批高效节水灌溉工程和加快小型农田水利项目建设等举措,增强粮食综合生产力。在乡村振兴战略下,党和国家将加大乡村水环境保护工作力度,加强坡耕地改造整治和农村水环境整治,着力解决农村水系紊乱、河塘淤积、水质恶化及地下水超采等问题,打造山清水秀生态宜居乡村。推进农村饮水安全、农田水利、农村水电和水土保持工程建设,并将各项惠农补贴向水利重点区倾斜,设立农民用水补贴,发展水利保险。

（六）全面建成小康社会步伐明显加快

在全面建成小康社会过程中,新农村建设项目增多,农村发展后劲加强。国家对新农村建设提出了一系列要求,如加强农村规划,合理安排空间布局,统筹推进水生态、水环境等水利基础设施建设和村庄整治,加快改善农村面貌和发展条件;鼓励农民因地制宜发展特色水利、生态水利、乡村旅游和农村服务业,在水利功能拓展中使农民获得更多收益;加快发展农村文化事业,建设农村公共文化服务体系,积极推进广播电视村村通、乡镇综合文化站和村文化室建设,促进城乡文化资源共享;打破城乡二元结构,建立水利支持保护体系和以工促农、以城带乡的长效机制,引导城镇化和新农村建设健康协调发展等,这也对高职水利人才培养提出了新要求。

与我国现代水利发展相伴相生的是水利内涵的进一步拓展。因此,水利人才需求种类、规格、数量和质量也随之变化,呈现出种类和规格进一步丰富、数量和质量大幅度提高的趋势。水利劳动力的文化水平成为衡量水利现代化水平的一个重要尺度。可以说,没有保障水利现代化的水利人力资源,就没有水利现代化实现的可能。

目前,我国水利劳动力文化水平低,与水利发达国家相比有差距。我国农民落后的文化教育程度和水利专业知识缺乏给我国水利现代化发展留下了重大隐患。因此,以服务现代水利发展为目的,以培养新型水利人才为目标,研究高职水利教育教学改革显得尤为迫切。

二、水利改革发展的人才需求

针对水利行业发展现状,水利部根据中央的治水方针和形势发展需求,提出了"实施水利人才战略"的重大决策,水利人才战略为现代水利和生态文明建设提供智力支持和人才保障。水利部贯彻《国家中长期人才发展规划纲要(2010—2020年)》和《关于深化人才发展体制机制改革的意见》,在2017年发布了《全国水利人才队伍建设"十三五"规划》(以下简称《人才规划》),大力实施人才优先发展战略,成为"十三五"时期全国水利人才队伍建设的指导性文件。

《人才规划》指出,"十三五"是全面建成小康社会的决胜阶段,是推进水利现代化进程、提升水安全保障能力至关重要的5年,水利人才队伍建设面临新的形势和要求。

(一)国家战略新布局对人才工作提出了新要求

党的十八届五中全会站在协调推进"四个全面"战略布局的高度,强调深入实施人才优先发展战略,推进人才发展体制改革和政策创新,加快建设人才强国,为中华民族伟大复兴提供有力的人才保障和智力支撑。党的十九大提出要完善职业教育和培训体系,中央人才工作新要求对加快实施水利人才优先发展战略提出了要求,必须全面推动水利人才工作体制机制改革与创新。

(二)创新驱动发展新理念对人才工作提出了新要求

中央提出的创新、协调、绿色、开放、共享五大发展理念,是做好新时期水利人才工作的根本遵循。习近平总书记指出,"人才是创新的根基,是创新的核心要素,创新驱动的实质是人才驱动"。全面实施创新驱动发展战略,必须强化人才优势,加快形成一支规模宏大、富有创新精神、敢于承担风险的创新型人才队伍,最大限度地激发人才创新创造创业活力。水利适应经济社会发展,迫切需要坚实的创新人才支撑,加快推进创新型高层次水利人才培养体系建设。

(三)水安全战略新定位对人才工作提出了新要求

新时期党中央从战略和全局高度,对保障国家水安全做出一系列重大决策部署,把水安全提升到国家战略。党的十九大把水利摆在九大基础设施网络建设的首要位置,对水利工作提出了新的更高要求。实施国家水安全战略,加强水生态文明建设,统筹解决好水短缺、水灾害、水生态、水环境问题,迫切需要进一步提升水利人才队伍的支撑和保障能力。

(四)水利改革新进程对人才工作提出了新要求

水利部为全面落实中央关于水利改革发展的决策部署,做出了深化水利改革决定,明确加快水行政管理职能转变、推进水资源管理体制改革、建立健全水权制度和水价机制、建立严格的河湖管理与保护制度、完善水利建设市场诚信体系等任务。为推进水利改革发展,增强水利保障能力,提升水利社会管理水平,加快水生态文明建设,迫切需要进一步强化水利人才队伍锐意改革意识,提升创新发展和服务管理监督能力。

(五)民生水利新发展对人才工作提出了新要求

全面建成小康社会提出立足普惠共享,加强公共服务供给,对民生水利提出了新要求。发展民生水利必须切实提高水利工程建设、管理与服务能力,努力形成保障民生、服务民生、改善民生的水利发展新格局,实现人人共享水利改革发展成果。大幅度提升水资源调控能力,全力推进节水供水重大水利工程建设,落实精准扶贫新部署,迫切需要加强水利建设管理人才培养,重点要加大水利基层单位、贫困地区和少数民族地区水利人才队伍建设力度,不断提升水利人才队伍综合素质和专业能力。

总体而言,在新时代建设生态中国和水利作为推进现代化经济体系建设的重要方面的背景下,水利人才队伍现状还不能满足水利事业发展需要:人才队伍整体文化水平仍然偏低;专业技术人才层级结构不尽合理,高层次领军人才、创新人才不能满足水利现代化建设需要;高技能人才作用发挥不充分;水生态文明建设等急需人才明显不足,基层水利专业人才尤为短缺,贫困地区水利人才严重匮乏。为全面完成党的十九大及“十三五”水利改革发展提出的目标和任务,必须充分认识抓好人才工作的重要性和紧迫性,深入实施水利人才优先发展战略,加快推进人才队伍建设。

三、水利高等职业教育的简要发展历程

高等职业教育作为一种类型的提法始于1980年。1996年全国人大通过并颁布了《中华人民共和国职业教育法》,从法律上确定了职业教育在我国教育体系中的地位。但是,作为大专层次的高等水利职业教育,它的创立和发展则有100余年历史。我国历史上就有治水的经验,历代劳动人民重视水利建设,也非常重视水利教育。中华民族文明的历史包含着水利发展的历史。水利高等教育从无到有,不断壮大,1915年北京政府农商总长张謇在南京创建了河海工程专门学校,这是我国第一所专门培养水利工程技术人才的学校。河海工程专门学校设有水利专门专业,有专门的人才师资队伍,制订了水利人才培养方案和课程体系,开启了水利高职教育先河。改革开放以后,我国水利高等教育全面推进,进入中国特色水利职业教育的发展时期。

(一)借鉴西方水利职业教育发展模式的探索阶段

1840年鸦片战争失败以后,为启迪民智,教育救国,我国开始仿效西方国

家的教育制度,发展水利高等教育。在高等教育方面,西方国家已经形成了包括工、农、医、师等门类的较完整的教育体系,中国高等教育才成为世界高等教育的一部分。据历史记载,19 世纪末,我国开始开办了一些中等农业学堂,农业学堂内教授一些水利方面的知识,1898 年 2 月张之洞奏请设立农务工艺学堂,强调提出水利及水利教育的重要意义,并仿效美国模式。美国当时的系科设置,一般有农艺、农艺化学、园艺、生物、农艺工程、农业经济、农业教育、森林、植物病理、昆虫、土壤、农场管理、畜牧、兽医等系科。农业技术、农业经济、农业教育课程中一般含有农田水利等方面的知识点。农务工艺学堂则以教授、研究、推广三方面作为主要内容。美国传统农业类高等院校鼓励开设有关职业前的准备课程,自由教育和专业教育迅速发展,呈现高等教育职业化的趋势。20 世纪初的大学堂则内设农科、工科等分科大学,工科大学设有主课水力学、水力机、水利工学、施工法、测量等课程。

(二)借鉴苏联等国家的发展体制,建立社会主义的水利高职教育阶段

中华人民共和国成立后,教育部门着手组织编辑水利高等学校的教材和参考书,并向国外派遣学生和教师留学访学。1957 年 8 月,国务院召开高等农业类院校工作会议,决定把高等农业类院校由高等教育部转移给农业部、水利部领导。1960 年高等水利院校设置迅速发展到最高峰。1961 年 1 月党的八届九中全会制定了对国民经济实行"调整、巩固、充实、提高"的方针。全国开展了压缩学校、调整专业工作。

"文化大革命"十年,我国高等教育受到重创,水利类及农业类高职教育更是重灾区。下放、搬迁、裁并,以办分校、"五七"干校、试验农场,进行教育革命实践等名义,将大批师生员工及部分家属下放农村,导致一些学校校舍被占,仪器、设备、图书被毁坏散失。而这一时期,西方资本主义国家高等教育发展很快,其相当一部分院校适应市场变化需求组建独立学院,突破学术传统约束,提供顾客需要的中后期教育、短期培训和职业培训等。

(三)我国高等水利职业教育逐步进入特色发展阶段

改革开放以后,中共中央、国务院强调提出要办好各级水利科学研究院(所)和水利院校。我国水利职业教育开始转入发展正轨。随着社会主义市场经济的确立,以服务经济建设,特别是区域经济建设为目的的职业教育得到迅速发展。特别是在 1999 年高等教育扩招以后,成效尤为明显。20 世纪最后 10 年我国高等教育开始了重大改革,招生规模发展很快,实现了办学规模、办学结构、办学质量和办学效益的协调发展,逐步形成了以公办为主体、社会各界积极参与办学的办学体系。高校办学的自主权明显增强,内部管理体制活力显现。高等水利职业教育的发展主要体现如下特点。

1. 高职水利教育发展模式多样化,人才培养数量不断增长

进入 21 世纪,我国水利建设和发展步伐明显加快,国家对水利投入明显增加,水利在国民经济中的地位加强,水利建设的重要性凸显。国家进一步加强水利五大体系建设,即防洪抗旱救灾体系、水资源合理配置和科学利用体系、水资源保护和河湖健康体系、民生水利保障体系、水利管理和科学发展制度体系。水利行业按照优先发展教育的思路,进一步发展了以建设高素质的水利人才队伍为核心的水利教育模式,水利高职教育随着我国职业教育事业的发展和水利事业的大发展,教育模式不断丰富。目前除了独立设置的高等水利职业技术学院,还出现了含水利水电专业的高等成人学校、含水利水电专业的广播电视高职院校、含水利水电专业的普通高等专科学校、普通本科院校二级学院主办的含水利水电专业的高等职业教育、五年一贯制高等专科学校、中高职教育贯通等新模式。

(1)水利类高职成人教育稳步发展。

发达国家十分重视成人教育和终身教育,强调把教育贯穿于人的一生,在动机上实现从“要我学”到“我要学”的转变,结果上实现“学历教育”到“学力教育”的转变。中国的水利成人教育始于 20 世纪初为贫苦民众开办的半日学堂,也称补习学校。陶行知、黄炎培等教育界人士也曾倡导乡村教育运动和为在职职工及失业人员举办文化补习、职业技术教育。中华人民共和国成立后,将成人教育纳入国民教育体系,从而与基础教育、职业技术教育、高等教育具有同等重要的地位。20 世纪 60 年代,初步形成从初等到高等多种形式和层次的成人教育体系。1978 年党的十一届三中全会后,水利高等成人教育得到恢复和发展。水利高职层次的成人教育逐步发展,成人高等教育自学考试逐年扩大,开设了干部管理学院。1987 年国务院批转国家教育委员会《关于改革和发展成人教育的决定》,我国水利类成人教育成为水利类高职人才培养的一支重要力量。

(2)水利类高职自学考试教育稳步发展。

近 30 多年来,水利类高职院校自学考试经历了从无到有、从小到大、从弱到强的艰辛过程,高职层次的水利类人才培养在自学考试教育中得到迅速发展,逐步成长为水利高职人才培养的一大主要渠道。

(3)高等水利职业技术学院的水利类人才教育稳步发展。

1980 年,高等职业教育的目标首次被提了出来。1994 年,全国教育工作会议提出了通过现有的职业高职院校、部分高等专科学校和独立设置的成人

高校改革发展模式,同时通过升格一批重点中专,调整培养目标来发展高等职业教育。由此,专科类型的水利高等学历教育被单列出来统计。此外,民办高职水利类人才培养方式和其他方式也得到很大发展。

2. 专业类型不断丰富,各类水利人才辈出

2004 年,教育部颁布了《普通高等学校高职高专教育指导性专业目录(试行)》,对我国水利类高职高专专业进行了归类。水利技术类专业包括水务管理、水利工程、城市水利、水利工程监理、农业水利技术、灌溉与排水技术、河务工程与管理、水利工程造价管理、水利水电工程管理、水利工程施工技术、水利水电建筑工程、港口航道与治河工程、水利工程试验与检测技术、水电站设备与管理、机电排灌设备与管理、机电设备运行与维护、水电站动力设备与管理、水文信息技术、水文与水资源、水政水资源管理、水文自动化测报技术、水土保持、水环境监测与分析等专业。目前,高等职业教育正在探索实现在人才培养规格上演变到从专科、本科、硕士和博士各层次全覆盖。1996 年 5 月 15 日,《中华人民共和国职业教育法》颁布,从法律上明确了"职业教育分为初等、中等、高等职业教育",正式确立了高等职业教育和高等职业学校的法律地位。

3. 创新形成了工学结合、产教融合、理实一体的水利高职教育教学模式

教育与生产实践相结合,始终是水利教育的一个重要理念和方法。水利生产建设作为一个生产者与天地、自然相结合的互动过程,其教育实践离不开生产建设过程。我国专科类型的水利教育,在其早期阶段与本科类型的教育模式基本一致。随着社会主义市场经济发育,水利企业的不断发展壮大,人才需求的类型和规格随之不同。水利高职教育的人才培养模式开始演进。2017年《国务院办公厅关于深化产教融合的若干意见》(国办发〔2017〕95 号)的发布,标志着"校企合作、工学结合、产教融合"成为高等职业教育的一种基本教育教学模式,渗透到教育教学的各个领域。

第二节　水利高等职业教育特色发展研究的理论基础

职业教育特色发展研究的理论和方法不断创新,许多专家学者适应新时代发展需要,解放思想、与时俱进、开拓创新。

一、战略管理理论与 SWOT 分析

战略是长远发展对策与措施,包含发展目标和规划。其特点是全局性、系统性、长期性、前瞻性和相对稳定性。所谓战略管理,是指组织为了其长期的

生存与发展,确定和选择自身的战略目标,并针对目标的实现和完成进行策划,将这种策划和决策付诸实施,以及在实施过程中进行诊断与控制的一个相对动态管理过程。

战略管理理论是以环境、战略、组织这三种要素作为中心,构建战略管理理论的基本框架。任何组织在竞争中必须充分考虑的因素包括新竞争者的加入数量及其竞争力、竞争者的威胁、买方讨价还价的力量、供应商讨价还价的力量及现有竞争者的对抗力等。

SWOT 分析就是充分把握和正确识别出各方的优势、劣势、机会与威胁因素,这是搞好特色发展的重要前提。它还能对某个要素的优劣状况进行评价,从而识别出某个要素的优势和劣势,以此作为改善现状的重要参考。这种诊断分析方法能够对要素的状况进行全方位、清晰的诊断,能够为政策的制定打下坚实的基础。

目前,我国高职院校的开放程度不断扩大,高职院校的横向联系和纵向联系日益加强,它的生存和发展在很大程度上取决于社会环境、政府政策、行业环境和内部条件的影响;同时,也离不开发展资源要素的支撑和要素的合理配置。随着高等教育管理体制改革的进一步深入,以市场需求为导向、政府宏观调控为主导、学校自主发展为主体的高职院校运作机制逐渐形成。高等教育大众化、国际化和市场化趋势的加强,使得各高职院校发展所面临的社会环境发生极大改变,水利高职院校管理者必须考虑战略管理问题。高职院校战略管理理论是企业战略管理理论在作为非营利性组织的高职院校组织中的借鉴与发展。水利高职院校为了长期的生存和发展,必须认真贯彻落实中共中央、国务院有关水利和新农村发展的大政方针,必须在充分分析现代水利发展新时代特点和本校内涵建设的基础上,确定和选择学校的战略目标和总任务,针对目标和总任务进行规划设计,依靠内部力量将规划设计和决策付诸实施,并在实施过程中进行诊断评估和控制。这一个动态管理过程,便是水利高职院校战略管理。水利高职院校战略管理既不同于传统意义上的战略规划,也区别于日常的常规管理和操作管理,更强调水利高职院校的全过程性、系统性、动态性、总体性的全员管理,引导并贯穿于水利高职院校的专业建设、课程建设、师资队伍建设、专业团队建设、水利人才培养、继续教育培训、内部人事管理、学生管理、社会治安综合治理、安全保卫和后勤服务管理等各项工作。

二、开放系统组织理论

开放系统组织理论主要是研究组织成长的理论。水利高职院校属于非营利组织,促进院校长远发展是特色发展的基本目标之一。任何组织都不是孤立存在的,都与特定的环境相互联系、相互作用。将一个传统组织改造完善为适应新时代要求的现代组织必须具有明确的组织目标和策略。组织成员开放协作意愿在相当程度上取决于组织成员接受和理解组织目标的程度。只有从根本上了解高校组织的重要性、地位、使命、性质、组织特征、功能、组织结构和运作方式,掌握高校组织与核心竞争力的内在关联,积极组织国际合作、政校企校合作、校校合作等,才能搞好特色发展,凝聚创新合力。

三、核心竞争力理论

核心竞争力是持续竞争优势所在。经济学界认为,竞争是两个或两个以上主体为了某一目标或利益而进行的争夺或较量。水利高职院校要在竞争中不断发展壮大,也必须像企业组织一样,着力形成自己的核心竞争力。水利高职院校的核心竞争力就是参与教育市场竞争形成的,具有足够特色的、相对竞争对手的巨大优势和持久竞争的能力以及充分利用资源的整合能力。水利高职院校核心竞争力的本质特征是水利人才培养的教育教学力。核心竞争力必须更好地为水利高职院校的现实和未来服务,提升自身的社会价值和社会地位。十年树木,百年树人,水利高职院校核心竞争力不仅应注重现在的竞争优势,而且应注重未来的发展优势,在内部是提升内涵,在外部是提升自身的形象和影响力,所以核心竞争力理论是指导教育教学改革与特色发展的基础理论。水利高职院校必须在形成各自的核心竞争力基础上更好地发挥教书育人、科学研究、文化传承和服务社会的职能。

四、协调和谐理论

协调和谐性是指系统成员和子系统活动的总体协调性。协调和谐管理理论也适用于解决高职院校中的有关管理问题。首先,水利高职院校除了具备其本身所特有的组织特征外,还兼具组织系统的一般属性。作为人参与的复杂系统,水利高职院校组织中的许多管理问题,既包括物的要素,又包括人的要素,发展特色的形成与演化问题是水利高职院校发展及管理过程中必须面临和解决的管理问题。

五、其他理论

(1)高等教育管理理论。我国系统地研究高等教育管理是从20世纪80年代开始的,高等教育管理从广义上包括高等教育事业管理和高校管理,高等教育管理学是高等教育学与教育管理学的一个分支。

（2）高等教育发展方式论。发展高等教育有追求速度型与追求效益型两种模式，前者以单纯的数量增长为目标，强调高校的外延发展，强调发展的速度；后者以不断调整高等教育结构、挖掘高校的内涵发展为目标，强调高等教育发展与经济社会发展的联系，强调社会效益与持续发展。水利高等教育必须适应新时代发展要求，坚持人与自然和谐共生，坚持水利高职教育和全社会高等教育及全民教育协调发展。

高等教育增长方式包含外延式增长和内涵式增长。外延式增长是指通过扩大招生数量、增设新专业新分院、扩大高等教育的总体规模来实现；内涵式增长是指通过挖掘现有学校的内在潜力、提高现有学校的内部效率、扩大现有学校的招生数量来实现高等教育总体规模的扩大。对外延式增长和内涵式增长方式的不同选择，不仅会影响到高等教育的行为成本和学院教育经费的使用效率，而且对水利高等教育的社会经济和生态效益产生尤为重要的影响。当前外延式增长过程中存在的许多问题需要通过深化改革、走内涵式增长的方式来加以解决；内涵式增长的实质在于挖掘内在潜力、提高运行效率，既可以有效利用高等教育投资，又可发挥好投资效益，有效改善水利职业院校现有发展条件，提高人才培养质量。从质与量的关系来看，高等教育增长方式也可分为数量型增长与质量型增长。数量型增长是提高高职院校入学率、扩大高职院校招生数和在校生数，从而实现高等教育规模的增长；质量型增长是指在高校招生数量基本稳定的情况下，通过挖掘学校潜力、追求高校发展效益和教育质量的提高。

（3）发展动力论。社会需求包括政治需求、经济需求、科技需求、文化需求、军事需求、生态需求、区域发展需求、社区发展需求、行业发展需求等，社会的有效需求构成高等教育发展的现实动力，而高校发展的需要是高等教育的内在必然。高等教育发展是外在性与内在性相互作用的结果。外在性是高等教育受社会环境因素制约的特性，内在性却是高校自身的内在因素。高等教育的发展是上述多种合力作用的发展过程。水利高职院校的重要性和必要性可以说是因时而变、因地而异，它依靠改变自己的形式和职能以适应当时当地的社会政治环境，同时保持自己的活力。影响水利高等教育发展的各种因素的协调配置和强弱程度决定了其发展的速度、发展的方式和发展的方向。我国已进入智慧水利建设时代，必须大力推进水利高职教育和水利的科技创新，积极开展智慧水利建设，推动互联网、大数据、云计算、卫星遥感、人工智能等高深技术与水利人才培养和水利科技研发的深度融合。全面提升感知、分析、预测和风险防范能力，以水利数字化、网络化、智能化驱动水利现代化，以水利现代化驱动水利高职教育，以一流的水利高职教育更好地促进和服务水利现代化进程。

第三节 有关概念和研究方法

一、有关概念概述

（一）高等教育学

高等教育学是我国教育科学体系中的一门分支学科。它是一门应用型学科。高等教育实际上是一种以教育学科为本的专业教育。

（二）高等职业技术教育

高等职业技术教育是培养高质量技术技能型人才的教育，包括学历教育与非学历教育两部分。其学历教育可分为多个层次：大学专科、大学本科和研究生层次。当前我国主要为大专层次，它与我国高职高专教育的主要特征和内容是相同的，是我国高等教育十分重要的组成部分。非学历教育部分是一个形式多样、内容丰富、幅度较宽的领域，其主要内容包括为取得职业资格证书的教育和岗位技术技能培训。高等职业技术教育属于高等教育，也属于职业技术教育，是职业技术教育的高等阶段。

（三）水利高等职业教育

水利高等职业教育是高等职业技术教育的一个分支，是指适应我国现代水利行业和社会经济发展需要、以培养高端技术技能型水利水电人才为目的的高等教育。

（四）水利高职院校

水利高职院校属于职业院校的一个行业类型，是以培养高端技术技能型水利水电人才为主，含办有涉水大专层次相关专业的职业技术院校。它们以服务水利行业升级、服务涉水企业、服务地方经济、培育水利类专业技术技能型人才为宗旨。

（五）发展定位

水利类职业技术学院根据经济和社会发展需要、自身现实基础条件和发展潜力，找准学院在人才培养中的位置，确定学院在一定时期内的总体目标、发展方向，人才培养的层次、类型和服务面向等。具体包括服务面向的定位，发展目标的定位，发展类型、层次和规模的定位，人才培养规格的定位，发展特色的定位等。

（六）高职教育的体制机制

水利高职教育发展体制：一是明确水利高职教育由政府办、社会办还是民办，进行统筹和决策，管理的责任和权力如何划分，如何有效管理高职的各类教育结构，这是解决高职教育的宏观组织管理问题，即明确谁来主办和如何发展的问题，如目前我国公办的高职院校的管理体制明确为"中央和省两级管理，以省级政府管理为主"；二是确定由谁来投资及如何畅通投资渠道、怎样发展的问题，如明确发展的目标和层次、人才培养的方向、资金来源渠道，明确高职院校自身的内部组织管理结构，包括管理层次、干部编制、院系设定、专业设置等。

高职教育机制：主要内容包括高职院校落实党和国家政策要求，建立符合政治、经济、组织要求的教学科研制度和运转方式等；高职院校内部的系列运行管理制度，如"双师型"教师培养培训制度、学科带头人建设制度、专业带头人建设制度、学科建设规划、专业建设与改革制度、教学建设和课程建设方案、学分制改革制度、人事分配制度及运转方式等；高职院校与行业、企业的合作制度，与行业协会或企业等与学校建立的双方权益合作协议及运转方式等。

（七）开放发展

开放发展是指水利职业院校实行对内和对外全方位、多层次、宽领域的开放，贯彻落实交流、协调、沟通、合作等措施，确立学院的发展指导思想、目标任务、发展定位和人才培养目标，制订一系列教育教学、科研管理、社会服务、校园文化建设、国际合作与交流等工作方案和措施。

（八）学科

学科是根据某科学领域里研究对象和性质的差别来分门别类地进行研究、学习的知识体系。水利职业院校设置的学科重点放在水利水电行业有关的学科建设。

（九）专业

专业与学科有密切关联，专业是指根据社会职业分工需要，分门别类进行相关专门知识教与学活动的基本单位；根据科学分工或社会生产部门的分工把学业分成的门类；专业应该与就业的职业需要紧密相连，并主要通过课程的多种组织形式体现。设置水利水电专业必须对应水利水电学科，对接新时代水利水电行业发展需要。

（十）专业方向

专业方向是针对一个专业的培养目标进行划分而形成的多个培养方向。

随着信息技术和社会科学技术的高度发展,我们在享受科学技术迅猛发展的同时,传统的专业不断地适应时代需求分化出新的专业方向,这也是新时代科技日新月异和专业高度发展的一个重要特征。

水利水电专业与其专业方向相互关联,但针对性各有侧重。专业和专业方向均需根据社会经济的发展需要来进行设置和优化调整。专业可以因为人类社会劳动及组织方式的变化而分化出差异的专业方向。

(十一)产学结合

产学结合是指水利高职院校与水利行业企业在水利科学研究、技术开发、教学管理、教师队伍建设、思想道德建设、人才培养、生产经营、水利水电开发以及人员交流、技术协作、资源共享、信息互通等方面所结成的互利互惠、互补互促的联合与协作关系。其宗旨是构建水利行业、企业与高职院校密切而稳定的交流与合作平台,通过技术成果的转化,增加企业的科技含量和市场竞争力。在这种合作方式下,企业可利用学校的学术、应用研究、技术与文化优势解决企业的一些技术和文化建设问题;利用学校培训企业职工,提供就业岗位,得到所需的技术人才;通过项目合作获得更大的潜在发展空间。校方也可以弥补教育资源的不足,建立"双师"队伍训练基地,建立学生实习实训基地,检验教学质量并促进教学改革与专业建设,促进招生就业工作。

(十二)工学结合

工学结合是一种将学习与工作相结合的教育模式,在德国、日本、美国等发达国家已广泛推行。它突出学生的职业能力的培养,以提高学生社会就业竞争能力为目的。在这种模式下,学生学习和工作交替进行,学生从事的是有报酬的工作,除接受企业和实训基地的常规管理外,学校有相应严格的过程管理和考核制度,并给予相应学分。这种教育模式可以使学生将理论学习与实践紧密结合,不断积累实际工作经验,进一步加深对自己所学课程和专业的认识,拓宽学生的知识面,增强学生动手能力,提高学习的主动性和积极性,提高学生的责任心和自我判断能力。工学结合以职业为导向,充分利用企业及实训实习基地的教育环境和资源,将以课堂教学为主的教育和直接获取实际经验的校内外工作有机结合,并贯穿于学生的培养过程之中,有效实现素质教育和能力建设的目标。

(十三)水利技术型人才

水利技术型人才是掌握了一定的有关水利理论和专业知识,具有较强专业技术应用能力的工作者。他们常处于水利生产一线或工作现场,主要依靠专业技术能力进行工作,将专家的设计、工艺、规划和决策,通过自己的技术工作与劳动者的生产结合,将其转化为物质形态(如水利水电项目工程等)。

(十四)水利技能型人才

水利技能型人才是掌握了水利生产一线一门以上的技能和必要的业务专业知识,具有熟练操作技能的生产者和劳动者。他们主要依靠操作技能进行工作,在生产中能够从事技艺性强、复杂程度较高的劳动,能够及时解决水利生产一线中一般性技术问题。

(十五)水利技术应用型专门人才

水利技术应用型专门人才是指具有基础理论知识适度、技术应用能力强、知识面较宽、素质高等特征的技术应用人才。理论与实践结合是人才培养的基本途径。在界定水利高等职业教育的人才培养目标时,应考虑知识能力的职业性,人才类型的技术性,毕业生去向的基层性、一线性。其培养目标就是水利技术应用型技能型人才,这种水利技术应用型专门人才应具有技术的应用能力和熟练的操作技能,能够分析和解决工作实际问题。其现场作业的操作动手能力强、对水利工程工艺熟练。

二、研究总体思路

综合运用多学科的理论与方法,将水利高职院校视为一个典型的组织系统,通过分析水利高职院校的组织特性和系统特性,从水利高职院校社会职能的历史演进和组织运行的角度出发,探寻水利高职院校教育教学改革创新和特色发展模式。水利高职院校的发展与演进过程,也是其社会职能的历史变迁过程,伴随我国水利事业治水兴水的发展而发展。无论如何发展与演进,水利高职院校始终不能放弃其基本的社会职能,包括水利人才培养、水利科学研究、文化传承以及为现代水利行业发展和社会服务等。因此,水利高职教育教学改革创新研究首先应从考察水利高职院校社会职能的历史演进入手,然后结合新时代我国高等教育的趋势和国内外关于高校发展特色研究现状的分析,深入展开理论研究、实证研究和对策研究。

本书以解决水利高职院校教育教学特色发展的办学定位、水利人才培养理论与实践为研究方向;探讨长期积淀的发展思想、发展理念、发展定位、价值标准等特色,道德建设、校园文化、社会主义核心价值观建设、师资培养、学科建设、专业建设、课程体系、实训体系、教学模式、教学方法等教育教学特色和校园物质文明与精神文明建设特色;践行教育教学改革实践;探讨水利高等职业教育教学改革发展的有效途径,为高等水利职业教育全面持续健康发展服务。

三、一般研究方法

（一）理论研究与实证研究相结合法

理论研究的灵魂是与实践相结合。水利高职教育教学的理论创新研究，是建立在全面掌握国内外高校教育教学领域相关理论研究现状和发展趋势的基础上，是对新时代高校发展实践问题的深入思考。在实证研究方面，深入研究了一些典型的水利高职院校案例，开展了省内水利高职院校的问卷调查，并以电话或者面谈的形式与若干高职教育专家学者进行了深入交流。因此，研究成果既是前人研究成果及其逻辑的延伸和发展，又是对中国水利高职院校发展实践中有关问题思考的结晶。

（二）定性研究与定量研究相结合法

要实现对水利高等职业教育教学改革的科学、客观的认识和把握，就需要从定性和定量两个方面着手进行。首先在定性分析的基础上进行理论归纳与创新，找出高职院校发展特色的主要构成因素和关键的影响因素，对高职院校特色发展与教育教学形成机制问题进行了定量研究，深化理论与实践探索。

（三）系统研究与重点研究相结合法

始终注重整个研究体系的系统框架和谋篇布局，注意把握有关重点要素进行深入研究和分析。系统研究具有全面性、基础性，有利于把握研究对象的普遍特征和共性。重点研究具有针对性和突破性，有利于把握研究对象的发展特色，分析其优势特色。

（四）单一学科研究与跨学科研究相结合法

关于高等教育的研究以及高职院校发展与管理的研究，已经逐步与其他学科相融合。多学科的交叉会使理论研究更深入、丰富。水利高职教育教学改革研究使用跨学科研究，主要是综合运用组织学、系统科学、管理学、经济学、生物学、水利工程学、电力工程学、教育学、高等教育学、信息科学、统计学等的理论和方法。

（五）比较法

通过比较国内外有关研究论文和理论研究的新成果，找出其共同的规律和各自的特色，吸取有益的成果，为研究提供理论基础和现实例证。

（六）调查法

本研究对湖南水利水电职业技术学院、广东水利电力职业技术学院、四川水利职业技术学院、福建水利职业技术学院、山东水利职业学院等部分在全国有一定影响力、特色鲜明的水利高职院校进行个案调查研究。

(七)访谈法

对部分水利职业院校发展专家进行访谈,对发展理念、发展目标定位、发展特色、服务区域经济特色、学院战略管理等进行了解、分析与解读。对未来水利职业院校教育教学改革与特色发展方向做趋势分析。

(八)案例分析法

选择典型的特殊的案例加以分析研究,并由此得出一般规律的一种研究方法,又称个案法。采用案例研究法关键是选定有代表性和有研究价值的国内外典型个案,广泛收集其资料,进行全面系统的分析研究。

第二章 水利高等职业教育特色发展成功实例与国外先进模式

第一节 我国部分涉水涉农高职院校教育教学改革与特色发展实践成功探索

一、广东水利电力职业技术学院

广东水利电力职业技术学院坚持"以人为本、尚德惟新、求真务实、特色发展"的办学理念和"立足水利、服务社会"的办学定位,学院校训为"厚德、笃学、慎思、弘技"。学院设有水利工程系、电力工程系、土木工程系、机械工程系、经济管理系、市政工程系、自动化工程系、应用外语系、计算机信息工程系、建筑与环境工程系和思政教学部、数学教学部、体育教学部。

(一)办学条件

学校创建于 1952 年,现有全日制在校生 14 000 余人,教职工近 800 人。学校是第四届全国文明单位、2014 年全国毕业生就业 50 所典型经验高校、国家"十三五"产教融合发展工程规划项目建设单位、国家节约型公共机构示范单位、国家骨干高职院校、全国水利职业教育示范院校、广东省示范高职院校、广东省大学生创新创业教育示范学校、广东省一流高职院校建设计划立项建设单位。连续当选中国水利职业教育集团第二、三届理事会副理事长和秘书处单位。

学校占地面积约 1 100 亩,校内外实验实训场所 349 个,固定资产总值达 5.34 亿元,其中教学仪器设备 1.2 亿元。10 个专业教学系,招生专业 45 个。纸质图书 76 万册,中外文纸质期刊 450 种,电子期刊 6 780 种,电子图书资源 1 634 GB。

(二)水平和特色

1. 体制机制创新引领教育实践

学院发挥行业办学优势和特色,构建了以"广东省水利水电行业校企合作办学理事会"为核心、以"水电工程中心"和"中国水利职教集团"为支撑的

"行企校"多方联动办学体制机制,加入"大湾区"职教联盟副理事长单位,成立创新创业学院,探索行业办学、产教融合新途径,学校各个专业根据行业企业人才需求要求和培养规律,形成了各具特色的人才培养模式;探索培养机制改革,推行学分制、现代学徒制、卓越小班制、创新班、工作坊、分层教学等有利于提高质量和培养卓越技术的改革,各项措施取得明显成效,在理论实践上取得突破。

2. 专业和教育教学改革成效显著

学院已建成以水利电力专业为主干,土木机械电子类专业协调发展的专业格局。建成教育部高职高专教育教学改革试点专业 2 个、省级示范性专业 7 个、省级重点专业 3 个、省高职教育一类品牌专业 2 个、省高职教育二类品牌专业 5 个。建成国家级精品课程 3 门、省级精品课程 11 门、教指委精品课程 7 门、国家级精品资源共享课程 2 门、省级精品资源共享课程 22 门;2 个现代学徒制试点省级试点专业;"2+2 应用型本科"和"三二分段专升本应用型人才"培养工作取得初步成效。设立杰克逊国际学院,在 6 个工科专业开展中外合作办学。

3. 校企协同育人教学条件优良

建成校外实践教学基地 197 个,校企共建校内实训场所 68 个,省级校企协同育人平台 1 个,校企合办特色学院 2 个,省级高等职业教育实训基地 5 个,省级大学生实践教学基地 3 个,各类工作室 12 个,"双师素质"教师比例达 90.6%,拥有行业企业一线兼职教师 819 人,建立"王浩院士工作室""河海大学科研和研究生培养基地"。

4. 人才培养质量社会高度认可

毕业生初次就业率连续五年超过 99%,稳居全省高校前 5 名,专业对口率达到 80.06%,毕业生广受用人单位好评,毕业生月收入高于全省同类院校,工作与专业相关度、职业期待吻合度多年高于全国骨干校平均水平较多,用人单位满意率达到 99%。大量学生成为生产管理服务一线中坚力量。

5. 科研与社会服务能力持续提升

建成 13 000 平方米的水利电力工程中心,建立"王浩院士工作室""河海大学科研和研究生培养基地",培育校内科研平台。近年来面向行业企业开展服务,承接科技服务横向科研项目 62 项、纵向科研项目 26 项,其中教育部社科项目 1 项,广东省自然科学基金项目 2 项,省科技计划项目 2 项,省级教科研项目立项 15 项;参与国家自然科学基金项目 1 项、省级自然科学基金项目 2 项;申请专利 86 项,开展技能培训 67 000 人次、技能鉴定 7 300 人次。

6. 对外交流与合作范围不断拓展

推进人才联合培养，拓展与美国、加拿大、德国、意大利、英国、澳大利亚、新加坡等国家和港澳台地区合作项目。与澳大利亚霍姆斯格兰政府理工学院开设合作办学项目；与美国杰克逊学院联合设立"广东水利电力职业技术学院杰克逊国际学院"开展联合培养。与美国、中国台湾等国家和地区开展学生短期境外交流项目；与新加坡、英国、澳大利亚、德国、中国台湾地区的22所高校开展高校教师培训、课程开发、人员交流合作等。

（三）社会影响力

学校服务水电行业、区域经济及社会发展的能力进一步增强，人才培养质量得到政府和社会认可，成为广东省首批单独招生考试制度改革试点单位和首批高职院校与本科高校协同育人试点单位，成为"广东省专业技术人员继续教育基地"。社会知名度和美誉度大幅提升，办学综合实力进入全国高职院校前列。2016年，中国科学评价研究中心、武汉大学中国教育质量评价中心联合中国科教评价网（www.nseac.com）联合发布了2016年中国专科（高职高专）院校竞争力排行榜，该校在全国1 335所专科院校中排名第47，广东省内位居第6。

二、重庆水利电力职业技术学院

重庆水利电力职业技术学院始建于1964年，2004年升格为高职院校，是经国家教育部备案、重庆市人民政府批准设立的公办全日制普通高等院校，是全国水利高等职业教育示范院校、重庆市骨干高等职业院校、重庆市毕业生就业示范中心、重庆市就业先进集体、重庆市大学生创业示范基地、重庆市创新创业"双百"示范建设单位、重庆市博士后科研工作站。

（一）办学条件

学院占地936亩，建筑面积257 225.93平方米，固定资产总值102 384.71万元，教学仪器设备总值5 458.05万元；建有95个校内实训基地、建筑面积76 818.95平方米，拥有中央财政支持建设的5个国家级实训基地；重庆市财政支持建设的17个市级实训基地。在171家市内外知名企业建立校外实习基地。

建立了完善的信息化办公系统和后勤保障系统，拥有多媒体教室88间；纸质图书56.44万册，中外文纸质期刊720种，电子期刊13 000种，电子图书资源40 960 GB，阅览室座位1 200个。

现有专兼职教师517人，高级技术职称教师180人，博士、硕士研究生363

人;"双师素质"教师 278 人;水利部首席技能导师 2 人,全国水利职教名师 2 人、教学新星 4 人,重庆市中青年骨干教师 3 人、重庆市优秀教师 1 人、重庆市优秀辅导员 2 人、重庆市"双千双师"教师 3 人,中组部"西部之光"人才 3 人,市级教学团队 1 个,校级"1+3"教学科研团队 25 个、专业带头人 54 人、骨干教师 92 人。

(二)办学定位

该校紧紧抓住国家高度重视水利发展、高度重视职业教育、高度重视重庆经济发展的三大历史机遇,实施"稳定规模、强化内涵、突出特色、文化引领"四位一体同步推进的发展战略,立足重庆,面向西部,辐射全国,以水利行业为背景、以水利水电专业为特色,多工程技术专业协调发展,为水利水电、电子信息、智能制造等行业培养高素质技术技能人才,建设成为国内知名、重庆一流、具有国际办学视野的水利水电高等职业学院。

(三)办学水平

学院建成全国水利高等职业教育示范院校、重庆市骨干高等职业院校。建有国家级专业教学资源库项目 2 个,市级专业教学资源库项目 3 个;市级骨干专业 4 个,市级教改试点专业 1 个;央财支持建设专业 2 个,市财政支持建设专业 3 个;全国水利高职教育示范专业 2 个,全国水利高职教育示范院校重点建设专业 5 个,重庆市骨干高职院校重点专业群建设专业 22 个。建有市级精品课程 3 门,立项市(部)级教改项目 28 项,获重庆市政府教学成果奖 3 项。

毕业生初次就业率连续 5 年超过 98%,专业对口率达到 86%,用人单位满意度 98% 以上,毕业生"双证"获取率 100%,获重庆市就业先进集体。在校学生参加国家、部(市)级职业技能大赛,获国家级奖项 3 项、市(部)级奖项 257 项、市协会奖项 42 项,获市级以上表彰 430 余人次。

(四)办学特色

(1)专业特色优势明显。依托水利行业优势,构建了以水利、水电类专业为特色优势,土木建筑、能源动力与材料、装备制造、电子信息、资源环境与安全类专业等拓展协调发展的专业布局。设有水利水电建筑工程等 44 个专业,其中 13 个专业在重庆市属于唯一设置。

(2)行业办学特色突出。学院充分发挥水利行业办学优势,联合重庆市水投集团等 72 个企事业单位和行业协会,组建了"重庆市水利行业校企合作办学理事会",充分发挥行业对专业规划与发展、师资培训、实训基地建设、就业、行业培训与技术合作的指导作用,形成了学院与水利行业融合融通的合作办学格局。

（3）水文化育人特色显著。设有水文化研究方向博士后科研工作站、水文科普展览室，成立了重庆市水文化研究会，主办《巴渝水文化》期刊，举办全国性年度"巴渝水文化论坛"，开设"水文化导论"市级精品视频公开课程，开办"上善大讲堂论坛"，大力发掘、弘扬巴渝水文化，推动以水文化和水利精神为核心的校园文化建设。

（五）社会影响

（1）服务行业效益突出。近三年来，学院培养毕业生 7 104 人，其中为水利行业输送毕业生 2 368 人；承接完成《重庆市水资源保护规划》等 40 余项技术服务项目，公开发表论文 1 900 余篇，出版著作 20 余部，获得授权专利 99 项。开设有 6 大类 40 余项继续教育培训和职业技能鉴定工种 65 个，开展职后培训 21 300 余人次。

（2）办学声誉不断提升。学院是全国水利行业定点培训单位、全国水利行业特有工种职业技能鉴定站，重庆市水利行业干部培训中心、重庆市水土保持与生态建设培训中心、重庆市水电行业国家职业技能鉴定所、重庆市博士后科研工作站；建成重庆市众创空间、重庆市高校众创空间、重庆市大学生创业示范基地、重庆市普通高校毕业生就业示范中心和首批创新创业"双百"示范建设单位、重庆市文明单位标兵、重庆市教育功勋特色高职院校。近年来《中国教育报》、新华网、《重庆日报》等主流媒体宣传报道学院教育教学改革典型成果 200 余次。

三、安徽水利水电职业技术学院

安徽水利水电职业技术学院始建于 1952 年，其前身为水利部"淮河水利专科学校"。2000 年，经安徽省人民政府批准，正式成立安徽水利水电职业技术学院。学院是全国 100 所和全省 3 所国家示范性高职院校之一。2014 年，经安徽省发展改革委和教育厅批准，在全省高职中率先进行"四年一贯制"本科教育改革试点，目前在校本科生人数已近 700 人。2015 年，经省教育厅批准为全省首批 16 所地方技能型高水平大学建设院校之一。学院还荣膺"全国高职高专人才培养工作水平评估优秀单位""国家高技能人才培养基地""全国水利系统文明单位""全国职业教育先进单位""全国水利行业高技能人才培养基地""安徽省文明单位""安徽省普通高校毕业生就业工作标兵单位"等多项荣誉或称号。

（一）基础设施

学院坐落于安徽省省会合肥市，交通便利，环境优美。校园占地 1 040

亩,建有教学楼、学生公寓、餐饮中心、体育馆、图书馆、大学生活动中心、大学生服务中心和素质拓展基地等完善的教学和生活设施40万平方米。校内设有九大实训中心,拥有实践性教学所必需的各类实验室、实训室、实习工厂等130个,校外固定实习实训基地近400个。学院建有先进的智慧校园和交互式多媒体教学网。图书馆现有藏书70万册、电子图书60万册及各类专业期刊500余种。

(二)师资力量

截至2017年8月底,学院拥有专兼职教师总数829人,其中专任教师595人,兼职教师234人,博士研究生5人;其中教授、副教授、高级工程师等近200人,"双师型"教师443人,中青年教师中接受博士、硕士研究生教育的338人。拥有国家级、省级教学团队7个,省部级教学名师、专业带头人、教坛新秀48人。此外,为切实推行理实一体化和工学交替人才培养模式,学院还积极构建多主体联合培养模式,建立了约400名企事业单位专家组成的"兼职教师库"。

(三)教育教学

学院设有8个二级学院和本科教育部、基础教学部、马克思主义学院、继续教育学院等教学单位。全校普通全日制在校生逾14 000人,成人本、专科在校生约3 000人。学院主动对接水利行业和区域经济社会发展需求,开设专业54个,形成了以工程类专业为主体的专业格局。其中,国家级精品专业、示范专业和教改试点专业共13个,省部级特色专业和综合改革试点专业24个,省级人才培养模式创新实验区3个。工程技术应用类专业达90%以上,涵盖产业支撑型、人才紧缺型和特色引领型专业群。已建成校级以上精品课程130余门。主编出版国家级规划教材、省级规划教材和学院特色教材300余部。

(四)科研成果

学院积极探索以应用为导向的高职科研模式,重视产学研合作、科研应用开发与成果转化,承担水利部、淮河水利委员会、省水利厅、省教育厅等重大课题多项,科研能力在全省高职院校处于领先水平。学院教研氛围浓厚,近年来,获国家发明专利多项,出版学术论著和教材500余部,发表教、科研论文1 000多篇。学院积极面向行业和社会开展社会服务,常年承担社会培训和技能鉴定任务,近三年累计培训达6 000余人次,鉴定发证达12 600人次。

(五)招生就业情况好,人才培养质量优良

学院把创新创业教育注入人才培养全过程,围绕培养"厚基础、宽口径、高素质"的高技能人才的目标,实行以素质为基础,以能力为核心,以就业为导向,产学研结合的人才培养模式,积极通过辅修专业、通识教育、学分制度等努力完善技能型人才培养体系。已累计培养各类专门人才8万多人,遍布于全国20多个省(市、区),奋战在水利、建筑、机电、电力、机械、市政、IT等各条战线上,成为安徽乃至全国经济社会发展的基础力量和重要支撑。毕业生素质高、技能强、能吃苦,深受用人单位欢迎和社会广泛认可,毕业生就业率连续12年超过95%,始终稳居同类高校前列。自2008年以来连续荣获"安徽省普通高校毕业生就业工作标兵单位"称号。

四、黄河水利职业技术学院

黄河水利职业技术学院是全国首批示范性高等职业院校。2016年被教育部确定为全国教学诊改试点院校,2017年被确定为河南省国家优质高等职业院校建设单位。学校建筑面积53万平方米,校内实训场馆183个,实验实训设备总值3亿元;现有教职工923人,其中专任教师806人,聘请校外教师190人。国家级教学名师2人,国家级教学团队2个,国家级教学成果奖3项,省级教学成果奖14项,近两年获国家自然科学基金项目2项。在校全日制专科生18 157人。学校先后荣获"国家级文明单位""全国教育系统先进集体""中国水利教育先进单位""高职院校创新创业示范校50强""全国毕业生就业典型经验高校""全国职业教育先进单位""河南最具特色的十大教育品牌"等100多项荣誉称号,被誉为"技能人才的摇篮,技术服务的基地"。

(一)植根水利、服务区域经济发展的专业格局基本形成

目前该校共设置64个专业,覆盖13个专业大类,在校生规模最大的5个专业大类,依次为水利大类(14.95%)、土建大类(14.72%)、财经大类(14.23%)、制造大类(13.85%)、资源开发与测绘大类(12.09%)。水利、资源开发与测绘、制造大类主要是服务水利行业对技术技能人才的需求,其他2个专业大类除服务水利工程建设对各类人才的需求外,主要服务于区域经济对基础设施建设等对技术技能人才的需求。该校"以水为主,以测为特,以工为基,文、经、管、艺多科相容"专业建设定位及植根水利服务区域经济的专业服务格局基本形成。

(二)特色引领、骨干提升、复合创新专业建设特色突现

根据学院专业建设定位,打造代表学校优势的水利专业;主动适应水利行业和地方经济建设需求,建设行业发展急需的骨干专业;根据产业结构调整及现代水利建设重点,开办交叉复合型专业。形成"特色专业创品牌、骨干专业

调结构、复合专业求创新"的专业建设特色。目前,该校建成国家级重点专业5个,占专业总数的8%;省级各类重点专业总计43个,占专业总数的67%。牵头编写专业标准等行业标准15个,带动水利行业和河南省专业建设的发展。

(三)智慧校园建设、教育教学信息化建设成绩显著

该校拥有联通等5个网络出口,共计9.6 GB带宽,智能校园平台建设初具成效,2017年获"河南省教育信息化试点单位""河南省高等学校智慧校园建设试点校"。主持的国家级水利水电建筑工程专业教学资源库于2015年通过国家验收,2017年获国家升级改造项目,同年地理信息专业入选国家级备选库。全校90%以上课程使用了教学空间,教学资源覆盖率100%。拥有13门国家级精品资源共享课,1门国家级、7门省精品在线开放课程,立项建设有7门省级立体化教材。2017年获国家级职业院校信息化教学大赛二等奖2项、三等奖2项,河南省职业院校信息化教学大赛获一等奖4项、二等奖3项。

(四)产教融合、工学结合人才培养模式持续创新

依据行业标准和行业的准入制度要求,构建高职教育"三统一、多样化"工学结合的人才培养模式。该校不断加强校企合作,产教融合创新人才培养模式,2017年开办中德合作胡格教学模式试验班,借鉴"悉尼协议"范式开展专业建设。电子信息工程技术等5个专业入选国家级现代学徒制试点。全力推动创新创业教育改革,形成了"1 + X"双线并行创新创业教育改革新模式,被教育部认定为"深化创新创业教育改革示范高校"。

(五)科技创新能力和服务经济社会发展能力彰显

该校"黄河之星众创空间"是科技部认定的"国家众创空间",立项国家自然科学基金项目2项,建设省级工程中心1个。2017年,科研立项208项,其中省部级项目8项。获得各级成果奖励157项,获专利68项,获批开封市重点实验室1项,科技服务到账总额达到1 350万元。学校近三年面向行业和地方企业开展技术培训和技能鉴定达21 839人次;为水利部、中水十三局、黄河水利委员会等企事业单位开展技能培训142个班次,培训职工8 115人,各类社会培训达72 420余人日;学校与黄河水利委员会、中水十一局、开封市人民政府等签订战略合作框架协议,打造"优质资源共享、人才优势互补、科技协同创新、紧缺人才共育"的产教融合新高地。

(六)人才培养成绩显著,技能竞赛屡获佳绩

学院把技能竞赛机制引入教学过程,形成教师练技能、课堂教技能、学生赛技能的良好格局。近年来共获得各类国家级竞赛一等奖72项、二等奖70

项、三等奖 32 项。共获得各类省级竞赛一等奖 86 项、二等奖 101 项。在全国职业院校技能大赛测绘竞赛中,连续 6 年获一等奖,斩获"六连冠";在"高教杯"全国大学生先进成图技术与产品信息建模创新大赛中,连续 9 届荣获水利类团体一等奖第一名,斩获"九连冠";在世界机器人大赛中,夺得创新设计组比赛一等奖。

(七)加大开放办学,国际化办学水平显著提升

学院与国内科研院所合作,圆满完成 7 项国际合作项目建设;开展国际合作办学项目 8 项,2012 年获得留学生资质,在校留学生达到 94 人。2017 年,参加第十届中国—东盟教育交流周活动,作为中方唯一院校代表在大会上作典型经验交流发言,并与 6 个国家的 13 所院校达成合作意向,2018 年将再招收 50 名南非留学生;2017 年西班牙"专升硕"项目,25 名学生赴西班牙攻读硕士学位。与中水十一局、北方国际等企业合作,11 名教师到埃塞俄比亚、赞比亚及老挝进行专业技术服务,学校国际化办学水平不断提升。

五、山东水利职业学院

山东水利职业学院是一所具有 60 年办学历史的水利特色、工科优势的省属公办全日制普通高校。学校始终坚持"以人为本、以水为魂"的办学理念,秉承"上善若水、海纳百川"的校训,遵循"水利特色、工科优势、凝练品牌、强化服务"的办学思路,确定"立足水利、面向社会、服务一线"的办学定位,是全国首批水利高等职业教育示范院校、山东省首批技能型人才培养特色名校,先后荣获"全国水利行业技能人才培育突出贡献奖""山东省级文明单位""山东省校企合作一体化办学示范院校"等荣誉称号。

(一)基础条件优越、实力雄厚

1. 一流的硬件设施

学校总占地面积 1 595 亩,校舍总建筑面积 53.7 万平方米,教学仪器设备总值 1.38 亿元,图书馆藏书 105 万余册。学校建有水工实训场、工程施工实训中心等 110 个校内实训场馆和 13 个"校中厂"。拥有水文水资源调查评价等资质,集学生技能训练、职业技能培训与鉴定、对外技术开发与生产服务等多种功能于一体。学校实训条件建设达到较高水平,其中,建筑工程技术为中央财政支持的职业教育实训基地建设项目,水工实训场为全国水利类重点专业实习实训基地。

2. 特色鲜明的品牌专业

学校主动适应水利行业和区域经济发展,以重点专业为龙头,建设了水利

工程、建筑工程技术、机电工程技术等8个重点专业群。现有山东省品牌专业群1个、山东省省级特色专业8个、全国水利类骨干专业1个、全国水利类特色专业1个、对口贯通分段培养试点专业2个、校企合作一体化办学合作示范专业2个、省级现代学徒制试点专业1个,主持开发国家级专业教学标准2个、省部级教学指导方案3个。重点专业建设水平在全省及全国同类院校中位居前列。

3. 德技双馨的师资队伍

学校现有专任教师675人,其中具有副教授及以上高级专业技术职务教师占35.11%,具有硕士及以上学位教师占55.15%,专业教师中"双师"素质比例达74.22%。现有享受国务院政府特殊津贴、全国优秀教师、山东省工程勘察设计大师、水利部5151人才、山东省有突出贡献的中青年专家。拥有山东省优秀教师2人,山东省高等职业院校教学名师2人,全国水利职教名师6人、新星6人,山东省职业教育名师工作室1个,高等学校省级教学团队6个。近三年来,教师出国(境)研修45人,长期聘用外教11人。形成了结构合理、业务精良、师德高尚、富于创新、充满活力的"双师型"师资队伍。

(二)办学特色鲜明、优势突出

1. 坚持行业办学特色,塑造水利高职教育品牌

学校积极投身水利职业教育重大改革进程,参与制定了教育部《高等职业院校水利工程专业仪器设备装备规范》,主持制定《机电排灌工程技术》《港口航道及治河工程》国家专业标准及全国水利职业教育核心专业水利水电工程管理专业"两标准一方案",被水利部授予"全国水利行业技能人才培育突出贡献奖"。学校牵头成立了山东省水利职业教育合作发展委员会、山东省现代水利职业教育集团、山东省水利与测绘职业教育专业建设指导委员会,广泛整合水利职业教育优质资源,有力促进了校企深度融合。

学校是山东省春季高考"土建专业类别"技能考试主考院校,承办了山东省职业院校技能大赛测绘测量赛项等多项重大赛事,发挥了示范引领作用。

2. 对接行业产业需求,打造立体化的社会服务体系

学校始终坚持产学研用一体化战略,教师继承发扬了良好的科研传统,取得了丰硕的科研成果。其中,国家重大技术装备研制计划项目"大型渠道混凝土机械化衬砌成型技术与设备"获国家科技进步二等奖,研究成果在南水北调工程中得到了广泛运用,发挥了巨大的经济效益。学校教师先后承担国家重点课题"黄河河口地区骨干生态河网构建与水生态修复技术研究"等科研项目500余项,获奖200余项,获得专利近100项;完成了全国水利行业专

业培训等 11 万余人日。与企业联合开展污水处理设备、水工机械等 10 余项新技术研发,技术服务到款额 3 000 余万元,创造社会经济效益 1.6 亿元。

3. 加强对外交流与合作,培养具有国际视野的高职人才

学校与俄罗斯国立农业大学、韩国国际大学等 7 个国家或地区的 10 余所高校建立了长期稳固的友好合作关系,实施国际合作项目 7 项。中俄合作项目实现了本科、硕士及博士全覆盖,培养了近 500 名国际化人才。建设"中水十三局国际化人才培养基地",先后有 80 余名毕业生赴阿尔及利亚、巴基斯坦等国家工作。

(三)办学成就显著,广受赞誉

学校面向山东、河北、内蒙古等 20 个省(区、市)招生,近三年学生第一志愿上线率超过 100%,毕业生专业对口率达到 86.82% 以上,新生报到率 93% 以上,毕业生总体就业率达到 98.7%。近三年,在各级各类技能大赛中获特等奖 21 项、一等奖 41 项、二等奖 69 项、三等奖 60 项。毕业生在大型骨干企业就业比例达到 17.3%,实现了高起点、高质量就业。

学校受到《光明日报》、《中国青年报》和俄罗斯《消息报》等报刊及中国高职高专教育网等网络媒体的高度关注。学校先后荣获"年度综合实力前十强典范国办高职院校"、2014 最受网民欢迎高职院校、最具就业竞争力高职院校等荣誉称号。

六、福建水利电力职业技术学院

福建水利电力职业技术学院创建于 1929 年。1981 年,学校被教育部确定为全国重点中专学校。2003 年 2 月,经福建省人民政府批准,学校升格为高职院校,定名为福建水利电力职业技术学院。2013 年 3 月 4 日,通过验收,被确定为"福建省示范性高等职业院校"。2016 年 1 月,被确定为"福建省示范性现代职业院校建设工程"A 类培育项目 9 所院校之一。学校校园面积 1 062 亩,现有教职工 348 人,全日制在校生 6 005 人。自 1994 年起连续八届获得"省级文明学校"荣誉称号;2009 年,被福建省委、省政府授予"福建省级文明学校标兵"荣誉称号;2011 年荣获第七届全国水利行业技能人才培育突出贡献奖;还先后荣获福建省职业教育先进单位、福建省水利工作先进集体等荣誉称号,被誉为福建水电人才的摇篮。

(一)校园建设

新校区按 12 000 人办学规模进行规划建设,占地面积 1 062 亩,分两期建设。一期工程按 7 000 人办学规模建设,已完成建筑面积 15 万平方米、投资

约 4 亿元,完成包括学生公寓、食堂、教学楼、实验实训楼及体育教学馆等建设,完成水电管网、道路、绿化、网络及校园一卡通等配套项目建设,2014 年 10月底实现整体搬迁新校区,办学条件上了一个新台阶。

(二)师资队伍建设

坚持"优化结构,提高素质,整体发展",打造一支专兼结合、素质优良的双师结构师资队伍,现有专任教师 207 人、兼职教师 122 人。专任教师中正高职称 13 人,副高职称 61 人,高级职称教师占专任教师的比例为 32.8%;专任教师中具有硕士及以上学位教师 114 人,占专任教师的 53.5%;专业课教师中"双师型"教师 99 人,占专业课教师比例为 72.8%。目前学院拥有省级优秀教学团队 5 支,教育部行业教学指导委员会成员 4 人,福建省教学名师 7人,水利职教名师 4 人,水利职教新星 3 人,省级专业带头人 11 人,省级优秀教师 2 人,形成专兼结合的"双师"结构师资队伍。

(三)专业建设

明确了"以行业需求为基础,依托特色骨干专业,结合社会地方紧缺专业,建设品牌专业群"的专业建设思路,依托水利、电力两个特色骨干专业群,逐步形成了水利、电力、建筑、机电、电子信息五个专业群全面发展的局面,开设专业覆盖水利、材料与能源、土建、交通运输、资源开发与测绘、制造、电子信息等 7 个大类计 36 个专业。已建成全国水利职业教育示范专业 1 个、中央财政支持提升专业服务产业发展能力专业 2 个、省级示范性高职院校重点建设专业 5 个、省级精品专业 5 个、省级示范专业 7 个。

(四)实训条件建设

坚持内涵发展、特色办学,坚持校企合作、产学研结合,加强实验实训基地建设。现有实训室总数 117 个,其中,中央财政支持实训基地 3 个、省级财政支持实训基地 4 个、省级生产性实训基地 4 个,实训开出率达 95% 以上。在福建省内与 73 家企业建立了实习基地,满足了学生校外实习和顶岗实习的需要。校内实训基地具备教学、培训、职业技能鉴定等功能,实现了面向区域、行业开放共享。

(五)教学成果

学院创新人才培养模式,提升人才培养质量。水利专业群依托水利行业优势,与福建省内外大中型水利施工企业广泛合作,探索并形成了"工学交替、能力递进"的人才培养模式,构建了"工学结合模块化"的课程体系;电力专业群创建了"一轴三翼"立体式人才培养体系,并全面覆盖电力工程系所有专业,取得良好成效,2014 年该项目荣获福建省高等职业教育教学成果奖一等奖。建筑专业群建立了"岗证融合、能力递进"的人才培养模式,机电专业群正在探索"2+1"现代学徒制人才培养模式,信息专业群正在实践"创业课程—创业辅导—真实创业实践"创新创业人才培养模式。近年来,该校学生在全国性、行业及福建省各级各类职业院校学生技能比赛中共有290人次获得213个省部级奖项,其中有58人次获得37个一等奖及以上奖项。毕业生就业率长期保持在96%以上。

该校是福建省首批开展闽台联合培养人才的高职院校之一。2009年以来,累计招收培养闽台联合人才1 000多人;同时选派112名学生和9名教师赴台湾建国科技大学、万能科技大学学习和研修;邀请了台湾建国科技大学6名教师到校授课;与台湾建国科技大学教师联合编写《营建管理》等6部教材。该校校企闽台联合培养人才的办学情况,分别在《人民日报》《光明日报》《中国教育报》《福建日报》等报刊上报道。

(六)社会服务情况

作为全国水利行业高技能人才培养基地,充分发挥水利院校自身特色和办学优势,培养和培训基层水利发展急需的技术技能人才;设有福建省水利电力职业技能鉴定站、水利行业特有工种职业技能鉴定站,目前可进行32个工种的高、中级技能鉴定;紧密依托学院科技服务公司设计所等校办企业,开展工程勘察设计服务、技术推广网络工程及智能监控等工作;利用福建省水电培训中心等5个对外技术服务实体,为行业、地方提供决策咨询和技术服务,为地方经济发展做出了应有的贡献。

七、四川水利职业技术学院

四川水利职业技术学院创建于1956年,系省属公办全日制普通高校。学院恪守"禹脉传承,厚德励志"校训,秉承都江堰2 200年水利文化积淀,历经几代水利人培育,延续灌县水利学校、灌县水利专科学校、四川省水利学校、四川省水利电力学校历史,于2003年升格为高等职业技术学院。六十多年来,学院立足四川、面向西部,依托水利、服务社会,为水利、水电、水产行业培养技术骨干和管理中坚力量,在四川水利水电行业享有"黄埔军校"的美誉。

"5·12"特大地震,学院遭受重大人员伤亡和财产损失。在党中央、国务院的亲切关怀下,学院抓住灾后重建的机遇,在崇州市羊马新城建成羊马新校区,形成两地三校区办学格局。

学院下设七系一部两中心,开办专业涵盖水利、水电、水产、建筑、测绘、地质、资源环境等行业,其中,水利部、四川省示范(重点)专业6个,省级精品专业 1 个,形成了以工科专业为主,综合类专业和边缘学科并行,省级重点专业为骨干、院级重点专业为基础的专业建设体系。学院现有专任教师 455 人,副高级以上(含)专业技术人员 132 人,享受国务院政府特殊津贴专家 1 人,四川省青年学术带头人 1 人,全日制在校生 1 万余人。

(一)行业积淀深厚,发展定力坚定

学院自建校以来,为社会输送了 5 万多名水利电力高技能人才,四川省水利行业从业人员的 71% 来自该院。2003 年跨入高职,砥砺奋进,勇攀高峰。升格三年评估优秀、震后三年完成重建、奋战三年建成示范,实现了新世纪的三次跨越。2017 年 12 月,被正式立项为四川省 15 所优质高等职业院校建设单位之一。

六十多年来,学院秉承"立足四川、面向西部,依托水利、服务社会"办学定位,坚持党委领导下的校长负责制,坚持学术委员会治学,构建了以 ISO9001 国际质量标准为管理手段的内部质量保证体系。

(二)坚持产教融合,社会服务杰出

依托水利行业优势,搭建四川水利职业教育集团、"四川水利职教大校园"、四川水利人才教育基地三大校企合作平台,实践集团化办学,探索理事会治校。

学院以岷江流域为纽带,以都江堰千万亩灌区、百万千瓦装机、数十万千米渠系为支撑,汇集流域内的 8 家大中型企事业单位,构筑无界化的人才培养大校园,走出了行业办学、校企深度融合的新路径。

学院社会服务年创造价值亿元以上。已开展"一带一路"水利水电项目 10 余项,其突出贡献受到沿线国家赞誉。

该院教授主持设计的紫坪铺水利枢纽,获国际堆石坝里程碑工程奖;教师主持设计的项目获四川省工程勘察设计"四优"一等奖 2 项;学院师生设计施工的大型水库黑龙滩,已安全运行 40 余年,解决了仁寿县 100 多万人的生产生活用水问题。

学院以突出的社会服务能力入选 2015 年全国高职院校服务贡献 50 强。

(三)突出工学结合,办学条件优质

学院占地 953.40 余亩,建筑面积 26 万余平方米,资产总值 7.87 亿元,藏书量近 67 万册,教学仪器设备总值近 1 亿元。建成省级精品专业 1 个、省级示范性专业 5 个、水利部示范专业 8 个、省级重点专业 3 个、中央财政支持"提升专业服务产业发展能力"项目 2 个。

学院拥有双合教学科研电厂、水利机械厂、工程勘察设计院、工程监理公司等五大生产实体,占地200亩,建成"厂中校",能够满足千余名学生实训和生活需求。

校内建有莲花电厂、水工综合实训场、污水处理厂、建筑工程实训基地等"校中厂"。

厂校一体,生产育人,形成了"亦厂亦校、师徒传承、能力递进、进阶入岗"的特色人才培养模式。

(四)狠抓信息化教学,教改成果丰硕

学院现开设班课1 148个,注册教师384人,占81.25%,注册学生13 173人次,建有云教材1部,课程681门。全面推进信息化课堂教学,让沉睡的课堂醒了起来、活了起来,实现了"用手机打败玩手机"。搭建云教学大数据管理平台,实现教学过程实时记录、动态监控。

近两年,学院荣获全国职业院校信息化教学大赛一等奖1项,四川省信息化教学大赛一等奖5项、二等奖2项、三等奖3项,连续两年获得优秀组织奖;水利职业教育教学成果奖特等奖、一等奖、二等奖各1项;荣获"河海杯"数字资源大赛特等奖、一等奖各1项,"万霆杯"全国建筑行业数字资源大赛一等奖1项。近两年,学院20余次受省内外兄弟院校及湖南省等教育行政主管部门邀请交流信息化教学经验。

(五)传承以水为师,文化育人成效显著

学院利用四川中共党史教育基地、四川省蜀水文化研究培训基地、省文学艺术界联合会等创作培训基地的资源优势,构建了水利文化特色鲜明的"文化育人中心"。营造水文化氛围,构筑亲水、敬水、爱水的宜学校园环境;开展水文化活动、创新水文化传播途径和践行水文化时代精神,构建起水利特色校园文化体系。

(六)人才质量走高,示范效应凸显

近3年,学生在各级各类技能竞赛、综合类竞赛中获得国家级奖励15项、省级奖励193项。

另据麦可思数据有限公司对学校的人才培养质量报告数据,学校毕业生初次就业率连续5年超过91%,毕业生专业对口率达到77%,毕业生获取职业技能资格证书比例99%。毕业生就业竞争力、月收入、就业现状满意度和就业稳定性(以离职率作为衡量标准)等核心指标高出全国骨干高职院校平均水平。人才培养质量得到政府和社会认可,2016年被水利部确认为"全国水利行业高技能人才培养基地",连续多年被授予四川省毕业生就业工作先进单位。

学院先后承担了四川省高职院校学分制试点(首批)、四川省现代学徒制试点(首批)、四川省教育综合改革试点等工作。先后承办了全国职业教育集团化办学交流研讨会、四川省水利人才工作会、四川省高职高专院校思想政治理论课建设联盟 2017 年年会和中国水利教育协会各相关工作。2017 年,在水利职业教育与产业对话会、四川省高职高专教学工作会等大会上做专题经验交流。深度指导省内外近 20 所中高职院校内涵建设,每年有近百个省内外院校和企业来院交流。

八、广西水利电力职业技术学院

广西水利电力职业技术学院是全国示范性骨干高职院校,是广西唯一一所水利类高职院校。隶属广西壮族自治区水利厅,始建于 1956 年,2002 年升格为全日制普通高等职业院校,是高职高专院校人才培养工作水平评估"优秀"院校、全国水利职业教育示范院校、广西示范高职院校、广西职教攻坚示范院校,连续 11 年以上荣获"广西毕业生就业工作先进集体"称号,荣获广西高等教育综合改革首批试点高校和广西县级中专综合改革考评高职贡献奖等称号。是全国示范性高职院校 200 强之一,是广西 5 所国家示范性高职院校之一。

(一)办学环境优越

1. 区位优势明显,办学基础优越

学院位于国家级经济技术开发区——广西—东盟经济技术开发区内,校地合作环境优越。学院总占地面积 1 065 亩,在校生 11 919 人,校舍建筑面积 37.723 万平方米,校内实训基地占地 17.8 万平方米,拥有教学仪器设备总值 13 392.57 万元,教学用计算机 5 049 台。学院校园网骨干带宽 10 000 MB,互联网出口带宽 10 000 MB,数字教学资源 800 GB。

2. 行业背景深厚,主管部门支持力度大

主管部门广西水利厅在学院新校区建设和国家骨干院校建设中,在政策、制度和资金等方面给予了全力支持。

(二)办学成效显著

1. 创新办学体制机制

"广西水利电力职业技术学院合作与发展理事会"、"广西水电职教集团"和"学院与广西东盟经开区协同发展理事会"的两会一集团,搭建了"政行企校"联动平台;构建了行业特色和区域特色鲜明的办学体制架构。与企业合作创办中锐汽车学院、宝鹰建筑学院,是广西能源职业教育教学指导委员会秘书处单位、广西高等教育综合改革首批试点高校。

2. 专业特色鲜明

专业建设融入水利电力行业和区域经济发展的需要,建成水利水电建筑工程等 6 个国家骨干院校重点专业,提升专业服务产业能力专业 2 个、省级特色专业 9 个、省级优质专业 12 个。

3. 实训基地功能增强

极力打造具有人才培养、技能竞赛、社会培训、技术服务于一体的实训基地。建成校内实训基地 35 个,校外实训基地 249 个。建成自治区职业教育示范性实训基地 7 个,自治区职业院校示范特色专业及实训基地 5 个。

4. 教改成果喜人

深化工学结合人才培养模式改革,构建"通识教育 + 专业教育 + 创新创业教育"的课程体系,推行"教、学、做"合一的教学方式。近 3 年来,获得省级教学成果奖 19 项,教师获国家级奖励 8 项;国家骨干建设教学资源库 8 个、省级教学资源库 7 个。

5. 教师队伍素质优良

推进教师成长工程,建设了一支素质优良、结构合理、专兼结合的高素质"双师型"教师队伍。现有教职工 612 人,专任教师 403 人,建有省级教学团队 2 个,水利创新团队 1 个。省教学名师 6 人。

6. 育人成绩斐然

学院不断强化以人才培养为中心的理念,以立德树人为根本,致力培养学生的职业能力和职业素养,用人单位满意度高。根据第三方数据,用人单位对毕业生满意度在 97% 以上,毕业生对母校满意度在 98% 以上。三年来,学生在全国性或省级职业技能大赛中获奖 111 项。其中获全国水利技能竞赛特等奖 7 个、一等奖 3 个、二等奖 20 个、三等奖 18 个。

7. 社会服务有力

主动围绕"服务水利建设,服务对口支援,服务精准扶贫,服务东盟经开区"四大重点,为广西水利电力行业和地方经济社会发展做出了应有的贡献。近三年来,开展水利行业从业人员职业资格 51 684 人次。

8. 信息化基础能力增强

重视新一代信息技术对促进教育变革的影响,实现智慧校园信息一体化管理。同时提升教师信息化能力,积极参与各类信息化大赛,获得国家级三等奖 1 项,获得省级一等奖 6 项、二等奖 15 项、三等奖 15 项等。

9. 国际交流合作见成效

学院发挥区位优势,响应国家"一带一路"建设号召,服务东盟国家水电建设,成功承办了越南水电站综合自动化培训班和柬埔寨农业高效节水灌溉技术培训班,扩大了学院的国际交流合作影响力。

(三) 办学特色鲜明

1. 构建了"区校协同、政行企校"融合发展的办学体制机制

构建了行业特色和区域特色鲜明的办学体制架构,组建"两会一集团",丰富了办学体制机制的模式;携手广西—东盟经济技术开发区,打造"区校企"协同发展模式,与广西—东盟经济技术开发区协同发展。

2. 形成了产教融合行业鲜明的专业人才培养模式

深化产教融合,以国家骨干院校建设的 6 个重点专业为龙头,深入开展校企深度融合、开放式工学结合人才培养模式改革,形成 6 个重点专业多样性人才培养模式。

3. 打造了"传承水文化,润育水电人"的校园文化特色

学院把"传承水文化,润育水电人"作为校园文化建设的主打品牌。围绕"水"文化,打造了"静湖大讲堂"校园文化品牌。"传承水文化,润育水电人"项目获得第二届全国水利院校优秀校园文化建设优秀成果奖。

九、贵州水利水电职业技术学院

贵州水利水电职业技术学院创建于 1956 年,前身为贵州省水利电力学校,隶属于贵州省水利厅,2016 年成立贵州水利水电职业技术学院,是经贵州省人民政府批准、国家教育部正式备案成立的全日制公办普通高职院校。

学院位于贵州(清镇)职教城,占地面积 600 亩,规划建筑面积 31.4 万平方米。学院现有教职员工 328 人,其中专任教师 217 人,高级职称教师 53 人,硕士研究生以上学历 67 人。现有全日制普通中职、高职生 6 000 余人,在校成人大专、本科生 1 500 余人。

学院奉行"德育为先、能力为重、全面发展"的育人理念,以"自强崇实、德技双馨"为校训,以内涵建设为重点,大力推行工学结合、产教融合、校企合作人才培养模式,全面推进项目化教学课程改革,凸显"做、学、教"一体的职教特色,形成了一所以水利水电为特色,高职为主、中职为辅,成人教育协调发展的高等职业院校。

学院设有水利工程类、电力工程类、土木工程类、管理工程类四大专业群,高、中职 34 个专业,建有水工综合实训中心——大禹馆、建筑工程实训中

心——鲁班馆等多个仿真实训室及智慧校园中心,一流软硬件设施,为全院师生提供了安全、舒适、先进的服务。

历经60多年的建设发展,学院培育了3万多名水利电力类专门人才,为贵州水利水电事业做出了突出贡献,被贵州省水利厅授予"贵州水利人才摇篮"殊荣,先后荣获"全国德育工作先进集体"、"全国水利系统先进单位"和"全国水利文明单位"等称号。

学院有一支结构合理、爱岗敬业、业务精湛的专兼职教学队伍,现有教职员工276人,其中专任教师190人,高级职称教师43人,专业教师中"双师型"教师占90.8%。多年以来,学院注重加强师德师风建设,大力弘扬"学为人师、行为世范"的职业道德规范,深化教育教学改革,不断提高教师的业务水平和动手能力,大力培养"双师型"教师,先后涌现出"全国职业院校教学名师""全国水利职业院校教学名师""贵州省优秀教师""全国优秀教师"等各类先进典型。

十、湖南水利水电职业技术学院

湖南水利水电职业技术学院是2005年经湖南省人民政府批准、教育部备案,纳入国家统一招生计划的水利类公办普通高校,隶属于省水利厅。学院建校以来,办学成果得到了各级领导和社会各界的充分肯定,以优异的成绩通过两次教育部人才培养工作评估。先后获评全国水利高等职业教育示范院校、湖南省示范性(骨干)高职院校、湖南省文明单位、湖南省"平安高校"创建单位、湖南省教育科学研究基地、湖南省高职高专招生就业先进单位、湖南省普通高等学校体育工作先进单位、湖南省创新型高校、水利部和水利厅职工定点培训中心,入选全国首批水利行业高技能人才培养基地,立项湖南省教育信息化创新应用示范高职学院、湖南省职业技能竞赛基地。

(一)优质师资队伍逐渐形成

学院拥有教职工350人,其中专任教师182人。具有副高以上专业技术职务96人,其中正高职称10人,45岁以下的具有研究生学历或硕士以上学位91人,"双师"素质教师148人。拥有全国黄炎培职业教育"杰出教师"1人,全国行业指导委员会委员2人,省新世纪121人才工程人选2人,省部级专业带头人2人,教学名师5人,全国水利职教新星3人,省优秀教师1人,省青年骨干教师5人,省黄炎培职业教育"杰出教师"2人,省教育信息化委员会委员1人,省诊断与改进委员会委员1人,全国水利行业"双师型"教师19人。

(二)特色、优势专业体系逐渐形成

学院设有水利工程系、水利建筑工程系、电力工程系、经济管理系、基础课部(思政课部)和继续教育学院。现有专业 22 个,涵盖了水利、材料与能源、土建等 7 个大类 12 个小类,其中中央财政支持专业 2 个,全国水利职业教育示范专业 4 个,全国水利类骨干专业 1 个,全国水利类特色专业 1 个,省精品专业 1 个,省教改试点专业 1 个,省示范性特色专业群 1 个。

(三)突出水利特色的实训条件逐渐形成

学院拥有中央财政重点支持的实训基地 1 个,湖南省示范性校企合作生产性实训基地 1 个,全国水利类重点专业优秀实习实训基地 1 个。校内实训室 59 个、校外实训基地 96 个。建有专业实体公司 2 个,各类实训设备设施 3 123 台(套),价值 4 208.03 万元,覆盖"水利建设、管理、开发与应用技术领域"的实践教学条件基本形成。

(四)产教融合体系逐渐形成

以学院为主体成立了"湖南水利职业教育集团",集团成员单位达 194 家,推动高等职业教育深度融入水利产业链,为水利事业跨越式发展提供了人才支撑。湖南省水文水资源勘测局、中南水电勘测设计研究总院、广东水电集团等 600 多家知名企事业单位成为学院稳定的就业基地,并开辟了向部队输送国防士官的渠道。学院设有国家职业技能鉴定所、全国计算机高新技术考试站、水利行业特有工种职业技能鉴定站,在校学生可获得工程测量、维修电工、CAD、办公软件应用、电气值班员等职业资格证书,学院毕业生就业率在全省同类高校中排名前列。近 3 年,开展全国(省)水利局长、水资源管理骨干、水利水电施工企业安全管理三类人员等培训班 100 余期,培训 60 000 余人日。开展了测量放线工、水质检验工、电气值班员等工种的培训鉴定工作,共培训鉴定 14 000 多人次。在《湖南省高等职业教育质量年度报告(2018)》的湖南省高职院校服务贡献 20 强中名列第 8。

(五)教科研水平不断提高

近 3 年,公开发表论文 481 余篇,其中核心期刊 19 篇、SCI/EI/ISTP/CSCI/CSCD 等 9 篇;省级以上教学成果奖励 1 项;学校教师共主编、参编专著和教材 66 部,出版著作 6 部;获实用新型专利 41 项、发明专利 1 项。共承担市级以上教科研课题及项目 61 项,其中,湖南省水利重大科技项目 1 项,获项目经费 100 万元,湖南省自然科学基金科教联合项目 2 项;获湖南省教育信息化创新应用十百千万工程项目 29 项,获市州厅级以上科技进步奖 16 项,其中水利部大禹水利科学技术三等奖 1 项,湖南省科技进步奖二等奖 1 项,湖南省水

利科技进步奖一等奖 1 项、二等奖 4 项、三等奖 8 项；"皂市水库生态补偿关键技术研究""中小型土坝安全监测及管理数字系统""砌石拱坝超载安全边界优化域研究与应用"等科技成果在水利建设中得到广泛应用。

近 3 年，教师在省部级及以上教学大赛中，获得国赛三等奖 1 个，省赛一等奖 7 个、二等奖 9 个、三等奖 17 个。教师在信息化教学比赛中获得国家级三等奖 1 项，省（部）级一等奖 2 项、二等奖 9 项、三等奖 16 项。

（六）人才培养质量不断提升

近 3 年，学生获得国家级技能竞赛奖励一等奖 1 项、二等奖 2 项、三等奖 1 项。省部级技能竞赛奖励一等奖 5 项、二等奖 13 项、三等奖 4 项。获得省部级以上水文化成果 3 项。"水育潇湘"节水护水志愿服务项目荣获共青团中央、中央文明办、水利部等 7 部委联合颁发的首届全国青年志愿服务示范项目创建提名奖，成为全国水利院校唯一获得提名的高职学院。2017 年，学生获省级大学生田径锦标赛金牌 9 枚、银牌 4 枚、铜牌 3 枚，勇夺湖南省高职组男子团体第一名。

十一、北京农业职业学院

该学院秉承"立德、修业、求知、笃行"的院训精神，坚持"立足首都，面向全国，服务'三农'"的发展宗旨，贯彻"以德为先，全面育人，以实践教学为主体，发展与服务双赢，开放发展、不断创新"的发展理念，以重点建设专业为龙头，加强校企合作，创新人才培养模式，不断深化教育教学改革，打造专兼结合的优秀教学团队，建设综合性、生产性的实训基地，充分发挥示范引领作用，提升科研与"三农"服务水平，拓展国内外交流合作。该学院构建了以任务为导向、以优化岗位设置为目标，规划了"从田间到餐桌"的课程体系，创新人才培养模式，为全国农业种植类、畜牧兽医类、食品安全类高职专业的建设提供了范例。

经过多轮干部人事制度改革，学院大力推行教师职务聘任制改革和岗位设置管理改革，实现了教职工聘任由身份管理向岗位管理的过渡；同时，行政管理队伍年龄结构明显改善，知识水平与履职能力显著提高，优秀的年轻人才成为学院发展的中坚力量。学院校中有场，场中有园，校内实践场所占地 700 余亩，校内生产性实训比例达 80% 以上；连同 330 个校外紧密型实训基地，为推行工学结合的发展提供了物质保障。学院推行科技挂职服务带动机制、专业化服务工作室运行机制以及"三院联动"的农业院校横向合作机制；连续多年选派专业骨干组建科技挂职服务团队，累计派出 112 名 178 人次服务郊区，在 56 个乡镇、单位建立实习实训、产学研服务基地 50 余个,为农村引进推广新技术 80 余项、新品种 80 多个。

学院拓展国际发展视野,先后与荷兰朗蒂斯教育集团等 5 所国外职业教育院校签订交流协议,与英国南兰克郡职业学院等 4 所院校开展合作发展,与德国、澳大利亚、荷兰等国的 6 所职业院校建立了校际交流关系;又与加拿大、英国合作院校举办国际经济与贸易、市场营销等高职合作发展项目。同时,学院积极拓展国内交流与国际合作,与 16 所职业院校签订了对口支援协议,长期对口支援四川什邡并为新疆和田地区少数民族普通高校毕业生开展培训,为安徽金寨、山西左权等革命老区培训各类人才。"十三五"期间,该学院正在落实国家和北京中长期教育改革和发展规划纲要,走以高职学历教育为主体、多种形式职业培训和社会服务与开发并重的"一体两翼"发展道路,以"一流的人才培养质量,一流的师资队伍,一流的环境设施,一流的社会服务,一流的管理水平和一流的思想政治工作"为目标,努力将学院建设成为国际知名的高职院校。

十二、上海农林职业技术学院

上海农林职业技术学院坚持正确的育人导向,营造良好的育人氛围,建设内容健康、丰富多彩、格调高雅的农林特色校园文化,使得学生们体悟农林文化,培养学农爱农、为农服务的思想,培育学生到农村第一线创业就业和奉献"三农"的职业素养。一是增强学生对水利的感情,强化学生学农爱农意识。各系部积极组织学生赴农业、林业及水利企业直接接触农业和水利。在多方支持下,学院联系了更多的校外实训基地,创造学生定期"下基层"培养锻炼的机会,结合教学,进一步提高学生学习农业和水利的兴趣与专注度。二是鼓励社团与志愿者经常参与社会服务与实践活动。"根与芽"小组、"星语"插花社、"环保绿行"社、宠物之家等带有浓郁农业和水利特色的学生社团经常活跃在各个社区,受到市民的喜爱,也使参与的学生感受到获得认同后的自豪感。三是开展富有农林水特色的技能比武与文艺表演。农林水特色的技能比武是学生易于参与和喜爱的形式,该学院积极创造各类技能竞赛平台。"实验动物给药"、动物宠物识别、艺术插花、导游服务等具有现代水利服务特色的技能竞赛,学生参与度高。发挥专业优势,针对学生的特点,如园艺园林系与动物科技系,设计出形式多样的比赛节目,既培养了学生良好的动手能力,又培养了全国技能大赛选手。各系部举办的系列活动,旨在帮助新生尽快融入校园文化生活。活动中的创新与设计体现时尚元素与学院农林特色的结合,浓郁的农林水特色文化,熏陶与教育学生。

十三、福建农业职业技术学院

立足合作共赢、校企合作发展理念,福建农业职业技术学院先后引进省农科院和6家企业,吸纳资金2 350万元,搭建"校企合作""校际合作""农科教结合"等平台,共建"现代农业科教基地""新世景花卉"等5个生产性实训基地,校内拥有"生物技术应用(园艺)"和"畜牧兽医"2个中央财政、省级财政支持的实训基地,初步形成了"前校后场"产学结合的发展新格局;作为首批闽台职业教育交流合作先行先试高职院校,与台湾中州科技大学等5所高校开展广泛深入的交流合作,"校校企"联合培养人才项目涉及6个专业1 000多名学生,选拔了52位同学赴台高校学习一年。

十四、黑龙江农业工程职业学院

"爱心与责任"是黑龙江农业工程职业学院教职工的行动指南,坚信"没有爱就没有教育,没有责任就办不好教育",把"立德树人,品能合一"作为培养目标,以"四节、两纪、一庆"(思想学术节、校园文化节、技能节、体育节,纪念五四运动、一二九运动,国庆节等)为载体,制订了独具学院特色的三年人才培养方案("励志、敦品、定位、强能、拓展、成才",学生在校三年六个阶段培养目标),大力推进素质教育,培养具有"高尚思想品德和过硬动手能力"的高职人才。

十五、广东农工商职业技术学院

广东农工商职业技术学院审时度势、抓住机遇、依托区域农垦企业,在"农"字头上下功夫,在专业建设上,大力宣传涉农和涉水专业、政策优惠涉农涉水专业,确保涉农涉水专业进出两旺。积极探索创新人才培养模式,优化专业课程体系,通过校企深度融合,共建校内外实习实训基地,发挥教育资源优势,"外引内培",打造"双师型"教学团队,着力提高为"三农"服务能力,基本形成"场校融合,紧跟农时,且耕且读,全程实践"工学结合人才培养模式,凸显了"以农为体,工商为用"的发展特色,服务以亚热带水利、都市型水利和外向型水利为特征的广东现代水利。

十六、广西农业职业技术学院

坚持为"三农"服务的发展宗旨,广西农业职业技术学院以培养农业第一线应用型人才为目标,不断深化教育教学改革,以人才市场需求为导向调整专业结构,以职业能力为根本优化人才培养方案,以提高教学质量为准则完善教学质量监控体系,先后制定出台多项教学管理规章制度,积极开展教学竞赛、评教评学、教学检查以及教学科研活动,取得显著成效。学院主动发挥服务社会的发展功能,以校政(政府)合作、校地(地方)合作、校企(企业)合作、校校(大中专院校)合作等方式,开展各类培训。

十七、甘肃农业职业技术学院

甘肃农业职业技术学院坚持培养"技能型、应用型、创业型"人才,坚持"知识、技能、素质"三位一体,坚持"教书、管理、服务"三育人,坚持产学研结合,坚持服务"三农"。学生必备的多种素质:先公后私乐于奉献、心胸开阔团结合作、遵纪守法习惯良好、好学敬业全面发展、创新进取百折不挠;学生必会的技术技能:过硬的语言表达、沟通技能,过硬的信息技术与计算机操作技能,过硬的专业技术基础技能,过硬的专业技术核心技能,过硬的技术创新技能。

十八、青海畜牧兽医职业技术学院

牢牢扎根农牧,紧紧服务"三农",青海畜牧兽医职业技术学院立足青海省资源条件和农牧业生产的天然资源优势,以"脚踏实地,立足青海,拓宽视野、面向现代化大农业,高起点,高标准,开放发展"的思想,确立了盯住"农"字创特色,打品牌、扩规模、争效益的发展定位。形成了"以服务为宗旨,就业为导向,能力培养为核心,产品质量来兴校"的发展理念和"做中教、做中学、做中会"的人才培养理念以及"双轨、双纲、双师、双证"的"四双制"教学理念(理论与实践教学"双轨"并重,理论与实践大纲"双纲"并举,理论与实践技能结合型"双师"教师施教,毕业证与职业资格证"双证"齐发)。建立专业结构动态调整机制,优化教育教学资源配置,加快知识创新,提高教育教学质量,改善发展条件,逐步扩大发展规模,坚定不移地走"校企结合、工学结合"的高职农业教育发展之路。学院在原有"2.5+0.5"模式的基础上,构建了青藏高原农牧业职业教育特色的人才培养模式,形成了"技能递进五段式"、"学用结合、技能递进"的"季节性生产岗位轮训"、"生产主线、工学交替"和"分块教学,技能递进"的四种工学结合。

十九、黑龙江农业经济职业学院

黑龙江水利经济职业学院的前身为牡丹江农校,创建于1962年。现有在校生近万人,占地 1 900 亩,学院以"诚信、勤恳、敬业、创新"为校训,坚持"教书育人,实践育人,管理育人,服务育人,环境育人"的五育人方针,有一个国家级重点专业、5 个国家级精品课程,农业类专业学生占全校学生比例达 35%以上。现已形成了仿真模拟教学、双元制教学、人才培养基地化、校企一体、产教科农工贸全面发展、与就业准入制度接轨、毕业生就业率高等特色和优势。

二十、江苏农林职业技术学院

江苏农林职业技术学院承担了"973""863"等国家级科研项目 70 多项,获得各类科技奖 10 多项,其中神农中华水利科技进步二等奖 1 项。持有国家发明专利 30 多项,拥有自主知识产权的农作物新品种 30 多个。学院坚持"政校行企联动"的发展理念,不断创新"产学研创并举"的人才培养模式,不断提高人才培养质量。目前,学院建成了 3 门国家级、7 门省级精品课程,获省部级教改成果 11 项,其中《高职人才培养的机制与模式创新》获得 2011 年省政府高等教育教学成果特等奖。建有全国职业院校技能大赛水利技能大赛比赛基地,承担了全国水利技能大赛种子质量检测、手工制茶、农产品检测、园林景观设计、植物组织培养、艺术插花、小动物手术、农业及水利机械维修等比赛项目,拥有不同类型的实训基地总面积 4 500 亩,同时还是扬州大学、南京农业大学的研究生培养基地。同时,学院拥有江苏省茶业研究所、江苏省草业研究所、江苏省食用菌研究所、院士工作站等科研机构,茶业科技创新团队入选省现代农业产业技术创新团队。同时院内还建有江苏省农业种质资源库、草坪草种质资源库、江苏省茶业科技创新公共技术服务中心、国家级太湖猪(小梅山)基因库、马铃薯产业化基地等 15 个科研平台。

二十一、杨凌职业技术学院

杨凌职业技术学院秉承"致用以学,行知并进"的校训,坚持践行"质量立校、人才强校、创新兴校、特色名校、合作办校、阳光治校"的发展理念,以服务为宗旨,以就业为导向,走产学研用结合之路,大力实施百县千企联姻等六大工程,围绕建设高水平、有特色、国际化一流职业大学的宏伟目标。

学院重视国际交流与中外合作教育,与澳大利亚爱迪斯科文大学、德国德累斯顿大学等 7 个院校建立了友好合作关系,派出学习、合作培训教师 200 多人次,与美国、英国、德国、比利时、日本等国家和地区开展了交流与合作培养学生。

校企合作成效显著,职业教育特色鲜明。实施了百县千企联姻工程,按照优势互补、资源共享、合作创新、共赢共进的原则,与省内外 142 个县(区)政府、1 132 家企业建立了长期友好合作关系,建立了大批融学生实训、教师锻炼和科研试验、社会服务、毕业生就业为一体的综合基地,形成了"学校、企业、政府、行业、学生五方受益"发展机制。

牵头成立了杨凌现代农业职业教育集团,构建了中职和高职教育衔接、教学科研生产零距离对接、人才培养和职业要求、社会需求统一的职业教育体系。教育教学创新,人才培养求精。学院依托国家示范性院校建设项目,不断深化以能力为本位,以专业建设为核心的教育教学改革,构建了以国家级重点专业为龙头,以省级重点专业、院级重点专业建设为支撑的三级专业建设体系。引进、吸收了德国、澳大利亚、中国香港等职业教育有效成果,按照"职业需求导向"和"学习实训预期成果"的课程建设思路,采取新发展理念和方法,构建了以职业岗位(群)核心能力培养或主体工作任务为基础的课程体系和以动手能力培养为主的实践性教学体系,形成了"季节分段、工学交替""情景化、模块式""合格 + 特长"等适合专业特点的十多种人才培养模式。

学院坚持走教学、实训、科研、推广相结合之路,建有三个各具特色的产学研典型特色示范基地,并取得好的经济效益和社会效益,探索形成了技术服务型、基地示范型、科技服务型、专家引导型和企业带动型五种农业和水利高职院校产学研示范推广模式。中职骨干师资培训、农民阳光工程培训、社区人才技能工程培训等成为学院社会服务的崭新亮点。学院坚持"以师生为本,全面协调发展,育训并举,德育为先"和"教育科学化,管理规范化,服务优质化"的工作思路,实施了专家教授专题报告工程、社会实践教育育人工程、个性化培养教育工程、管理人才队伍培训工程、优秀班主任培养工程、社区(公寓)优质化服务工程等"六大工程"。

二十二、成都农业科技职业学院

成都农业科技职业学院确定"以特色求发展,以质量求效益,以服务求支持,以贡献求地位",学院专业"立足一产,接二连三"的发展战略,并根据经济社会发展趋势和学院自身发展的特色优势,形成了以人才培养和服务成都两大功能为主、农业和水利科技研发为辅,为统筹城乡综合配套改革试验区和世界现代田园城市建设提供人才与智力支持的角色功能定位;确立了以农为主、兼顾城乡一体化和区域一体化需要的多学科综合型高职院校的层次类型定位;立足成都、面向四川、辐射全国的服务面向定位;培养下得去、留得住、用得上、干得好,明确适应生产、建设、管理、服务第一线需要的高素质技能型人才的人才培养的发展定位。

成都农业科技职业学院不断推进教育教学改革,形成"校中有厂、厂中有校、厂中有专业"的发展模式,实现学生素质培养机制体系和多样化的人才培养机制体系良性互动交流,创立冠名订单班、工学交替互动、情感服务育人等多元化的人才培养教育模式;邀请用人单位和企业的领导、专家、技师组建学院人才培养、专业建设和教育教学指导委员会,采取双向顶层设计的办法,共同参与专业人才培养方案的制订和优化修订工作,不断优化人才培养方案;实施订单式培养、产学研结合,政校行企共管共育。

近几年来,学院积极筹建立足成都、面向四川的水利职业教育集团,积极探索筹建面向全省的涉农职业院校实验实训中心,构建教育教学资源共享平台,引领、带动全市和全省农业与水利职业教育的建设和发展。加快"引进来"和"走出去"发展战略步伐,全面启动荷兰德隆登应用科技大学"2+1"合作发展、师资培训和课程开发模式;深度推进与新加坡相关学院开展的校际交流、师资培训;积极推动与英国拉夫堡学院开展师资培训、课程开发和"生态旅游"专业人才合作培养。根据国家推进的"中非合作论坛"精神,已举办多期并将持续举办面向非洲发展中国家技术人员的现代农牧业和水利生产技术与经营管理专项涉外培训;根据联合国推进的"南南合作"精神,已举办多期并将继续举办"南南合作"外派技术人员培训;依托温江海峡两岸科技园台(外)资企业聚集的优势,积极组织人才共育、订单培养,收到了明显的实际效果。

同时,成都农业科技职业学院实施"一个品种带动一方产业、一个项目助推一方经济、一项技术致富一方百姓、一个团队服务一方群众"等"四个一"工程,先后与双流县、青白江区和温江区签订了"院县(区)合作协议"。另外,学院承担各类培训任务,年均培训逾 1 万人次,先后被确定为国家科协全国水利科普教育基地、四川省现代农业技术培训基地、四川省专业技术人员继续教育基地、成都市移民培训基地、成都市农村劳动力转移培训基地,以及农业部和商务部"南南合作""中非合作论坛"援外和涉外项目培训定点单位等。

二十三、浙江温州科技职业学院

浙江温州科技职业学院发挥农科教合作协调发展体制优势,成立了温州农民学院,并通过实践摸索出"项目菜单、课程超市、课证融合、训以致创"的新型职业农民培训模式。项目菜单模式:为解决进一步贴近农民生产、生活实际,根据够用、管用原则,实施项目菜单管理模式。学院以教育教改课题研究形式鼓励教师立项开发各类新型培训项目,将具备培训条件的项目及时整理成培训菜单,编印成册,并在温州各新闻媒体和温州农民学院网站上刊登,学员可根据项目菜单内容以网络或实地报名的方式进行点菜。训以制创模式:学院依托浙江小企业创业基地、温州青年创业学院等多个平台,创新新型农民实施训以制创模式,以培育更多有文化、懂技术、会经营、善管理的农村创业型人才,积极开展农民网店主、家庭农场主等创业培训;对学员采取一对一创业培训指导。通过创业培训,学员创建了浙江天遥农业有限公司,目前已发展为集经济林种植、畜禽养殖、农业休闲观光、农业开发咨询、农产品销售于一体的市级农村综合性开发龙头企业。课程超市模式:根据广大农民学员的文化基础、兴趣爱好、工作实际等基本情况,为提高培训工作的实效性,学院打破工作常规,开设了成人学历教育弹性学分制和"课程超市",按照实际需要开设了近百门课程,以供学员从中选择约20门课程,修完70学分即可毕业。课证融合模式打通了培训、考证、上岗、就业的快速通道,学院创新实施课证融合模式,课程设置充分考虑学院培训与职业考证、未来岗位相对接,教学内容与考证内容、就业指导相对接,学员经过学习之后能直接参加相关职业资格证书考试。组织学员开展理论学习和实际操作,大部分学员能通过理论考试和实际考评,并获得相应等级的资格证书。该模式对学员的吸引力非常强。

第二节　湖南省部分高职院校教育教学改革与特色发展成功探索

一、长沙民政职业技术学院

长沙民政职业技术学院坚持立足民政、面向社会、适应市场、开放办学,以民政特色专业群建设为抓手,推进协同创新,推展国际交流,提升内涵品质,服务现代民政事业发展。一是准确把握现代民政事业发展机遇。为适应智慧社区、智能养老、绿色殡葬、政府购买服务等需要,面对民政工作的保障民生、发展养老、提升社会治理等主要任务,优化专业结构、改革课程体系、完善实训条件、培养教师队伍,推进跨专业、跨领域技术融合。二是精心培育打造民政类特色品牌专业。有民政管理、社会管理等民政类专业14个,其中国家示范重点建设专业6个,省级精品专业、特色专业、示范特色专业5个,年招生规模2 000余人,是全国开办民政类专业最多、办学规模最大的高职院校。学院首创的殡仪服务与管理专业,实现了"开办一个专业、提升一个产业"。三是引进国际职业标准与课程体系。与美国海格斯大学合作,引进养老护理课程体系和行业服务标准。与加拿大罗斯蒙特职业学院合作,开展学术交流与遗体防腐等课程对接。与德国客尼职教集团合作,引进机电一体化专业职业标准和课程体系。与印度 NIIT 合作,引进软件开发专业职业标准和课程包。四是与行业企业共同培育行业文化。着力培养社工之爱、人生之幸、夕阳之美和终极之善的民政文化,"尊老、助老、护老"的养老服务职业道德体系和"爱岗、敬业、诚信"的职业素质体系。涌现出"最美乡村支教教师"刘一村、"90 后最美入殓师"季烁红、全国"五一劳动奖章"获得者冯丹等一大批优秀学生。

二、湖南工业职业技术学院

近年来,湖南工业职业技术学院坚持服务"中国制造 2025"、制造强省战略和高水平院校发展为目标,突出校企合作在全校各项事业中的重要性。

学院与企业联盟、与行业联合、与园区联结,制订校企合作三年行动计划,在合作的渠道、领域、层次制定了具体目标和任务。学院成立校地校企合作工作领导小组及办公室,与政府行业企业,共建了职教联盟(集团)校中厂、生产性实训基地、专业群合作建设委员会、学生创新创业中心、装备制造业专业委员会、协同创新中心等合作载体。

以二级学院为主体,深入推进校企合作。学院相继出台了加快校企合作发展的意见、校企合作项目管理办法、校地校企合作三年行动计划、国际合作三年行动计划等指导性文件,加强了校地校企合作顶层设计,全面建立规范化的目标管理机制。明确了二级学院为校企合作工作的实施主体,学院与二级学院签订校企合作目标管理责任状,对校企合作工作进行目标管理考核,考核结果与各二级学院的年度考核与奖惩挂钩,使校企合作真正落到实处。

以工业园区为载体,联合推进校企合作。学院在湖南省率先出台了《长株潭衡"中国制造 2025"试点示范城市群人才培养培训基地项目建设工作方案》,全面拉开区校联结序幕。

依托多元共建企业学院,开展合作新模式办学。学院与地方政府及企业共建了宁波象山学院、华中数控智能制造学院、捷运汽车检测学院、华为 ICT 学院、顶立 3D 打印学院等 7 个二级学院,在谈共建学院项目 3 个。

依托企业定向培养班级,开展现代学徒制实践。近两年共开设订单班 52 个,现代学徒制形式的达 10 个,其中与博世汽车、中联重科等企业合作,相继开设了博世班、中联班等 2 个全国现代学徒制试点示范项目。

依托学产服用合作基地,开展工学交替式培养。与中联重科、博世集团、西门子、长丰猎豹等重点企业共建了 20 个校内"学产服用"合作基地,建立了铁建重工、湘电集团、楚天科技、顶立科技等 100 多个校外"学产服用"合作基地,师生带着课程和工作置身于真实的生产经营环境,实现了工作和学习、授业和生产对接。

依托学生创新创业中心,开展技术研发与服务。学院依托学生创新创业中心,一方面对学生开展创新创业教育和教师创新实践活动,积极建设科研平台;另一方面对政府及中小微企业开展技术研发与服务。学院学生创新创业中心引进了维德科技、长沙第三机床厂、天龙汽车等 5 个企业,实现了企业技术研发与学生创新能力的提高。

三、长沙航空职业技术学院

长沙航空职业技术学院主动适应现代职业教育改革发展、军队航空装备修理能力建设和国家航空产业快速发展的需要,确立了"对接产业产教融合、校企合作、协同创新"的办学理念和立足军队航空修理,面向地方航空产业,服务湖南经济建设的办学定位;明确了"立足军队航空修理,紧贴军队士官培养,对接中国航空工业、中国航发、民用和通用航空,面向航空维修、航空制造、航空服务与管理,打造航空特色品牌"的发展思路和对接产业办专业,依托行业建专业,校企协同育人才的办学模式;构建了专业设置与产业需求相结合的"工学六合"人才培养模式。

学院紧紧依托空军装备修理系统,全面对接军队定向士官培养、航空装备修理、中国航空工业和中国航发、民航和通航,不断深化产教融合、校企合作。2013 年,在空装机关、省教育厅、省国防科工局、民航湖南监管局的大力支持下,牵头成立"航空职业教育与技术协同创新中心",搭建产教融合校企合作战略平台,目前协同创新中心理事单位扩展到 103 家,其中航空产业规模企业68 家,航空院校、科研院所、定向士官承训机构 35 家。在协同创新中心理事单位的支持下,学院先后取得 CCAR – 147 部民用航空器维修培训机构和CAR – 66 部民用航空器维修人员执照、部件修理人员执照考试考点资质,2016 年 6 月发起成立了湖南省通用航空协会,搭建了对接民航和通航的合作平台。

学院强化专业融入产业,推进校企深度合作。2012 年以来,学院按照对接产业办专业,打造航空特色专业品牌的办学思路,逐年停招,注销与航空产业对接不紧密的专业 22 个,新增航空发动机维修技术等专业 13 个,专业结构由过去的 8 个大类 33 个专业调整为 4 个大类 23 个专业,所有专业紧密对接航空产业链。围绕航空维修、航空制造、航空服务与管理三大职业岗位群，以国家示范专业点和湖南省示范性特色专业等为牵引，构建了航空机电设备维修、航空机械制造、航空服务与管理三大特色专业群，以专业群为核心，调整系部设置，撤销原有的 7 个专业系，按专业群成立 4 个专业二级学院。通过几年来的调整改革，航空特色专业体系和面向军队定向士官、军队航空装备修理与地方航空制造企业、民用与通用航空企业的"三个 1/3"的人才培养格局已经形成，办学特色不断彰显。依托协同创新中心、通航协会等校企合作战略平台，学院与理事成员企业在人才培养、员工培训、产学研基地共建、课程体系开发、教学团队共建、技术服务等领域广泛开展合作，学院"产教融合、校企合作、协同创新"的办学新机制基本形成。

学院充分发挥人才优势，为行业企业发展提供智力支持。近年来，先后开展 115 项企业党建、思政、人才队伍建设等方面理论和政策研究，开发行业管理标准 6 项，编写航空修理系统职业分类目录和培训教材等 8 种规范性文献，构建了航空修理从业人员资格考核与育人标准体系。仅 2017 年，就为 331、572 等 30 多家企业和中高职院校举办各类培训班 100 余期，培训 6 000 余人次。

四、永州职业技术学院

永州职业技术学院立足学院实际，精准发力，打出一套"教育扶贫 + 产业扶贫 + 健康扶贫"的组合拳，将教育精准扶贫工作落实、落地、落细。

一是以落实政策为重点，实施教育扶贫。学院加大了面向贫困地区招生倾斜力度，落实定向招生、定向培养、定向就业要求。以 2017 年为例，在校学生中，湖南省生源占比为 78.61%，西部地区生源占比 16.02%，农村学生占比 80.22%，贫困地区学生占比 11.21%。学院持续推进"一把手工程"，建立了"学院推动、处室联动、系部能动、全员参与"的毕业生就业工作机制，全力推进毕业生尤其是贫困生就业工作。同时把全面落实国家、省市大学生资助政策作为教育扶贫的首要工作，做到了政策宣传到位、帮扶措施到位、资金落实到位，确保每一名贫困生都能享受到国家的资助政策。学院实施校际结对帮扶，通过"团队式"对口支援，对口帮扶贵州黔东南民族职院、溆浦职业中专等 7 所职业院校，开展专业建设、教师培训等对口支援活动。通过省级传递课堂和中高职衔接项目，将学院专业优质资源传递到洞口职业中专、宁远职业中专等 11 所职业学院，实现优质教学资源共享。向双牌县茶林学院派出专业足球老师团队开展支教活动，帮助茶林学院 2016 年成功跻身全国青少年校园足球特色学院。

二是以专业优势为基础,突出产业扶贫。学院一直坚持"以贡献求支持、以服务求发展"的办学理念,近年来在引领地方产业尤其是特色农业发展方面做了许多积极的尝试。如推广虎爪姜脱毒等实用新技术和科研成果 30 多项,为农民增收 7 000 多万元。莫志军教授近 4 年在永州推广种植油葵面积达 7 万余亩,目前每亩地可产生经济效益 3 000 元左右,产值达 2.1 亿元。蒋小军教授以学院油茶示范基地为依托,选育出适宜永州地区栽培的优良品种 4 个,推广种植面积达 3 500 亩,该科研项目获得了湖南省科技成果进步奖二等奖。2016 年全国油茶产业现场会议在永州召开,学院油茶示范基地作为唯一的参观现场,得到了全国与会代表的一致好评。学院积极发挥专业和人才优势,大力实施"1124"科技致富计划。两年来,共开展新型农民、水库移民、退伍军人等各类培训 150 余期,共培训各类学员 1 万多人次,有效促进了贫困户自身造血能力的提高。同时,选拔了 125 名农村党员骨干到学院生态农场进行免费培训,传授实用的种养殖技术。开展干部驻村帮扶,学院作为双牌县茶林镇新院子村精准帮扶后盾单位,选派了 2 位青年干部到该村挂职,并担任扶贫工作队队长。以帮助村民发展旅游、种植夏黑葡萄和铁皮石斛、养殖森林土鸡为重点实施精准脱贫,实现了该村整体脱贫摘帽。

三是以附属医院为依托,创新健康扶贫。学院附属医院对口帮扶江永县人民医院、茶林镇卫生院、接履桥镇卫生院等 7 所医院。两年来,派出 51 人驻点被帮扶医院,共为被帮扶医院开展手术 100 余台次,抢救危重病人 50 余人次。同时,免费培训被帮扶医院学科带头人和技术骨干 27 人次,接收 100 余名医务人员进修学习。学院医学影像数字中心与深圳智康云公司合作开发了具有数字影像互联功能的"智慧·健康·云医疗专家平台",通过该平台为基层医院远程诊断和会诊病案 1 800 余例。依托附属医院将原医学院区打造成集健康养老、医疗保健、康复护理、医疗培训和母婴护理于一体的医养结合的健康产业园。

五、湖南铁道职业技术学院

湖南铁道职业技术学院紧紧抓住"中国制造 2025""湖南千亿轨道交通产业集群""株洲动力谷"等国家、省、市发展战略与平台,聚力立德树人、专业建设、产教融合三个关键点,服务轨道交通产业高质量发展。

聚力立德树人,全力培养高质量人才。学院遵循职业教育和学生身心发展规律,传承 67 年铁路院校办学优势,扎根湖南轨道交通行业,以立德树人为出发点,不断提升人才培养质量。一是实施集成创新的大思政模式,落实好人才培养时代性、思想性。以党建工作标准化、师德师风体系化、学风指标化、网格化管理、"6S"管理、六层次"一对一"全方位协同育人为载体,形成全员、全过程、全方位的大育人格局。二是探索订单式现代学徒制模式。落实好人才培养精细化、定制化。近3年,先后与全国18家铁路局、30余家地铁公司开办订单班148个,订单学生达600余人。2017年成为"教育部现代学徒制改革试点单位"。三是建立"教育、管理、服务、实践、实战"五位一体的创新创业模式,落实好人才培养创新性,将创新精神与专业捆绑,使创新创业教育融入专业人才培养体系。

聚力专业(群)建设,全力打造高质量专业(群)。瞄准轨道交通产业"全球化、智能化、绿色化、信息化"发展趋势,对接"新技术、新产品、新设备、新工艺"四个新方面,大力推进专业(群)特色发展、品牌发展、示范发展及内涵发展。一是优化四大专业群,打造特色专业(群)。将学院34个招生专业,构建成轨道交通装备制造、轨道交通运营与管理等四大专业群,并组成轨道交通专业集群。2017年,铁道和城轨专业(方向)达到18个,铁道类专业在校生超过70%。二是构建科学的专业体系,发展品牌专业。构建校内专业发展体系,分三层次推进7个国内一流、8个行业一流及10个省内一流专业建设,实现专业的差异化发展。三是实施校企双专业带头人工程,创新示范专业。学院聘请由中国电力机车之父刘友梅院士领衔的共40余名行业专家为企业专业带头人,并配备由国务院特殊津贴专家万人计划名师领衔的50余名校内专业带头人,形成校企双专业带头人制度。2017年,在双专业带头人工作下,有3个专业正按照《悉尼协议》标准进行专业论证;受省教育厅委托,开发了动车组技术等两个专业国际化培养标准。

聚力产教融合,全力提升社会服务协同性。学院打造深度融入轨道交通行业全产业链的你中有我、我中有你、相互支持、合作共赢的产教融合新局面,实现产教双方资源要素的互相转化、相互支撑和相互利用。一是建立基于工作过程校企一体化课程开发机制。将全寿命周期制造、绿色制造等新增至核心课程,校企协同重构了四大专业群课程体系120余门。二是建立校企共生同存的一体化社会实践机制。近3年,每年有100余名该校学生奋战在广州铁路(集团)公司、南昌铁路局所属34个站段的春运、暑运、"十一"长假一线,既提升了学生的岗位适应能力和综合职业能力,又解了企业的"燃眉之急",成为铁路上一道青春、亮丽的风景线。三是建立技术技能积累机制。学院主动寻求中国中车等国际知名公司及广铁集团、中南大学交通运输学院等轨道企业和院所作为战略合作伙伴,创新产学研用合作模式,近年来,校企共建应用技术创新中心、联合实验室、研究所等 6 个,共建学院技术大师工作站 12 个、企业教师流动工作站 10 个。

六、湖南生物机电职业技术学院

湖南生物机电职业技术学院始终坚持服务现代农业办学定位,立足湖南、辐射全国,以内涵求生存、以特色铸品牌,以立德树人为根本、以产教融合为抓手,有效提升了办学水平和服务"三农"能力。

一是集团办学推动产教融合。学院主动争取行业指导和企业参与办学,积极建构产学研合作平台,走出了一条"学院 + 集团 + 联盟"的集团化办学道路,有效调动了政府、行业、企业参与学院办学的积极性,有力推动了校企合作办学和人才培养模式改革。2008 年,牵头组建了湖南现代农业职教集团。2015 年,在农业部主导组建的 5 个国家级职教集团中,学院联合中联重科牵头组建了中国现代农业装备职教集团。此外,学院还是中国职教学会农业职业教育教学指导委员会副主任单位,中国现代农业、现代畜牧业和都市农业等 3 个职教集团副理事长单位。依托集团化办学,学院立项建设了超级杂交水稻生产示范与人才培养基地、肉用山羊性能测定检测中心、玉米原种繁育基地、藤本植物良种繁育基地等一批省级引领产业发展的示范基地。分别与中联重科、隆平高科、唐人神、新五丰、猪卫士、都市花乡等企业建立深度合作关系,如:长沙都市花乡有限公司投入 400 多万元,共建校内生产性实训基地;湖南猪卫士科技服务有限公司投入 200 多万元,在校内共建动物疫病检测中心。校企双方人员互聘、互培、互管,共同制订专业发展规划、人才培养方案和员工培训方案,互聘兼职人员、互培在职员工,双方共建职业文化,共同育人、共谋学生就业。

二是人才培养对接产业需求。近年来,学院不断加强省级以上重点项目建设,积极争创示范性、卓越和双一流高职院校,不断调整优化专业结构、深化教育教学改革、提升人才培养质量。在全国率先开办了休闲农业专业,积极构建现代种植、现代畜牧、智能农业装备、农村经营管理、农业信息服务五大特色专业群,初步形成了对接湖南现代农业的特色专业体系。学院年招生规模和在校人数位居全省涉农高职学院前列,均占到了全省涉农高职学院的 60% 以上,培养了数以万计的农业技术技能人才。

三是科技创新服务乡村振兴。学院建立了 2 个省级科研平台,成立藤本植物、休闲农业、现代种植、现代畜牧、智能农业装备等应用技术研究机构,每年都有 10 余项科研成果被应用到生产中。每年选 50 余名教师作为省级专家参与省万名工程，扎实开展怀化坪溪村、麻阳职中等精准扶贫工作，较好完成农业科技服务工作，得到当地百姓、政府的肯定。在全国率先系统全面地开展藤本植物研究与应用，建成了目前全国规模最大、收集藤本植物种质资源最多的专类种质资源圃，种质资源收集、藤毯技术、繁育技术"领跑"全国，城市立交桥绿化、石漠化治理技术引领全省产业前沿。

四是职业培训提升农民素质。学院先后设立了农业部现代农业技术培训基地、农业部农业管理干部学院湖南培训基地、湖南省现代农业技术培训中心，承担了"阳光工程"农民创业培训、农村科技骨干培训、农业新技术培训等培训项目，累计培训达到 350 000 余人次，下乡培训及技术指导服务 100 多批次，职业培训提升了农民素质，催生了一批懂技术、会经营的新型农民。

七、湖南城建职业技术学院

湖南城建职业技术学院秉承服务湖南省建筑行业企业发展和建筑职业教育发展的使命，以建筑工程技术省级示范特色专业群建设为契机，主动适应建筑业转型升级，全面优化特色专业结构，推进人才培养模式和教学质量管理等领域的改革创新。

一是凸显特色，制定专业体系规划。明确了建设"建筑设计技术""建筑施工技术""建筑设备安装技术""建筑工程管理""市政与路桥施工技术"等 5 大专业群的发展战略。

二是合作共赢，优化校企共建机制。依托湖南建筑职教集团及湖南建工集团等知名企业，组建了以企业专家为主体的专业群建设理事会，设立了校企合作办公室以及专业建设、招生就业、技术服务、企业培训等专项工作委员会，建立了校企紧密协同的项目合作机制。

三是工学结合，创新人才培养模式。各专业群构建了具有自身特色的人才培养模式。比如建筑施工专业群实施"4.5 + 0.5 + 1、双园轮转、校企轮换"培养模式，建筑设计技术专业群实施现代学徒制人才培养模式。

四是培聘并举，打造优质教学团队。出台《高层次专业人才引进和培养办法》，近 3 年引进培养教授 5 人、博士 4 人，实施了双师培养"双百工程"，"双师型"教师比例从 78% 提升到 86%，专业教师每年完成新型城镇化、美丽乡村的设计、施工等技术服务项目 300 余个，到账 1 000 余万元，教师在各级数学技能竞赛中获省级以上一等奖 11 个。

五是潜心教研，持续加强课程建设。构建了"底层共享、中层分立、高层互选"的专业群课程体系。设立院级教研教改专项,每年专项投入180余万元,持续推进"五级"课程建设,70%以上达到优质课程建设标准,所有课程都建设了空间课程。

六是定位前瞻,完善实践教学条件。由省住建厅、湖南建工集团和学院共同投资2 400万元建成了设备先进、功能多样、拥有300个床位的湖南建工培训中心;基本建成设施设备条件达到国内一流水平的"土木教学大楼",建设了基于CRP系统的专业群实践教学信息管理平台。

七是牢记使命,发挥示范引领作用。成立了湖南省土建类中高职院校专业建设专家库。制定了《湖南省建筑业企业基层专业技术管理人员岗位资格考试大纲》(8大员10岗位)及指导用书,开发了"远程教育信息平台"和"远程网络化考试题库"。牵头制定建筑工程技术、工程造价、建筑装饰工程技术等专业的省级技能抽查标准。主持开发湖南建筑职教集团信息共享平台,建立了建筑施工类专业7大教学资源库供全省建筑类中高职院校共享。

八、长沙电力职业技术学院

长沙电力职业技术学院将"传送光明、传承文明"的电力文化与校园文化紧密结合,着力培养"特别能吃苦,特别能奉献,特别讲责任,特别重服务"的新时代"电力工匠",逐步形成了校企文化对接的"四入"模式。

一是将企业文化植入校园,营造良好的育人氛围。首先,在校园的道路、楼宇、走廊乃至房间设立各类文化标志,在运动场和干道两旁交替设置企业文化和校园文化理念牌,在教学楼、实训楼、学生公寓开辟文化理念墙,设置电力发展史长廊展板。其次,在活动、会议中设置宣传标语、标志,重点宣传"奉献清洁能源,构建和谐社会"等优秀企业文化理念和学院文化理念。按照环境与现场同样、标准与现场同等、设施与现场同步并适度超前的"三同一超"原则,打造完全现场化的学习实训环境,构建了220千伏高压输电线路实训基地、电力营销实训基地、变配电设备安装调试与运行维护生产性实习实训基地等系列仿真与实操场地。

二是将行业企业文化特别是企业精神渗透到专业和文化课程体系,体现于"教、学、做"各环节。要求教师通过企业文化小故事、事故案例分析等手段,将企业文化注入课堂,开设了企业管理与文化、感恩与诚信教育等素质提升课程,系统设计了大学三年的主题班会。编写了《高压输配电线路施工实训教程》《电能计量》《电气运行》等35部富有电力企业文化内涵的校本教材;撰写出版了国内第一部《电力职业精神》专著。按照企业技能竞赛和技术比武的作业标准,要求学生统一着工装,做好作业提醒、监督把关等环节工作,并突出作业点评、危险点分析、站队"三交"等流程,使学生提前适应岗位要求,感受企业文化氛围。

三是将企业文化融入管理。学院参照电力企业"从严治企,严抓严管"的管理文化引导管理学生,规范学生行为,促使其形成良好的职业习惯,对学生进行标准化管理。参照企业员工标准化管理模式和相关规章制度,建立健全学生管理规章制度并严格执行。严格按照企业作业流程、规范等对学生实习、实训进行管理。每学期开展安全意识教育和安全事故演练。对学生进行准军事化管理,除军训外,还要求学生早操、晚自习,并实施准军事化管理,并在毕业生中开展队列比赛、课前列队、课后报告等训练项目。

四是将企业文化载入活动。学院以电力工匠精神培育为指导,注重"诚信、责任、创新、奉献"的价值观形成,构建了"435"素质教育模式,参照企业文化建设路径,开展丰富多彩的文化活动,寓教于乐,让学生体会企业文化内涵。

九、湖南工艺美术职业学院

湖南工艺美术职业学院打造由湘绣、湘瓷、雕刻、工艺美术品、首饰专业组成的湖湘工艺美术特色专业群,组建了由亚太手工艺大师、湘绣代表性传承人刘爱云和企业技能大师毛珊为专业带头人的高水平教学团队,聘请了由全国纤维艺术泰斗林乐成教授领衔、全国知名艺术家组成的专业建设顾问团队,围绕湘绣文化、技艺、产品传承和创新开展省级及以上项目研究 13 个,其中省级战略性新兴产业重点项目 3 项,有 1 项被评为国家级教学成果一等奖,研究发明了蚁蠕针、米字针等 10 项湘绣新技艺,在继承传统湘绣技艺的基础上创立了"新湘绣"。

湘绣特色专业群在引领湖南湘绣产业转型升级中发挥了重要作用,濒危的湘绣产业焕发勃勃生机,年产值从 2006 年的 6.5 亿元增长到 2017 年的 28.5 亿元。

目前该院创建并全面实施"专业＋项目＋工作室"工学结合人才培养模式,全面推行项目导向工作室教学,将来自企业的设计、生产项目引入工作室,成效显著,并在全省广泛推广。主动承担非遗传承保护重任,构建了"人才培养、技艺传承、文化研究、创新研发、传播推广"五位一体的非遗传承创新范式,成体系传承发展湘绣、陶艺、竹艺、根艺等民族工艺和优秀文化,引领湘绣等传统工艺美术产业振兴发展。基于网络学习空间,在专业教学、实习实训、学生管理、就业服务等方面开展教育信息化建设探索与实践,取得显著成效。

践行"以学生为本"理念,打造"精致校园""特色校园""人文校园",铸造了校园文化特色品牌。

十、湖南机电职业技术学院

湖南机电职业技术学院整体布局平台建设、课程建设、竞赛建设、师资建设、生态建设,经过实践探索构建新模式,推动"制作中学习"的教学改革,让学生在制作产品(模型)的过程中,培养创新创业素质和能力。

(一)建设创新工坊,构建制作平台

2012 年开始,学院每年投入 100 万元用于创新工坊建设,到目前基本形成了机械制作、电子制作、多媒体制作 3 个平台共计 100 余个工作室,能满足学院机械、电子、汽车、信息四大类主体专业的课程教学和学生自主实践的需求,为学生创新实践的推进提供较为完善的条件。创新工坊配备制作必备的车床、磨床、电子设备制作等工具,以产品(模型)制作为中心,每个工作室都能制作出相应的产品或模型,强调动手制作、自主操作、自主管理项目,通过小制作、大发明的自主实践,让学生体会创造的乐趣,培养学生的创新思维、创新能力、动手实践能力、综合集成能力和管理能力。

(二)融入专业课程,落实制作项目

学院实施了两个"课程建设三年计划",全面落实"在制作中学习"的理念,系统设计专业课程内容体系,将创新创业教育全面融入专业教学。根据学生职业成长规律与认知规律,设计为两个递进的学年作品和一个毕业作品项目。以学年作品项目为中心,建设课程项目群。学生以完成学年作品制作项目为目标,总结提炼所学知识,边做边学,在实践中提升创新创业意识。在制订相关专业人才培养方案时,按照 3 年完成 3 个作品的要求,围绕学年作品制作重构课程内容,每门课程至少完成一个小作品的制作,通过一个个小作品的制作来实现创新创业素质的提高。

(三)构建竞赛体系,提升制作能力

学院构建了"产品制作 + 创业技能 + 创业实践"递进式竞赛体系。其中,产品制作竞赛以"创新与创意"为赛点,普及创新创意知识;创业技能竞赛以"创业计划与模拟"为赛点,提升创新创业技能;创业实践竞赛以"创富与互联网 +"为赛点,强化创新创业能力。通过各级创新创业竞赛,鼓励学生组团参赛,构思创意,制作作品,形成了"以赛导学、以赛诊教、以赛促学"的学习氛围。

(四)鼓励教师创业,培养制作师资

学院支持教师"走出去"。鼓励教师转让技术、提供技术服务,其产生的收益由教师全额支配,对有创业意愿的教师,保留编制,发放创业补贴,对教师的创新活动给予全力支持。学院还到一些合作企业设立了教师工作站,使专业课老师每年"下企业一个月,完成一个项目,交一个企业朋友"的"三个一工程"成为现实。

(五)完善创业生态,发挥制作效能

学院牵头成立了湖南省高职创客教育专业委员会,校内成立了以院长为组长的创新创业教育领导小组,整合校内外资源,构建"面向全体,内合外联创新创业教育生态",用文化、制度引导师生积极参与制作中学习的实践。就业、招生、教务、科研等部门相互融合,与各院系相互配合,完善了培训、扶持、奖励等机制,创新创业教育合力开始形成,学生参加创新创业活动计算学分,学生离校创业实行弹性学制。寻求政府、企业支持,建设创业孵化器,积极提供创业指导,协助开展专利申请、研发成果技术转移、创业资金扶持等服务。

十一、湖南汽车工程职业学院

湖南汽车工程职业学院把"服务产业、创新驱动"作为发展主线,努力实现由重规模到重内涵转变、由综合发展到特色发展转型、由服务汽车产业到提升引领产业迈进。学院建"一站两所三中心",攻关"两脑四核三系统",促进汽车产业"一改二转三升级"。

多方联手,共建"一站两所三中心"。在湖南汽车产业规模发展阶段,学院转型为汽车专门化院校,着力培养汽车技术技能人才,满足了汽车产业对人才的需求,助推产业发展。目前,汽车产业进入了由传统能源向新能源、由人工驾驶向智能驾驶的转型阶段,为顺应和促进汽车产业发展,学院着力汽车新能源技术、智能驾驶技术研究和成果转化,建设了"一站两所三中心"。一站:在株洲市人民政府的支持下,柔性引进中国工程院李德毅,在学校建立院士工作站。以院士领衔的研发团队进行智能驾驶科学研究,完成智能驾驶"小脑"和"大脑"设计,为"两所三中心"提供技术引领。两所:与湖南陆通信息科技有限公司共建智能网联汽车研究所、与中车时代电动汽车股份有限公司共建新能源汽车研究所,将院士工作站研究成果项目化、工程化、产品化。三中心:与北京智尊保汽车科技有限公司共建湖南智能驾驶实验中心、与北京汽车株洲分公司共建中南地区技术服务中心、与湖南立方新能科技有限责任公司共建立方新能源汽车技术实验中心,一站两所的成果通过中心开展功能实测,进

而转化为商品实现市场化。"一站两所三中心"的建立,搭建了产业与学校之间的新桥梁。

院士领衔,攻关"两脑四核三系统"。作为汽车专门化院校,首要任务是培养汽车人才,必须主动参与产业技术革命,解决智能驾驶"两脑四核三系统"。为此,该院组建了8个"教授团队"、4个"博士团队"参与汽车产业技术研究,参与汽车企业应用成果转化,13人参与院士工作站项目研究工作,37人在"两所三中心"开展成果转化工作。目前学校团队已经获得软件著作权4项、专利6项,立项自然科学基金课题4个、横向课题8个,取得了初步成效。有效提升了教师科学研究、技术开发及社会服务能力。

服务地方,促进产业"一改两转三升级"。服务湖南经济社会发展,服务汽车产业转型升级是学院的办学宗旨。通过搭建校企合作研发平台,攻关汽车产业转型升级核心技术,有力促进汽车产业"一改两转三升级"。

第三节　部分发达国家职业教育特色发展实践

一、美国的"社区教育"模式

社区教育作为发达国家一种成功的教育理念,是美国高等教育体系与发展形式的革新。根据美国社区教育协会的定义,社区教育是一种教育哲学理念,它建立在社区学校的基础之上,致力于为所有年龄段的居民提供学校学习、娱乐、健康、社会服务以及职前准备、继续教育培训。美国社区教育的特点主要包括:一是其发展目标以服务本地社区为中心。社区学院的发展对象主要是该社区居民,使他们通过学习和培训增强职业技能,学院的一切活动也都围绕着社区和企业需求、就业需求来展开。二是社区学院教学以提高实践技能为目的。社区学院十分重视学生的实际生产和生活技能的培训,在教学安排上,一方面加强实践实训教学,另一方面要求学生在假期或课余时间到实际生产或生活中体验锻炼。三是教育教学形式灵活多样。美国社区教育对所有人开放,无论是初中毕业生、在职人员、失业人员还是退休人员,只要有学习愿望,都可以凭借毕业文凭或同等学力入学,从而获得学习深造、岗位技能技术培训、就业指导服务的机会。

二、德国的"双元制"模式

德国"双元制"模式的核心是以企业培训为主体,以校本培训为辅助,形成了"工学结合"的教学方式。有健全的职业教育法律法规。德国颁布了《联邦职业教育法》《联邦职业教育促进法》等多项法律法规,规范了职业教育的种类、培养目标、教学计划、教学内容与考试要求,明确了学校与企业分工协作的形式。企业起主导作用。首先德国企业承担了职业教育的大部分经费;其次,德国企业是重要的教学主体,它们不但提供与所培训的职业紧密相关的实际生产岗位和培训场所,而且还提供详细的实习课程安排,配备有丰富经验、受过良好职业教育和富有事业心的专门实训教师。注重学生实践技能培养。"双元制"模式在教育培训中突出职业能力的培养,重点培养学生就业、适应能力、竞争和发展的能力,在工作中发现、分析、解决和总结问题的能力。有高素质、高水平的职业教育的师资队伍。职业学校教师由理论课教师和实践课教师组成,讲授理论课的教师都应接受过普通大学教育。实践课教师接受职业教育学培训考核,实践课教师经验丰富、动手能力极强。

三、新加坡的特色办学"教学工厂"模式

新加坡"教学工厂"的发展模式是吸收德国"二元制"教学模式基础上的创新,该模式将实际的企业环境引入教学中。学生的学习过程完全置身在一个真实的企业工作环境中,使学生对实际工作流程、工作规范和注意事项都有一个直观认识,为职业素质的养成提供了真实的环境。其项目教学贯穿始终。企业专职项目工程师与学校的专职教师、学生合作开发项目,使教学与项目开发有机结合,学校围绕项目开展教学。其突出职业技能的课程和专业设计。学习当中有不间断的各种各样的职业培训,即聘请各行业的专业人士开设讲座和培训班。

四、英国特色办学教育模式

英国特色办学教学模式的知识体系与众不同,是跨学科、跨领域的,强调课程内容的综合性。主要特点如下:一是教学中不要求有针对性很强的教材,而是鼓励学生去查找资料,锻炼自我、提高能力。二是突出基本能力培养,把发展基本能力作为培养的重要目标,对学生基本能力的发展水平进行评估。三是教学理念打破了传统的应试教育模式,主要是考核学生解决实际问题的能力,测量基本能力的发展水平。四是教育成果包括专业能力成果和基本能力成果两方面。专业能力成果是指学生在完成教师交给的课业时,掌握、运用和创新专业知识的能力。通用能力成果是指学生在课堂学习、完成课业和社会调研等活动过程中,表现出的自我管理、与人沟通合作、解决问题和完成任

务及应用现代科技手段、设计、创新等能力。

五、澳大利亚特色办学教育模式

澳大利亚的职业技术与继续教育形成了比较完善的体系,主要可借鉴之处有:一是政府发挥积极作用。不仅有澳大利亚教育部门负责管理,其他相关部门也都积极参与其中,相关部门都有自己明确的职责。二是注重实践能力培养与提升。教学工作是在真实的工作环境或模拟的仿真工作环境中完成的,以保证学习与工作内容真正的无缝对接。三是有科学完善的教学质量评价体系。建立了完整的集对学生评估的系统、对教师评估的系统、对学校评估的系统、对企业评估系统与社会的评估系统于一体的多维度评价体系。评估方法实现了多元化、多样化与灵活性。四是实现了职业资格证书全国范围通用,只有取得了职业资格证书,才能从事相关职业的技术性工作,职业资格证书成了求职就业的必要条件。

第三章 水利高等职业教育改革趋势分析

第一节 现代水利发展总体趋势

水利高职教育是我国水利职业教育的重要组成部分,是为我国现代水利发展服务的,而水利职业教育的发展和现代水利行业发展与城乡建设紧密相连,两者相互依赖、互相支撑,是一种相互依存、协同发展的关系。在我国大力发展现代水利,加快推进传统水利向现代水利转变的背景下,水利行业发展中突出表现的问题,需要水利职业教育做出积极的回应。因此,研究水利行业转型发展的基本特征,是确立水利职业教育发展指导思想的前提,是调整水利高职教育发展定位的基本遵循,是水利高职教育教学改革的基础背景。

一、我国社会主要矛盾发生变化,对水利和水利高等职业教育提出了新要求

党的十九大做出了新的重要判断:我国社会主要矛盾已经转换为"人民日益增长的美好生活需要和不平衡不充分的发展之间的矛盾",从解决"物质文化需要"到"美好生活需要",从解决"落后的社会生产"到"不平衡不充分发展"问题,反映了我国发展的阶段性要求,也对兴水惠民提出了新的更高要求。一是必须加强水利工程建设,让人民群众得到更加可靠的水安全保障。以深化供给侧结构性改革为中心,以推进防洪、灌溉、供水、生态工程建设为重点,补齐夯实水利工程短板,健全完善水利基础设施网络,提升水安全保障能力。二是必须加强水利社会管理,为人民群众提供更加优质高效的公共服务。以水资源管理、水土保持、河湖管理、工程管理为重点,进一步拓展公共服务领域,充分发挥水资源水环境的约束性、导向性作用,让水利更好地服务人民群众的生产生活,更好地保障和支撑经济社会可持续发展。三是必须加强山水田林湖草系统治理,让人民群众享受到更加生态自然的人居环境。人民过去求温饱,现在盼环保。现在绿色生态发展理念贯穿水利工作始终,以全面推行河长制为统领,推进山水田林湖草系统综合治理,努力改善城乡水生态环境和人居环境,让人民看得见山、望得见水、记得住乡愁。

二、"两个一百年"奋斗目标,水利发展和水利高等职业教育的发展有新的定位

从近期来看,水利以打赢脱贫攻坚战、转型升级战、环境治理战为重点,抓紧农村水利、城市水利、生态水利三大重点任务,强化水资源管理、河湖保护治理、水生态文明的弱项,特别是水利扶贫工作被高度重视,优先安排贫困地区急需的水利项目,夯实贫困地区发展基础,改善生产生活条件,以水兴农、以水兴产、以水兴村,为农业生产发展、农村生活宜居、农民生活富裕提供坚实的水利支撑。从中长期看,水利要适应人民对美好生活的向往,建设人水协调现代水利体系。进一步牢固树立以人民为中心的思想和生态文明理念,力促水利在推进乡村振兴战略、区域协调发展战略等方面精准服务。推动形成节水高效、绿色生态的空间格局、产业结构、生产方式和生活方式。提高水资源、水生态要素与其他经济要素的适配性,实现由传统水利向现代水利转变,构建人水协调的现代水利体系。

三、资本投入不断扩大,水利行业建设进程明显加快

水利行业快速发展推动我国水利管理体制机制的创新,有利于明确现代水利发展的方向。水利行业发展集成利用资本、技术、人才等生产要素,发展专业化、标准化、规模化、信息化、集约化生产,是构建现代水利体系的重要主体,是推进水利行业发展的关键。支持水利重点工程建设和发展,对于提高水利行业组织化程度、加快转变水利发展方式、促进现代水利建设、城乡发展和农民就业增收具有十分重要的作用。当前我国正处于经济转型的重要时期,社会闲散资金丰富,许多过去经营矿业、房地产和工业的资金投向水利。

四、水利科技创新发展,水利科技贡献率不断提高

与传统水利发展不同,现代水利发展需要水利、物资、装备、信息、工程、资源利用、生态保护等多领域、多层面、全方位综合技术的集成应用。当前,我国水利科技发展具备了支撑现代水利快速发展的条件,各地现代水利发展涌现出一批科技水平高、综合示范性强的科技示范基地,就是按照现代水利生产技术、节水灌溉技术、水利信息化技术和生态环保技术集成应用推广。

科技部统计资料表明,我国持续保持水利稳步发展的好形势,水利科技进步贡献巨大,科技进步对水利增长的贡献率稳步提升。目前,湖南省水利科技进步对农村经济增长的贡献率稳步提升,高于全国平均水平。通过全方位、多

层次加强水利科技教育,水利科技进步对农村经济增长的贡献率稳步提升。

五、水利行业功能不断拓展,内涵更加丰富

随着大量现代资本注入和水利行业的发展,以工业化理念经营水利、以企业化方式管理水利已成为现代水利发展的新趋势。水利由传统的第一产业向一二三产业融合发展,水利发展纵向向产前、产后延伸,横向向生态休闲及文化教育服务功能拓展。三次产业的元素中你中有我、我中有你。因而,现代水利不仅具有生产功能,还具备展示、教育、体验、观光和生态休闲服务功能,甚至把水利行业发展与当地历史文化相结合,体现历史农耕文明与现代生态文明的和谐统一,大大丰富了水利内涵,拓展了水利功能,提升了水利效益,成为现代水利发展的又一重要特征。

六、现代水利(生态)园区快速发展,成为现代水利发展的重要特征

当前全国各地都在把发展现代水利、水利生态园区以及各种水利特色生态园、水利休闲观光园作为现代水利发展的样板,通过生态园区建设探索现代水利发展的模式、路径和经验。在园区内,通过各种现代基础设施建设、现代生产要素的引进和现代水利技术的示范应用,建立相对完善的现代水利行业体系,打造当地现代水利发展高地和先导区,示范带动其他地区现代水利发展。实践证明,发展各种现代水利生态园区是我国推进现代化建设的一条成功有效的途径。

七、多产业融合发展,现代水利发展活力突显

传统水利是一种生产体系,而现代水利是一种行业体系,不仅涉及工程建设,而且涉及水资源利用管理、水生态文明建设等环节配套发展的行业体系,所以现代水利行业体系是集水资源开发、水能开发、生态保护、经济发展、文化传承、市场服务等环节于一体的综合系统,是多层次、复合型的行业体系。包括生态保护、休闲观光、水利教育、生物能源等密切相关的循环水利、特色产业、水能源产业、乡村旅游业和农村第二、三产业等,以充分发挥水利多种功能,增进经济社会效益。包括水利科技、社会化服务、信息咨询等社会服务的相关产业,以提升水利现代化水平,提高水利抗风险能力、可持续发展能力。发展现代水利就是以水利规模化生产为基础,在一定范围内集聚发展,形成相

互关联、相互依托、相互支撑的行业体系的过程。行业集聚的内容越多、环节越全,行业体系越完善,现代水利发展的水平也就越高。

第二节 水利高等职业教育的主要挑战

一、思想认识层面的挑战

学生、家长及社会对水利职业教育由来已久、根深蒂固的偏见。在国人的固有观念中,"学而优则仕",为"仕"而学,而非为"工"而学。读书就为做官,不做官起码也得当"白领"。读完大学进工地,放下笔杆去工地做工,绝不是他们的期望所在。千百年来形成的"官本位"思想,轻视体力劳动的意识已经深深植根于相当一部分人心中。尽管上普校比上职校更有难度,职校生就业更快捷,凭一技之长安身立命更可靠,但职业的偏见还是让许多学生及其家长的思想带有一定偏见。实际情形往往是:考生报职校迫于无奈。职校办得再红火,如果没有优质生源作基础,则培养质量难免要打折扣,难以上水平。当然,人们的职业偏见其表面上表现为经济收入、权力和社会地位的差异,实质上则是脑力劳动与体力劳动的区别和差异。转变人们的职业观,除了正面的教育宣传,还有赖于市场经济社会的进一步发育与成熟。要不断加强社会主义核心价值体系宣传和教育,让社会主义核心价值观深入人心。

二、招生就业困难的挑战

随着传统水利在国民经济发展中的份额越来越少,部分行业优势不断削弱。职业教育,尤其是水利职业教育的社会地位不像基础教育、综合性高等教育受重视,水利高等职业学院处于"水利""职业"双弱状态,学生基础素质和综合能力提升任务艰巨,即使是来自农村的学生,也希望通过升学离开农门、跳出农村。涉水院校虽然可以教授学生知识、能力和一定的技能,但难以教出学生对水利、农业、农村、农民的感情,难以教出对发展水利、振兴农村的坚强信念。学校、教师、学生三位一体已经基本抛弃了泥土味,身心远离了农村和水利。水利高职院校招收的学生基础素质不高,知识水平不高,学习能力有待发展,解决问题能力、创业创新能力有待引导与培养,尤其是 5 年制学生的养成教育和实践能力更需加强。随着高校扩招,水利职业院校招生数量难以确保,学生素质下降,考分越来越低,多徘徊在 200 ~ 300 分。

三、精准扶贫任务重的挑战

虽然农村贫困人口大幅减少,但扶贫攻坚工作任务仍然艰巨。根据国家统计局公布的新的贫困标准和中国农村人口情况,2014 年底中国内地人口中,农村贫困人口为 7 017 万人,湖南省扶贫办公布的湖南乡村人口为 5 683.8 万人,湖南农村贫困人口为 596 万人,占全国内地贫困人口的 8.49%,占湖南乡村人口的 10.49%,且贫困人口大多分布在湖南西北、西南、东南部的山区地带。虽然湖南的经济总量在全国处于上游水平,但目前贫困人口基数偏高,加上文化程度低,如何引导这一批人走向水利现代化的道路,是一项非常艰巨的任务。

四、师资队伍建设方面的挑战

水利高职院校师资队伍建设任务繁重。教师教育理念、师德师风建设、职业能力、行为规范、社会服务能力、责任感、事业心等方面还不能满足新时期水利高职教育发展需求。青年教师和辅导员培养环节还较为薄弱,教师对教育理论还缺乏学习、理解和运用。部分青年教师对于信息化教学、任务驱动教学、基于生产过程实训教学等教学模式还没有熟练掌握,尚缺乏条件支撑。

五、教学管理体制机制方面的挑战

水利高职院校教学管理体制机制与现代大学管理还有很大差距,还未建成现代大学所应具有的教育管理制度体系。校、院两级管理制度还有待完善,水利高职院校现有的产教融合机制、教学组织管理模式、人才培养模式、教学资源分配方式、教学诊断与改进标准与模式、绩效收入分配制度等方面也不能适应水利高职教育发展的新要求。

第三节　水利高职职业教育的发展机遇

一、各级政府对水利职业教育高度重视,支持力度显著加大

中国要强,水利必须强;中国要美,农村必须美;中国要富,农民必须富。如何在经济增速放缓背景下继续强化水利基础地位、加大新农村建设力度,促进农业增产和农民持续增收,是必须破解的一个重大课题。在充分满足全面建成小康社会要求,充分适应经济发展需要和乡村振兴战略要求的历史条件

下,创新水利健康稳定发展政策、提高现代水利发展能力,是必须面对的一个重大考验。在我国水资源短缺、水环境污染加重的资源环境硬约束下,如何提升水利可持续发展能力,是必须应对的一个重大挑战;如何在城镇化深入发展背景下加快新农村建设步伐、实现城乡共同繁荣,是必须解决好的一个重大问题。2011年中央一号文件提出要加强水利队伍建设。要适应水利改革发展新要求,全面提升水利系统干部职工队伍素质,切实增强水利勘测设计、建设管理和依法行政能力。支持大专院校、中等职业学校水利类专业建设。大力引进、培养、选拔各类管理人才、专业技术人才、高技能人才,完善人才评价、流动、激励机制。鼓励广大科技人员服务于水利改革发展第一线,加大基层水利职工在职教育和继续培训力度,解决基层水利职工生产生活中的实际困难。广大水利干部职工要弘扬"献身、负责、求实"的水利行业精神,更加贴近民生,更多服务基层,更好服务经济社会发展全局。加快培育大批新型水利人才,是发展水利职业教育的重大机遇,作为领引水利职业教育发展的高等水利职业教育,如何正视这一挑战,应对挑战,需要花大力气进行调查研究,全面摸清自身所面对的具体问题,才能在"知己知彼"的战略思想指导下,完成国家赋予的阶段性光荣使命。

二、水利高职教育的发展定位清晰

高职院校发展定位,是指高职院校根据社会经济发展需求、自身发展条件和发展优势,在国家相关法规政策和教育发展规划的指导下,依照可持续发展的理念,进行科学分析和判断,找准自己的发展方向,为学校发展确定发展理念、发展任务、发展特色、发展方向而进行的一系列战略规划的活动,包括学院理念定位、学院规模定位、学院发展类型定位、学院发展层次定位、服务面向定位、学院发展形式定位、内部专业设置定位、师资建设定位、发展特色定位和人才培养目标定位等10个方面。高职院校的发展定位是其价值追求的直接反映,也是其形成特色、发挥优势的前提条件。发展定位的错位、摇摆、含糊、偏离,都会妨碍高职院校的前进和发展。因此,水利高职院校要主动适应社会经济和水利行业的发展需要,立足高等职业教育,找准学校与区域和水利行业的共同点,并以此来形成特色。目前水利高职院校发展理念清晰;"水"字特色鲜明,与水利行业结合紧密。例如,湖南水利水电职业技术学院多年来聚焦水利品牌专业建设,打造水利工程建设与管理示范特色专业群,获得当地政府的肯定,由湖南省政府安排专项资金与专门人员,并出台专项扶持政策,使面临的招生难、经费难、就业难等一系列问题得到解决。水利专业就业率2016年和 2017 年连续两年稳居全省高职高专毕业生就业率第二名。因此,水利高职院校要坚定打水字牌,走水字路,树立稳打稳扎、锐意进取,依托行业特色、打造行业品牌的思路,最终会形成有国家政策支持、有当地政府和行业主管部门扶持资助的良好发展格局。

三、发展模式紧扣现代水利发展实际

改革开放以后,我国水利高等职业教育无论在院校的规模和数量上,还是在学生的素质和数量上都得到了快速的提高。其课程设置、专业设置、人才培养模式等方面与水利行业的迅速发展相适应。水利高职院校的专业设置主要面对水利行业的研究领域,与经济社会发展之间有机联系,教育为社会主义现代化建设服务。紧紧围绕人才培养目标,利用好校内校外两种资源,充分利用相关研究机构、水利相关企业和政府的资源,强化校企合作、校所合作、校县合作,甚至校镇合作和校村合作,弥补学校发展资源的不足。

四、师资队伍的能力建设得到加强

水利水电类专业的教师数量逐渐增加。水利水电类专业教师队伍的整体质量得到提升,派教师长期在水利水电企业或乡水管站实践,教师的实践教学能力和水利科学研究的能力也相对增强,服务社会的技术水平提高。水利水电类专业的教师改革创新意愿增强,安心教学的比例在逐步增加。

五、工学结合的教学模式符合水利发展规律

实践课程,亦以教师讲授与学生动手相结合,学生动手能力加强,有的专业校内实训场地配套,"校中厂""厂中校"的平台有搭建。由于人才培养规格融入专业教师的课程内容中去,专业课程体系的构建体现服务职业发展的需要;学生的实践环节从观摩实习到单项实习、到综合实习、到毕业顶岗实习,基本形成了规范的教学课件,许多教学内容、教学方法的改革创新是基于充分的调研基础,体现了与时俱进的发展理念,而非闭门造车。

六、现代职业院校管理制度已形成,内部管理有活力

随着党委领导下校长负责制和大学章程的日臻完善,水利高职教育管理体制有着自身的内在规律性,水利高职院校建设作为高职教育的重要组成部分,适应高职教育以实践教学为主、灵活多样、开放发展的特征。从管理体制上创新,变金字塔式的科层管理为扁平式的项目管理,编制新的管理制度,落

实严格的管理规范,让创新的管理体制给水利高职教育教学注入新的活力。

第四节 水利高职教育遵循的办学规律

高等教育必须有其教育规律,总结各地普遍的经验和做法,水利高职教育应遵循如下办学与发展规律。

一、全方位培养人才是水利高职教育育人的基本要求

从培养学生与学生成长成才需求角度来说,高职教育具有满足大众接受高等教育、体现教育机会公平的需要。但是从培养水利产业需要的技术技能型人才角度来看,水利高职教育与普通高等教育既有相同之处,也有许多不同,高职教育不仅要强调专业技术的传承,又不能忽略了对每一个受教育的学生和受教育对象发展层面上的关怀责任。育人的使命是任何教育都不能回避的责任担当。

(一)培养目标综合化

水利高等职业教育人才培养目标是培养适应水利行业生产、建设、管理、服务第一线需要的,德、智、体、美等全面发展,具有创新精神、创业能力和良好职业道德的技术技能型专门人才。技术技能型人才强调在水利水电工程生产与建设、管理和服务领域中综合应用技术及解决实际问题的能力,既要求掌握核心操作技能,又要求具备将现有技术进行推广并创新的能力,是实现生产效率与经济效益最大化的动手者,是比单一技能型人才更高层次的人才。水利高职要培养的是复合型的职业角色,是技术技能型人才,是职业技术的传承者、科技成果的转化者、生产的组织者。这一切对于在校生而言虽然只是理想的目标,但是教育者将其作为培养目标和课程改革的重要内容。

(二)专业综合化

综合化是克服传统水校老专业面窄、内涵不丰富、不适合大水利现状的需要。高职的水利专业往往比普通高等教育的水利专业面宽。某些高职水利类新专业的拓展空间涵盖了第一、二、三产业,尤其是在二产和三产上应加大专业开发力度,更能打造特色专业。因为社会职业流动和就业市场的更新与升级使职业教育不断遇到新的职业,适应全球信息化发展需求将新职业及时引入专业已成为对高职院校的基本要求。不断拓宽专业口径,使某些专业成为针对某一水利职业岗位群的大专业,是水利产业化对经济全球化复合式人才的要求,也是对水利高职教育的一大挑战。

（三）素质、能力综合化

职业教育的重中之重是培养学生的职业求职能力。所谓职业求职能力，是指职业人所应具备的行业、专业、职业的基本能力，包括专业能力、社会适应能力和方法能力。当前水利高职院校的水利类专业的培养目标逐步转向应用型、复合型高级水利技术技能型人才的培养。

（四）课程综合化

课程体系是高职教育专业建设的基本要求与核心工作。专业课程内容的设置与开发既要符合企业对人才的需求，又要符合职业成长规律的基本要求，充分体现职业所需知识的科学性、专业性、系统性、发展性、实践性及过程性。现代水利技术发展及专业综合化、能力综合化和素质综合化必然要求课程内容综合化，以水利技术与水资源有效利用为中心的课程体系转变为兼顾为行业整体发展、新农村建设、乡村振兴、扶贫开发、社会主义现代化建设全方位服务的课程体系，是当前高职水利专业课程内容优化的主要发展趋势。

（五）人才培养模式多样化

制订切实可行的人才培养方案是专业建设的首要任务。水利高职教育要实现学校与行业企业结合、教育规律与人才成长规律结合、理论教学与示范现场结合、校内实训与顶岗实习结合，不是一种模式所能全部容纳的。产教融合与工学结合的实现途径千差万别，我国幅员辽阔，水资源分布不匀，水利建设发展的战略有差异，决定着水利高职教育中更没有一种普遍的模式。

二、把好招生和就业关是水利高职教育的关键之一

（一）生源市场多元化

高等教育的大众化、大学教育的普及使水利高职教育的学历教育生源市场竞争压力加大。水利高职院校面临招生难、报考率低、报到率低、专业创新发展难度大等问题，水利行业企业需要大量的技术技能型人才，这是当前我国水利高职教育面临的最大困境。湖南在全国是一个水利大省，也可以说是水利强省，水利行业人才需求旺盛。据调查统计，湖南省基层水利人员的需求每年就达 2 000 多人，现有水利人员需要提升学历的有近 5 000 人，加上现代水利行业需要的高端技术技能型人才，每年需求水利高职人才 2 000 人。

为了应对生源市场的竞争，各地的水利高职院校纷纷采用多样化的招生策略。结果是生源的文化基础差、层次不齐。如果完全按照职业岗位教育需要的生源来看，现行招生规则与需求是分离的，导致部分学生对专业根本没有兴趣，想学的没来，招来的不学，或者盲目来学的。对目前水利高职院校在生

源市场上的问题,需要水利高职院校深入研究,应抓住招生入口这个关键。

(二)就业市场多元化

表现在升学、对口就业、自主创业、非对口转移就业等方面。我国职业教育导向以就业为宗旨,但是高职生的就业不仅取决于区域经济的发展水平,而且取决于社会环境所提供的就业岗位多少。

(1)社会对"职业资格证"要求仍然逊于"文凭"。尽管有权威报告显示,高职院校的毕业生就业率高达 91.9%,比重点本科院校毕业生就业率高 11.4%,但是高职院校毕业生的平均初职月薪远低于本科毕业生。许多水利高职生仍然有专升本的冲动,提高文凭。理论上高职教育是一种就业教育,任何文凭最终落脚点还是找一份安身立命的职业。但是文凭起源于中国科举时代,历来是人才的象征,有深刻的制度背景和文化情结,至今无论是在找工作、考公务员,还是在身份、地位上仍然是一种通行证,职业资格证还无法与之相比。随着职业教育体系的构建,文凭上移成为必然的要求。所以,水利高职院校内部在定位和发展方向上一直存着一种希望提升的拉力,期望着向本科层次提升,在行政级别和发展水平上都得到全面升格。对于水利高职的学生而言,学而优则仕、重学术轻技术等传统理念顽固,致使提升文凭档次成为他们强烈的要求;在就业市场方面,社会人才消费的水平整体上升,专科文凭在就业中也不尽理想。

(2)社会和学生家长对高职教育的认同感及态度上仍然很不协同。尽管我国的高职教育被明确为一种新的高等教育类型,但是发展时间短,职业教育体系不完整,西方职业教育许多方面优于我们,高职院校绝大多数从中专整合后升格而成,如湖南水利水电职业技术学院由湖南水利技工学校升格为职业学院。社会与学生家长对于在高等教育领域突然闯入的这支新生力量并未从感情上完全认可。消除对职业教育的歧视,除各级政府应加强对高职教育的重视程度外,高职教育本身也需要不断创新人才培养方式,尤其是水利高职的入学门槛不断降低,但不意味着可以降低教学质量,教育资源紧缺不意味教学强度可以不提升。只有资源配置、经费投入、管理力量、工作重点甚至社会用人制度等均应向现代水利人才培养这个目标聚集,才能从根本上改变水利高职教育的社会认同度。

因此,水利高职院校必须深入研究就业市场,准确定位其人才培养规格,不能被表面上的就业率所迷惑。对于学生而言,就业是根本,就好业才是期望。

第五节　水利高职教育特色发展趋势

一、突破传统,合力发展

水利高职教育的水利行业性、高等性、职业性、技术性的特征,要求水利高职院校坚持以服务水利为宗旨,以就业为导向,以能力为本位,走产学研结合发展道路,大力推行工学结合、校企合作的培养模式,与水利行业企业紧密联系,加强学生的生产实习和社会实践,改革以学校和课堂为中心的传统人才培养模式。综观古今中外职业教育的历史,发展成功的职业教育无不与行业企业合作。黄炎培指出,"设什么科,要看职业界的需要,定什么课程,用什么教材,要问问职业界的意见;就是训练学生,也要体察职业界的习惯;有时聘请教员,还要利用职业界的人才"。无论是技术应用型、高素质技能型、高素质水利技术技能型专门人才还是高端水利技能型人才的培养,目的都是让学生获得工作过程中所需要的态度、素质、能力、知识、技术、技能。必须有相当部分的学习内容、时间、地点只能在实际工作场所进行,在水利工程建设场所进行实际操作。而学生在学校学习,无论是职业工作环境感受还是心理状态都与实际工作现场环境有差距,只有在真实的职业工作环境中,学生的知识、技术才能掌握和内化。目前,水利高职院校已经走出封闭的校内教育,充分利用自身资源与优势,并结合水利技术发展需要,开展了多种形式的发展形式,实施校校合作、校企合作、校县合作、校乡合作、校村合作、校区合作,逐步形成了开放发展的局面。并且通过组建校企合作联盟(职教集团),进行企业化运作,共享教育资源,让学生在学校与水利生产现场两个育人环境中提升工作能力,育成职业素养,提高学生的就业质量。

二、借鉴国际经验,开展国际交流与合作

随着经济全球化的迅猛发展,国际化人才的培养目标已经是一种必然。在我国当前高职教育发展改革的大背景下,水利高职院校利用自身优势积极开展水利国际高技能应用型人才的培养的探索和实践,摆脱传统发展模式的束缚,学习、借鉴海外先进的高职发展理念和发展模式,走国际化发展的发展道路。通过跨国界、跨民族、跨文化的教育交流与合作,博采各国高职教育之长,把本国的教育理念、国际化活动以及与他国开展的交流与合作融合于本校的教学、科研和服务等过程,从而培养出具有高素质的国际高技能应用型

人才。

三、立足区域特色,服务区域经济

随着我国高职教育的快速发展与改革实践的不断推进,面向区域社会经济建设开展人才培养模式创新以提高人才培养质量,已成为水利高职教育理论研究与改革实践的重点和难点之一。针对区域经济发展的需求,灵活调整和设置水利类专业,是水利高职教育的一个重要特色。

对国家示范性水利高职院校的发展定位比较分析表明,水利高职院校通过及时跟踪市场需求的变化,主动适应区域、水利行业经济和社会发展的需要,在培养适应当地经济发展方式转变和产业结构调整要求的高技能人才方面显现了明显的区域特色。比如,福建水利职业技术学院利用自己的区域优势,成为福建省首批开展闽台联合培养人才的高职院校之一。2009 年以来,累计招收培养闽台联合人才 1 000 多人;同时选派 112 名学生和 9 名教师赴台湾建国科技大学、万能科技大学学习和研修;邀请了台湾建国科技大学 6 名教师到校授课;与台湾建国科技大学教师联合编写《营建管理》等 6 部教材。

四、依托水利行业,服务产业经济

水利高职院校因其水利行业的背景属性,在树立自己的发展理念与发展定位方面基本上体现了服务"三农"的精神元素。总结湖南水利水电职业技术学院在服务水利行业方面的特色,主要体现在如下方面:

(1)开展水利技术技能培训。学院在办好学历教育的同时,将培养水利行业职工作为服务"三农"的重要举措。2008 年以来,分别与水利部人才交流中心、湖南省水利厅等合作,先后成立了"水利部水利培训基地""省水利厅培训中心",承担全国和全省水利站长培训、农村科技骨干培训、水利新技术培训等培训项目,年培训规模达 5 000 多人次,累计培训 2 万多人。同时组织专业教师、科技专家到农村就地就近举办技术、技能和职业能力等方面的短期培训班,开展生产现场培训活动,这种方式受到农民群众的普遍欢迎和认可。

(2)进行技术服务助推农民致富。为了提升学院的科研和技术服务能力,助推农民致富,近几年,该院争取的院外科研项目立项数量、进校科研经费、科研成果获奖数量逐年增加。2008～2017 年,学院立项的院外科研项目达 222 项。其中,厅级以上应用技术研究项目 114 项,主持国家自然科学基金项目 1 项、科技部星火计划项目 2 项、湖南省科技计划重大项目 3 项,参与横向研究课题 21 项。获省科技进步二等奖 1 项,厅级以上应用技术研究成果奖

29 项,专利 50 项。在院外课题中,应用技术类占到 60%,其中水利应用又占到 91% 以上。

五、引领水利科技创新发展

高职院校作为我国职业教育的领头羊,不仅要服务于行业产业与地方经济,而且要引领行业产业的发展方向,为地方经济创造新的增长点,提升产业的核心竞争力,越来越成为水利高职院校的共识和最终目标。

广东水利电力职业技术学院建成 13 000 平方米的水利电力工程中心,建立"王浩院士工作室""河海大学科研和研究生培养基地",培育校内科研平台。近年来面向行业企业开展服务,承接科技服务横向科研项目 62 项、纵向科研项目 26 项,其中教育部社科项目 1 项,广东省自然科学基金项目 2 项,省科技计划项目 2 项,省级教科研项目立项 15 项;参与国家自然科学基金项目 1 项、省级自然科学基金项目 2 项;申请专利 86 项,开展技能培训 67 000 人次、技能鉴定 7 300 人次。

黄河水利职业技术学院"黄河之星众创空间"是科技部认定的"国家众创空间",立项国家自然科学基金项目 2 项,建设省级工程中心 1 个。2017 年,科研立项 208 项,其中省部级项目 8 项。获得各级成果奖励 157 项,获专利 68 项,获批开封市重点实验室 1 项。

六、构建全面对接水利行业的专业链

作为承担为水利生产建设一线培养高素质技术技能型人才重要基地的水利高职院校,往往能够从服务现代水利产业的发展定位出发,紧密联系地方经济,构建起服务水利行业的水利专业结构,全方位对接水利行业的各个生产建设与管理环节,全面实现专业链与产业链的对接,从而彰显服务水利、服务农村与服务社会的特色。比如:湖南水利水电职业技术学院的专业设置始终对接水利产业。针对近几年水资源短缺、水生态损害、水环境污染等突出问题,学院由之前的适应工程水利逐步向适应资源水利转型升级,应用专业动态调整机制,定期进行专业设置与产业结构适应性分析,分区域开展湖南省水利产业人才需求调研。先后增设了水电站机电设备与自动化、水利水电工程管理等专业,专业涵盖了水利、材料与能源等 7 个大类 12 个小类,专业与产业关联度达 90%,形成了适应资源水利转型升级的专业结构与布局。为对接产业中下游关键领域,构建了水利建设与管理、水电能源开发与应用、建筑工程建设与管理等"两支撑一拓展"3 个专业群。2015 年 7 月,水利建设与管理专业群立项为湖南省示范性特色专业群。该专业群负责人在 2016 年被中国水利协会授予"水利水电建筑工程专业带头人"称号,2017 年被中国水利协会授予"第五届全国水利职教名师"称号。

杨凌职业技术学院立足于农、林、水等为主干专业面向设置了七大类专业群,按照"贴近生产、贴近技术、贴近工艺"原则,与水利产业园区、现代水利企业联姻,通过全方位、深层次、多形式合作,共同打造了面向社会、开放式、多功能的涉农和涉水职业教育大平台。

七、专业互补发展,优势凸显

一方面,地方性涉农涉水高职院校一般属于非特定行业的高职院校,绝大多数是由当地多所中职学校合并重组而来的,由于历史定位不同和资源缺陷,往往在水利类专业设置方面难以做到与水利产业链的全面对接;另一方面,由于所在区域的局限性,地方性涉农涉水高职院校的专业设置难以满足全省乃至全国水利行业布局对各类人才的需求。然而,这些并不妨碍地方性涉农涉水高职院校在某个水利专业、某个方面办出特色,其往往通过加入水利类职教集团,利用自身优势,与集团内成员通过资源共享、人才共育等途径,实现专业互补发展、成员优势互补、学院特色发展,从而在集团化内部构建起适应水利行业发展的专业链。

就其行业布局而言,湖南水利有三大发展基础战略,即农村水利、城市水利和生态水利;六大重点优势,即水利工程建设、水电工程建设、水土保持、水资源开发利用、灌区工程建设河湖生态建设与管理、防汛抗旱管理等;三大水利特色区域,即洞庭湖水利区、湘中丘岗水利区、湘东湘南湘西山区水利区。它们的水利区域各不相同,某一所水利高职院校要全部对接其产业人才培养是困难的。2016 年成立的"湖南水利职业教育集团",其成员包括了湖南省所有涉水高职院校与主要水利龙头企业。集团按照湖南水利行业的区域布局,发挥成员单位各自的发展优势,对接当地的水利支柱和优势,基本实现了集团内专业互补发展,优势凸显的良好合作局面。

八、工学结合、校企合作

"工学结合、校企合作"是高职教育发展和人才培养的必经之路与根本途径。《国务院关于大力推进职业教育改革与发展的决定》(国发〔2005〕35 号)中指出,职业院校要大力推行"工学结合、校企合作"的培养模式。水利高职院校的"校企合作、工学结合"内涵就是:学校与企业结合、教育规律与人才成长规律结合、课堂教学与水利生产现场结合、校内实训与企业顶岗实习结合。

九、课程体系与教学组织模式体现职业成长规律与能力递进

水利类专业的课程内容一方面考虑到企业的需求,另一方面考虑到职业成长规律的基本要求,往往在体现职业知识的科学性、专业性、发展性、实践性及过程性的基础上,按能力递进来构建基于工作过程系统化的课程体系。具体表现为:既有适应能力递进的"基本能力、专业能力、综合技能"的能力层次训练,又要适应"工学结合"实际情况的综合能力训练。其实施特点是:校内实训多采用能力递进的阶段训练,校外实训多采用综合能力训练。

从湖南水利水电职业技术学院水利工程建设与管理专业"校企交互"的专业人才培养模式来看,根据学生的职业成长规律和认知规律,能力训练的顺序是:基础能力训练→模拟实训→实岗实训,实训环节分为"1.5 年 + 1 年 + 0.5 年"三个时段,课程内容分为"人文素质、专业基础、创业项目、专业实践"四个教学模块。

十、课程教学模式的行动导向特色

课程建设是专业教学改革的重点和难点,水利高职院校在教学内容、教学方法和手段的改进上,基本上表现为课程内容的模块化、教学环境的情境化、教学内容的任务化、教学方法以行动为导向等特色。具体来说,是以工作任务或工程建设项目为载体,以解答问题为中心,以学生自主学习为主,实行理论实践一体化的讨论式、探究式、实践式等行动导向教学,建立过程考核、项目考核、实践与作品考核、结业测试等若干种新的工学结合的考核方式。

十一、师资建设体现"双师"素质培养要求与专兼结合"双师"结构要求

建立"双师"素质和"双师"结构的师资队伍是高职院校加强专业建设的关键。水利高职院校长期以来注重培养与引进教学名师与专家,在学校建立大师工作室,在企业中建立教师工作站来构筑师资队伍发展平台,通过教师下企业锻炼或挂职,把完成教育教学任务与专业业务发展结合起来评价教师等措施,促使专业教师融入水利产业中,提升专业技能,成为职业教育所需要的"双师型"专业教师。如湖南水利水电职业技术学院每年暑假组织教师到湖南水利水电总公司、湖南省水利水电科学研究所、湖南水利水电勘察设计院等单位开展一个多月的岗位实践,获取实践经历。

十二、生产性实训基地建设的特色主要体现为校企合作模式的多样化

当前,水利高职院校的生产性实训基地建设,一般依托水利行业与企业,通过加强与水利行业和企业的合作途径来建设。

以学校为主组织生产和实训的一种模式。依靠自身的人才和技术优势,凭借丰富的人力资源和发展资源,吸引企业参与专业建设与人才培养。由学校提供场地和管理,企业提供技术和资金。

以企业为主组织实施生产和学生实训,即"校中厂"。主要的方式有人才培养订单驱动、企业赞助等。校企共建的特色在于优势互补,校企双方共建共享实训基地的目的是实现校企共同发展、共同育人、共同创业。

强化企业的重要主体作用。鼓励企业以独资、合资、合作等方式依法参与举办职业教育、高等教育的实训基地建设。政府相关部门要细化标准、简化流程、优化服务,简化审批环节,支持企业参与公办职业学院办学。鼓励有条件的地区和行业探索职业学院或二级学院股份制、混合所有制办学改革,准许企业以资本、技术、管理等要素依法参与办学并获取相应合法权利。鼓励企业依托或联合学院设立产业学院和企业工作室、实验室、创新基地、实践基地。鼓励以引企业入校、校企一体等方式,吸引优质企业和校方共建共享生产性实训基地,带动中小微企业参与校企合作。

第四章 水利高等职业教育的任务和发展定位

第一节 水利高职院校的主要任务

一、高等学校的主要任务

《中华人民共和国高等教育法》明确规定:高等教育的任务是培养具有创新精神和实践能力的高级专门人才,发展科学技术文化,促进社会主义现代化建设;高等学校应当以培养人才为中心,开展教学、科学研究、文化传承和社会服务,保证教育教学质量达到国家规定的标准。

党的十九大报告和《国家中长期教育改革和发展规划纲要(2010—2020年)》明确了我国高等教育的发展任务:

一是全面提高高等教育质量。高等教育承担着培养高级专门人才、发展科学技术文化、促进现代化建设的重大任务。提高质量是高等教育发展的核心任务,是建设高等教育强国的基本要求。到2020年,高等教育结构更加合理,特色更加鲜明,人才培养、科学研究、文化传承和社会服务整体水平全面提升,建成一批国际知名、有特色、高水平、世界一流的高等学校,若干所大学达到或接近世界一流大学水平,高等教育国际竞争力显著增强。

二是提高人才培养质量。牢固确立人才培养在高校工作中的中心地位,着力培养信念执着、品德优良、知识丰富、本领过硬的高素质专门人才和拔尖创新人才。加大教学投入。教师要把教学作为首要任务,不断提高教育教学水平;加强实验室、校内外实习基地、课程教材等教学基本建设。深化教学改革。推进和完善学分制,实行弹性学制,促进文理交融;支持学生参与科学研究,强化实践教学环节;推进创业教育。创立高校与科研院所、行业企业联合培养人才的新机制。严格教学管理。健全教学质量保障体系,充分调动学生的学习积极性和主动性,激励学生刻苦学习,奋发有为,增强诚信意识。改进高校教学评估。加强对学生的就业指导服务。

三是提升科学研究水平。充分发挥高校在国家创新体系中的重要作用,鼓励高校在知识创新、技术创新、国防科技创新和区域创新中做出贡献。大力开展自然科学、技术科学、哲学社会科学研究。坚持服务国家目标与鼓励自由探索相结合,加强基础研究;以重大实际问题为主攻方向,加强应用研究。促进高校、科研院所、企业科技教育资源共享,推动高校创新组织模式,培育跨学科、跨领域的科研与教学相结合的团队,促进科研与教学互动。加强高校重点科研创新基地与科技创新平台建设。始终坚持党对教育工作的领导,牢牢把握社会主义办学方向,全面落实全国思政工作会议,加强高校的意识形态工作,高校要积极参与马克思主义理论研究和建设工程,加强社会主义核心价值观教育。深入实施高校哲学社会科学繁荣计划。

四是增强社会服务能力。高校要牢固树立主动为社会服务的意识和服务社区意识,全方位开展服务。推进产学研用结合,加快科技成果转化;开展科学普及工作,提高公众科学素质和人文素质;积极推进文化传播,弘扬社会主义优秀传统文化,发展先进文化;积极参与决策咨询。鼓励师生开展志愿服务。

五是优化结构,办出特色。适应国家和区域经济社会发展需要,建立动态调整机制,不断优化高等教育结构。优化学科专业和层次、类型结构,重点扩大应用型、复合型、技术技能型人才培养规模。加大东中部地区对西部地区对口支援力度。加大教育扶贫力度。

六是促进高校办出特色。建立高校分类体系,实行分类管理。发挥政策指导和资源配置的作用,引导高校合理定位,克服同质化倾向,形成各自的发展理念和风格,在不同层次、不同领域办出特色,争创一流。

二、职业教育的主要任务

《中华人民共和国职业教育法》明确规定:职业教育是国家教育事业的重要组成部分,是促进经济、社会发展和劳动就业的重要途径;实施职业教育必须贯彻国家教育方针,对受教育者进行思想政治教育和职业道德教育,传授职业知识,培养职业技能,进行职业指导,全面提高受教育者的素质。

党的十九大报告和《国务院关于加快发展现代职业教育的决定》明确发展现代职业教育的目标任务:统筹普通教育、职业教育、继续教育的协调发展。到 2020 年,形成适应发展需求、产教深度融合、中职高职衔接、职普相互沟通,体现终身教育理念,具有中国特色、世界水平的现代职业教育体系。要完善现代职业教育骨干体系,建设一批卓越职业院校和特色专业群。研究制定深化产教融合的实施意见和职业院校校企合作促进办法,推进现代学徒制试点,建设一批示范性职业教育集团。

一是结构规模更加合理。今后一个时期总体保持中等职业学校和普通高中招生规模大体相当,高等职业教育规模占高等教育的一半以上,总体教育结构更加合理。《国务院关于加快现代职业教育的决定》(国发〔2014〕19号)明确到2020年,我国中等职业教育在校生达到2 350万人,专科层次职业教育在校生达到1 480万人,接受本科层次职业教育的学生达到一定规模。从业人员继续教育超过3.5亿人次。

二是院校布局和专业设置适应经济社会需求。围绕转方式、调结构、惠民生,调整完善职业院校区域布局,明确发展定位,突出发展特色。科学合理设置专业,健全专业随行业产业发展动态调整的机制,重点提升面向现代农业、现代水利、先进制造业、现代服务业、战略性新兴产业和社会管理、生态文明建设等领域的人才培养能力。职业院校发展水平普遍提高,畅通人才成长通道,建成一批高水平的职业院校和骨干专业。

三是促进高质量就业能力显著增强。各类专业的人才培养水平均有大幅提升。逐步实现专业设置与行业、产业、企业岗位需求对接,课程内容与职业需求对接,教学过程与生产过程对接,毕业证书与职业资格证书对接,职业教育与终身学习对接,职业院校毕业生就业质量明显提升。加强职前和在岗培训,重点提高毕业生就业能力。

四是学院自身发展能力持续提升。健全"分级管理、地方为主、政府统筹、社会参与"的管理体制,完善"政府主导、行业指导、企业参与"的发展机制。经费投入稳定合理增长,按政策落实生均经费。实训设备水平与科技进步要求相适应,专兼结合的"双师型"教师队伍建设明显加强,职业教育国家资助政策体系更加健全,引导和鼓励社会力量参与职业教育的政策更加完善。

三、高职院校的主要任务

《中华人民共和国职业教育法》规定:国家根据不同地区的经济发展水平和教育普及程度,实施以初中后为重点的不同阶段的教育分流,建立、健全职业学校教育与职业培训并举,并与其他教育相互沟通、协调发展的职业教育体系。职业学校教育分为初等、中等、高等职业学校教育。初等、中等职业学校教育分别由初等、中等职业学校实施;高等职业学校教育根据需要和条件由高等职业学校实施,或者由普通高等学校实施。根据教育部相关规定,从20世纪末起,非师范、非医学、非公安类的专科层次全日制普通高等学校应逐步规范校名后缀为"职业技术学院"或"职业学院",而师范、医学、公安类的专科层次全日制普通高等学校则应规范校名后缀为"高等专科学校"。"职业技术学院"或"职业学院"为高职院校的特有校名后缀,是我国高等教育的重要组成部分。为响应教育部构建现代职业教育体系的规划,部分国家示范性高等职业院校从2012年起开始试办本科层次的专业,2014年3月中国教育部改革方向已经明确:全国普通本科高等院校1 200所学校中,将有600多所逐步向应用技术型大学转变。在我国,高等职业教育包括本科和专科两个学历教育层次;而在其他许多国家和地区的高等职业教育体系则完整地囊括了专科、本科、硕士、博士等层次的学历教育。

由此可见,高职院校属于高等教育的一个类型,同时也是职业学校教育的高等阶段或水平。它的中心任务也是培养人才,人才可分为三类:一类是数以亿计的高素质劳动者;一类是数以千万计的专门人才;一类是一大批拔尖创新型人才。对于目前而言,高等职业教育的任务是以培养专门人才为主,以培养高素质劳动者为辅,因为高素质劳动者的培养任务主要由初、中等职业教育完成;高等职业教育是指在一定文化和专业基础上给予受教育者从事某种职业所需的高等专门化教育,培养的人才具有"高等性、职业性、实践性"等三个显著特点,其"高等性"与普通高等教育的"高等"具有本质区别,强调掌握技能的复杂性与系统性,而不是技术或学术的"高而尖",同时又区别于简单或基本的操作技能;"职业性"即以就业为导向,培养生产、服务、技术与管理一线的高素质劳动者和高素质技术技能型人才,以职业为指向,在一定程度上属于就业性教育;所谓"实践性",即教育过程强调与生产劳动相结合,注重实践教育,强化技能训练,培养职业能力。

四、水利高职院校的主要任务

水利高职院校属于职业院校的一个行业类型,是以培养高端技术技能型水利人才为主,或办有涉水大专层次相关专业的职业技术院校。水利高职院校的行业特性,要求水利高职院校发展使命必须始终坚持以服务水利行业发展与现代水利升级、服务涉水企业、服务区域和社会经济,以培育水利类专业技术技能型人才为宗旨,寻求特色立校,自我发展。

因此,水利高职院校一方面作为职业教育的一部分,其主要任务是全面贯彻党的教育方针,坚持以立德树人为根本,以服务发展为宗旨,以促进就业为导向,遵循人才成长规律和职业教育规律,深化体制机制改革,面向经济社会发展需要和生产服务一线培养高素质的劳动者和技术技能人才,为建设人力资源强国和创新型国家提供人才支撑。同时,结合自身行业特色与实践,必须为发展现代水利培养高技能水利人才,为"三农"服务,为新农村建设服务,为乡村振兴服务,为水利发展的转方式、调结构服务,为提升劳动者素质服务。具体包括:一是牢固确立水利职业教育在水利高职院校人才培养体系中的重要位置,打造与水利行业发展高度契合的水利特色专业群;二是适应市场和产业结构调整变化,及时调整专业设置,适应水利类职业岗位需求改革课程体系;三是推动教师下企业,积极从企业一线引进人才,加强"双师"队伍建设,培养高水平的水利职业教育师资队伍;四是结合专业特点,创新教育教学方法,提高学生职业能力;五是深入推进校企合作,工学结合,加强校内外实习实训基地建设;六是准确把握"促进教学、服务生产"科研定位,依托院校优势,主动服务"三农";七是大力开展各类继续教育,大力培育新型职业劳动者。

第二节 水利高职院校的发展定位

一、水利高职院校的发展定位与发展特色

要深刻理解水利高职院校发展定位的基本内涵,有必要区分水利高职院校发展定位与发展特色之间的异同。水利高职院校发展定位是确定学校所处的位置与发展的愿景。发展特色是指水利高职院校在一定的发展思想指导下,经过长期的发展实践逐步形成的比较持久稳定的发展方式和被社会公认的、独特的、优良的发展特征,是水利高职院校区别于其他高等院校的特性。水利高职院校发展定位与发展特色之间有一定的逻辑关系,并不是等同关系。水利高职院校发展定位是在创立学校之际就要考虑与确立的,发展特色是长期发展过程中逐渐形成的,是被社会公认的、独特的、优良的发展特征特色,往往是不可替代的,至少在一定范围内具有不可替代性。水利高职院校发展定位先于发展特色,发展定位在前,发展特色在后。水利高职院校发展定位是确定位置与指明方向,是发展的动态行为;发展特色是依据科学的发展定位开展教育教学改革活动形成的最终结果,是发展的静态结果。水利高职院校发展定位不同于发展特色。发展定位内容可以生成发展特色,是形成发展特色的必要条件,但发展定位内容并不包含发展特色。

二、水利高职院校发展定位的内容

水利高职院校发展定位的基本内涵主要包括服务面向的定位、发展目标定位、发展类型、层次和规模的定位、人才培养规格的定位等。

(一)服务面向的定位

水利行业发展需要的人才、新农村建设需要的人才、城市发展需要的城市水利人才、帮助农民提高综合素质特别是科技素质的人才,水利高职院校均要去探索。但以上需要的人才有一个梯队需要,多方面人才的需求不是水利高职院校能够全部完成的,要根据现代水利发展升级、新农村建设与发展、农民素质提高、现代产业和城市发展需求,培养适用的高素质技术技能型人才。既要注意不能代替研究型大学的培养任务,如现代水利发展的重大技术与管理难题的破解,对现阶段的水利高职院校而言,无法去承担相应任务,这是研究教学型水利大学和学科需要承担的培养职责;同时,水利生产与管理一线需要的初中级技能和简单技术,是县级水利职教中心、县级水利培训学校和水利中职学校的任务。所以,水利高职院校的服务面向,要紧紧围绕社会需要的高端技能和应用技术,去确定自身的发展位置。

(二)发展目标的定位

发展目标有整体目标和局部目标之分,整体目标是战略目标,是一所高校在较长的历史时期内,关乎学校生存发展中带全局性和方向性的战略目标。水利高职院校一般在水利工程、水利建筑工程、水利电力工程、机电工程或信息工程等与水利相关产业中选择一项或若干项作为服务水利行业的强项,加强师资队伍、实训基地等建设,通过培养相应的技术技能型人才服务社会;局部目标是阶段性确定某个或某几个专业系作为优先发展的目标。

(三)发展类型、层次和规模的定位

现阶段对于水利高职院校的发展类型、层次来说,是由省级人民政府及其教育部门界定的,不存在多项选择,水利高职院校属于专科层次为主的教学型院校,兼顾水利应用技术的推广服务、开展实用技术的应用研究;规模同样不能盲目扩大或缩小,只能根据学校所处的地域环境、行业产业发展状况、经济发展水平等来确定,一般在校生控制在 5 000~15 000 人为宜。

(四)人才培养规格的定位

水利高职院校适宜培养实用型、应用型的高素质技术技能型人才,不能盲目攀比本科大学,去培养学术型、研究型人才,这从自身力量上做不到,上级教育部门的政策亦不支持。一般说来,水利类企业主要需要技能型人才,也需要高素质的技术技能型人才;涉水专业的学生一般通过技能解决工作中遇到的问题,也通过技术技能来解决问题;与农业类专业学生相比较,农业类专业学生的培养需要大量田间实践和实训,通过与自然联系反复的技能训练,才能把握操作的要领;水利类专业的学生培养需要大量的实验和验证,通过多岗位的

实习和研究型的实习才能达到一定的技术水平。

至于培养的水利行业的各专业的人才最终以高技能为主,还是以应用技术为主,这要视实际发展情况而定;有的行业分支现阶段需要高技能型人才,如水利机械产业;有的行业分支现阶段则需要应用技术型人才,如水利的安装与施工产业,如水利高职院校为农田水利培养一般的技能型人才,则会与水利中职教育相冲突。因此,人才培养规格的确定,亦需要充分的市场调研,不能随意估测而定。

三、水利高职院校发展定位的程序与方法

(一)确立发展目的或发展理念

凡行为都有目的,因而高职院校发展都是要达到某种境地或标准,即把学校办到某一理想状态或标准,而这表现为发展的理念,发展理念就是对发展目的的高度概括。发展理念是理性概念,具有抽象性和宏观性,但发展理念是可以实践的、能够转化为现实。有什么样的发展理念,就有什么样的发展目标,就有什么样的质量观,就有什么样的发展特色,就会提出什么样的人才培养要求和培养方案。因此,发展要有发展目标或发展理念,没有发展目标,其余的毫无价值。水利高职院校发展目标或理念是抽象的,从哲学认识角度看,发展目标所体现的发展理念是一个十分抽象的概念,表征了发展者的发展理想或目的。水利高职院校更应从纷繁复杂的教育实践中确立能反映高职教育新时代精神的精华内容及学校的理想追求为发展理念。

(二)确立发展目标

水利高职院校确立了发展目的或发展理念就必须有发展措施来支撑才能得以实现,没有发展目的就不存在发展目标,没有发展目标,发展理念就无法实践,无法转化发展成现实。发展目标是具体的,水利高职院校发展目标是实现发展理念或发展目的的具体标准,标准不科学、不系统、不准确,就无法实现发展目的。在定位内容方面要考虑三大因素:一是能完成它的把握度,二是新时代社会经济发展变化对发展目标实现难度的影响,三是同类别院校所确定发展目标的内容。总之,定位发展目标的标准要实事求是贴合实际,一切从实际出发,在发展过程中经过努力能达到的。切忌目标定得太高太远无法实现。

(三)制定发展措施

发展目标仅是未来式的结果标准或目标描述,还需要依靠具体的发展措施、手段加以实施才能实现,因而水利高职院校发展定位要确立发展途径、措施、方法的内容。这方面的定位内容主要是确立学校发展主层次的发展途径、

措施、手段,其主要内容有专业设置的定位、教学模式的定位、招生就业的定位、学生培养的定位、师资建设队伍的定位、管理团队和结构的定位以及发展形式与途径的定位等诸多方面。

(四) 发展定位的方法

一是政策依据定位法。这是指根据国家的教育法令、制度、政策和教育部以及水利部对水利高职院校发展的指令或指示文件的精神,结合自己学校发展的实际来确定学校的发展定位。这种定位方法的优点在于一开始就有个定位的抓手,能较迅速确立学校的发展目的、目标、发展方向与水平、办学定位、服务面向等发展定位等内容。二是优势定位法。凡高职院校发展历史积累深厚,又有优良的发展遗传环境和发展的软硬件实力,特色优势明显,可以高水平面对同类院校,以显示优势或特色的定位方法,即确立学校将成为国家或地区性示范骨干水利职业院校。三是稳定性定位法。水利高职院校发展者通过了解、熟悉同类学校发展定位的内容并进行分析研究,尤其对示范性的高职院校的发展定位有意识地研究和考察,从中得出发展定位的经验与方法,然后根据自己学校的发展理念及发展的相关条件、经济条件、发展资源,吸收他校发展定位特色,从而确立自己学校发展定位的特色。

第三节　水利高职院校的发展战略选择

党和国家高度重视职业教育、水利建设及"三农"发展,相继出台了一系列加快发展现代职业教育和推动现代水利和"三农"发展的新思想、新举措和新要求,对新时代职业教育进行重新定位和发展思考,为水利高职院校发展指明了方向与道路。水利高职院校应该如何主动适应新形势、新任务、新要求,科学选择自己的战略路径呢?

一、以"水"为本发展战略

水利高职院校必须适应新时代发展要求,以发展现代水利、服务"三农"、服务社会为根本使命,树立为"三农"服务、为社会服务的指导思想,在发展方向与人才培养目标、教育资源发挥与产学研结合等方面做好应对策略,把水利的长远发展和学校现时利益结合起来,把推进现代水利发展、持续服务"三农"、服务社会作为水利高职院校的重要发展目的和责任。一是要树立服务"三农"、服务社会的发展理念。水利高职院校因其水利行业的特殊背景属性,在树立自己的发展理念时,必须有服务"三农"和服务社会的精神元素。

在师资队伍建设层面,要求教师"知水、懂水、爱水",要打造一支既有扎实的理论功底,又有丰富的实践经验的教师队伍,要求不断丰富自己的水利水电知识体系,不断优化自己的水利水电知识结构,专业技能要精深,水利水电行业知识要广博。在学生教育层面,要求"学水、爱水",注重学生职业素质和职业道德的培养,引导教育学生树立正确的职业观。在工作导向层面,要出台鼓励服务"三农"和服务社会的运行制度,要营造服务"三农"和服务社会的工作环境与工作氛围。二是要坚定服务"三农"和服务社会的发展方向。"三农"的变化发展给水利高职院校的发展带来了挑战和机遇。水利高职院校原有的与传统水利相适应的发展思路和发展模式要加以改革,力求与我国"三农"和社会发展的新趋势相适应。三是要围绕服务"三农"和服务社会做好人才培养。现代水利专业人才、水利经营人才、水利创业人才应成为当前我国水利高职院校人才培养的主要任务,在培养的目标与规格上应注意人才培养的高素质型和高技能型。四是要走好服务"三农"和服务社会的产学研合作之路。水利高职教育应面向水利工作一线,重视产学合作、重视科技研发,促进水利教育与水利科技、经济、文化的紧密结合。

二、质量立校发展战略

人才培养是水利高职院校的根本,培养高质量的人才是水利高职院校的核心工作,人才培养质量是水利高职院校的核心竞争力。水利高职院校要深化以产学研结合为基本特征的人才培养模式改革,创新人才培养主体多元化、人才培养过程的多样化、课程的应用化、人才质量评价的社会化,培养出适应现代水利发展需要的人才;以水利水电行业、企业工程技术人员为主体,融入企业技术、工艺、流程、规范、产品、管理、文化等开发工作系统化课程,使学生在掌握水利水电行业、企业的先进技术的同时,熟知市场、客户、管理、制度、组织等内容,培养有较高职业岗位综合素养的人。

水利高职院校要建立专业建设标准、人才质量标准、课程开发标准、双师教师队伍建设标准、生产实践教学标准等标准性文件,用标准规范教学条件、课程开发、课程实施和人才培养过程,通过规范教育、教学各要素,来保障人才培养质量。

水利高职院校要建立与完善人才培养质量保障体系和诊断及改进体系,形成校内人才培养质量持续改进机制、人才培养质量社会监督评价机制与人才培养投入保障机制。建设高水平的教学条件,创造技术技能人才成长的环境。要充分发挥毕业生、用人单位、社会第三方机构对水利高职院校人才培养质量监督评价的作用。开展以毕业生满意度、用人单位跟踪评价为主体的人才培养质量评价,用量化式的指标将社会对人才质量要求、学校培养质量的实际状况反映出来,制定有效措施,实现教学质量的持续改进。建立技术技能人才成长激励机制。要组织和积极参与实践性技术训练、各项技能大赛与创业大赛、各类职业资格证书考评等活动,对优秀学生给予奖励,优先推荐工作,优先选拔到本科院校学习等措施,激励学生学技术、练就技能。

三、科研兴校发展战略

水利高职院校要通过开展水利科技研发、技术咨询、技术培训等方式增强服务现代水利的能力。水利高职院校科技研发要在新工艺开发、新技术的研发与示范、信息技术和工程技术在水利中的应用等方面开展研究工作,在防汛抗旱、水利工程建设、基层水利管理、水资源管理、农田水利等方面开展服务,指导帮助他们运用水利水电新技术提高工作效率。水利高职院校要与水利企业、科研院所、大学等合作共同建设研究中心、推广示范中心、培训中心、实训中心等,广泛应用技术提高科研成果的转化成效。

四、人才强校发展战略

水利高职院校要打造职业教育教学能力强、应用技术水平高、师德师风过硬的教师队伍,培养在水利科技研发、技术服务等方面的领军型人物。要通过教师学历提升、国外培训、国内培训、省内培训、校内培训等方式提高教师的现代职业教育理论水平和开展职业教育教学的能力。要组织成立教育教学科研团队,就学院的集团化发展、构建现代职业教育体系、校企合作、人才培养模式创新、工学结合型课程开发、教学模式探索、学院文化建设等重点项目进行研究,以教育科研推进学院教育教学改革,提高教师的教育研究能力。要通过参与水利科技研发、技术服务、技术推广、技术咨询、技术培训、科技支农等方式提高教师水利技术的应用能力。要建立教师定期到企业工作的机制,定期派送教师到合作企业参加实际工作锻炼,教师要在企业担任实职,承担实际工作任务,在工作中培养教师的经营意识,使之感受企业文化,熟知企业技术工作规范,分享企业技术应用、经营管理、市场开发的经验,形成实际岗位工作能力。要建立专业领军人才、教学名师、专业带头人、骨干教师的培养考核机制,建立人才脱颖而出的激励机制,对教学能力强、应用技术水平高、职业道德高尚的教师在职称评定、干部提拔等方面上优先安排。

五、校企合作发展战略

水利职业院校与企业要开展全方位、多形式、多层次的合作,积极探索校企合作的内涵和模式,校企双方共同研究培养高技能人才体系,共同实施高技能人才培养计划,增强校企合作培养高技能人才的针对性和时效性,为企业输送符合要求的高技能劳动者。加强订单培养,与企业针对社会和市场需求共同制订人才培养计划,签订订单培养协议,对学生实施量身订制培养。实施订单培养的班级可以采取冠名制管理形式。加强工学结合,学生在学校学习和在企业实践相互交替,边学习边工作,工学结合完成学业。加强实习实训基地建设,选择设备先进、技术力量较强的企业作为学生进行生产实践的实习基地,使学生就业前了解企业文化,熟悉企业的运营环境,提高岗位适应能力。加强校企共融,发挥企业和学校教育资源一体化的优势,培养适应本企业和其他企业岗位要求的技能人才。加强师资互通,开展人力资源双向流动,聘请企业的技师、高级技师担任专业技术和实践教学教师。加强在职培训。学校在对在校生进行正规技能教育的同时,积极开展针对企业在职职工的技能提升培训,培训对象主要是企业在职职工,培训目的是提升技术技能。

六、多元化发展战略

水利高职院校要实现发展的多层次化,既要办好专科层次的高职教育,又要与中职联合开办中高职衔接班教育、与应用型本科联合开办和独办高职本科专业;要推进发展功能的多元化,既要完成培养技术技能人才的使命,又要开展好技术研发、技术试验、示范、推广、技术培训、职业资格教育与考核,为新型水利生产主体、企业提供技术支持与技术服务。在承担学校学历教育的同时,还要承担社区教育的功能,为社区居民、中小学生的爱好、转岗、休闲提供教育服务,要使水利高职院校成为社区发展的重要载体;在发展形式上要实现全日制与非全日制教育相结合,既要开办全日制的教育,又要招收企业员工开展非全日制的双元式教育。

七、文化发展战略

水利高职院校要建设以社会主义核心价值观为核心、体现水利职业精神的大学文化,传承大禹精神。以创建一流高职院校的战略目标,以服务地方经济发展、服务现代水利发展、服务学生成长成才为价值追求,汇聚教职员工的智慧和力量。营造热爱职业教育、热爱水利、热爱技术的风气,形成鼓励技术创新、教学创新、技术实践的机制。要建设一批水利工程、水利建筑工程和水力发电实训基地与中心,开展技术研发、技术咨询、技术推广、技术培训为主体的服务活动,形成有特色的水利院校的物质文化。水利高职院校要建设有水利工程、水利建筑工程和水力发电特色的课程文化,形成有特色的融入水利工程、水利建筑工程和水力发电的技术、工艺、产品、规范、管理的方式方法,示范引领水利高等职业教育教学的改革。

要建设融入企业文化、职业文化的特色文化。文化育人是以文化氛围、文化手段、文化方法、文化活动、文化成果实现育人。要营造技术技能人才培养的空间、环境、氛围和条件,去影响、引导人的观念和行为、激发人的内在潜能,实现启迪智慧、开拓思维、塑造人格、养成高尚品德。水利高职院校要把企业的技术、工艺、流程、规范、产品、管理引入课程,将企业工作任务、管理制度与技术规范引入教学,按岗位工作标准、员工职责要求学生、指导学生完成岗位工作任务,培养岗位实际工作能力。

八、国际化发展战略

从全球视野来看,教育新时代意味着从"跟跑者"向"引领者"迈进,中国教育开始走近世界舞台的中央,过去主要是"留学输出国",现在已成为亚洲最大的留学目的地。以前主要是引进教育资源,现在海外办学和输出优质教育资源已迈出实质性步伐。但内陆省份教育国际化水平相对落后,吸引力和竞争力还不强,这需要我们树立全球视野、全球思维,主动融入全球教育发展,用好用活国际国内两种资源。水利高职教育要办成中国特色社会主义的水利高职教育,就要走国际化发展道路。水利高职院校要与国际先进职业教育的国家与地区的职业院校、应用型大学进行交流、互访,开展教师培训,学习交流现代职业教育理念,实现教育理念的国际化;要与国外职业院校、应用型本科院校合作,利用国内外资源联合培养人才。与国际跨国公司开展人才培养合作项目,双方共同投资建设人才培训中心,采取订单式、双元制式、现代学徒式培养企业需要的员工,同时承担跨国企业员工的技术培训,服务跨国企业在中国业务的发展和中国水利水电企业走出去的发展战略,推进水利水电人才培养模式的国际化;按照国际化人才培养标准建设实训条件、开发课程、开展教学科研实训,实现教学科研实训方式的国际化;与先进国家和地区的职业院校、应用型大学合作引进国外的职业资格证书制度,探索职业资格证书的国际化;在教育行政部门的支持下,水利高职院校要积极探索国内外职业院校之间、职业院校与应用型大学之间的学分互认制度,推进职业教育发展质量的国际化。

第五章　水利高等职业教育特色发展
影响因素分析

第一节　政府角度因素分析

我国高等职业教育实行的是政府主导下的教育管理体制,其发展的行政管理主体是中央和地方政府。因此,政府在水利高等职业教育的发展中发挥了重要作用。政府通过法律、制度、政府工作报告、高等教育管理体制、政府财政投入、质量评价体系等影响高职院校教育教学改革,是影响高职院校发展的决定性因素。

一、国家政策因素分析

水利高等职业教育政策法规的制定者是政府。为了真正实现以水利高等职业教育带动经济和社会发展的重要功能,不仅省、市两级政府及教育主管部门制定了具体的法规与政策,而且国家统一制定了相关法律法规来管理和促进水利高等职业教育的健康发展。这些政策是影响高等职业教育教学改革的关键因素。

2006 年,《关于全面提高高等职业教育教学质量的若干意见》(教高〔2006〕16 号)指出,"高等职业教育作为高等教育发展中的一种类型","全国高等职业院校与经济社会发展紧密结合,强化发展特色,全面提高教学质量"。

2006 年,《教育部、财政部关于实施国家示范性高等职业院校建设计划,加快高等职业教育改革与发展的意见》指出,"使示范院校在发展实力、教学质量、管理水平、发展效益和辐射能力等方面有较大提高,特别是在深化教育教学改革、创新人才培养模式、建设高水平专兼结合专业教学团队、提高社会服务能力和创办特色方面取得明显进展"。

2010 年,《教育部、财政部关于进一步推进〈国家示范性高等职业院校建设计划〉实施工作的通知》指出,"100 所国家骨干高职建设院校的主要建设任务是创新发展体制机制,推进合作发展、合作育人、合作就业、合作发展,增强发展活力"。

2010 年,《国家中长期教育改革和发展规划纲要(2010—2020 年)》制定了我国教育的十大改革试点工程,其中包括职业教育发展模式改革试点,改革的重点是"以推进政府统筹、校企合作、集团化发展为重点,探索部门、行业、企业参与发展的机制"。

2014 年 6 月 23 日,习近平总书记对职业教育做了重要批示:职业和教育是国民经济体系与人力资源开发的重要组成部分,是广大青年打开通往成功成才大门的重要途径,肩负着培养多样化人才、传承技术技能、促进就业创业的重要职责,必须高度重视、加快发展。要树立正确的人才观,培育和践行社会主义核心价值观,着力提高人才培养质量,弘扬劳动光荣、技能宝贵、创造伟大的时代风尚,营造人人皆可成才、人人尽展其才的良好环境,努力培养数以亿计的高素质劳动者和技术技能人才。要牢牢把握服务发展、促进就业的办学方向,深化体制机制改革,创新各层次各类型职业教育模式,坚持产教融合、校企合作,坚持工学结合、知行合一,引导社会各界特别是行业企业积极支持职业教育,努力建设中国特色职业教育体系。要加大对农村地区、民族地区、贫困地区职业教育支持力度,努力让每个人都有人生出彩的机会。各级党委和政府要把加快发展现代职业教育摆在更加突出的位置,更好支持和帮助职业教育发展,为实现"两个一百年"奋斗目标和中华民族伟大复兴的中国梦提供坚实人才保障。

《国务院关于加快发展现代职业教育的决定》(国发〔2014〕19 号)明确规定加快职业教育发展的要求。今后一段时期我国职业教育发展的指导思想是坚持以立德树人为根本,以服务发展为宗旨,以促进就业为导向,适应技术进步和生产方式变革以及社会公共服务的需要,深化体制机制改革,统筹发挥好政府和市场的作用,加快现代职业教育体系建设,深化产教融合、校企合作,培养数以亿计的高素质劳动者和技术技能人才。今后一段时期我国职业教育发展的基本原则是:政府推动、市场引导,发挥政府保基本、促公平作用,加强规范管理和监督指导等;加强统筹分类指导,强化省级人民政府统筹和部门协调配合,加强行业部门对本部门、本行业职业教育的指导;产教融合、特色办学,同步规划职业教育和社会经济发展,协调推进人力资源开发与技术进步,推动教育教学改革与产业转型升级衔接配套;系统培养、多样成才,加强职业教育与普通教育沟通,为学生多样化选择、多途径成才搭建"立交桥"。

到 2020 年,形成适应发展需求、产教深度融合、中职高职衔接、职业教育普通教育互相沟通,体现终身教育理念,具有中国特色、世界水平的职业教育体系。职业教育的结构、规模更加合理,院校布局和专业设置更加适应经济社会需求,职业院校的办学水平普遍提高,发展环境更加优化。

决定指出,要创新发展高等职业教育。专科高等教育要密切产学研合作,培养服务区域发展的技术技能人才,重点服务企业特别是中小微企业的技术研发和产品升级,加强社区教育和终身学习服务。探索发展本科层次职业教育。建立以职业需求为导向、以实践能力培养为重点、以产学结合为途径的专业学位研究生培养模式。研究建立符合职业教育特点的学位制度。形成定位清晰、科学合理的职业教育层次结构。采取试点推动、示范引领等方式,引导普通本科学校向应用技术类型高等学校转型,重点举办本科职业教育。独立学院转设为独立设置高等学校时,鼓励其定位为应用技术类型高等学校。建立高等学校分类体系,实行分类管理,加快建立分类设置、评价、指导、拨款制度。招生、就业等政策措施向应用型高等学校倾斜。

发展高等职业教育是推动经济和社会发展的重要战略决策,并把这一重要决策列入政府工作的重要议事和工作日程当中。各级政府根据市场需求变化以及产业结构调整规划,引导水利高职院校进行专业结构调整,从而满足社会经济对人才的需求。政府怎样管理高职教育,对高职院校教育教学改革会产生极大影响。国务院把发展高职教育的权力和责任交给了省级人民政府。之后形成了以省级政府统筹为主,国家进行宏观调控和质量监控的两级管理格局。为了不断提高高职院校为地方经济服务的能力,地市级政府在省级政府的统一领导下,充分发挥统筹作用。笔者所在的湖南水利水电职业技术学院是以水利为主管(省水利厅主管)的省级示范性高职院校,在省水利厅的直接领导下,学院于2016年牵头组建"湖南水利职业教育集团",为大力推行校企合作、专业对接产业搭建了广阔的平台,在专业教师培养、企业技术人员培训等学校与企业需求之间搭建了畅通的渠道。湖南省在"十三五"发展纲要中明确要加大水利综合生产能力投入,推动水利规模化、产业化和现代化,构建洞庭湖生态水利圈,学院领导针对这一地方特色,积极调整专业结构,在全省最先开设水利建筑工程专业,加强内部管理,形成了水利工程建设管理等特色专业群对接洞庭湖水利圈,一条龙服务地方经济的发展特色,积极推动水利职业教育教学工作的改革。

二、财政投入因素分析

水利高等职业教育发展规划的资金支持者是政府。政府在制定好的职业教育管理规划的同时,明确其经费预算,明确公共财政支出力度,制定多元融资、投资的相关政策。而影响高职院校教育教学改革最直接的因素是财政投入。发展成本最高的高等教育类型是高职教育，据有关部门测算的有关教育成本的统计数据，高等职业教育的成本是普通高等教育的 2 倍以上，而财政在统筹安排经费时往往比不上普通高等院校。水利高等职业教育教学改革迫切要求改革目前以收费为主的投入机制，投入更多的公共财政给高职院校，提高预算内教育经费比例。湖南水利水电职业技术学院充分发挥整合社会各种资源的能力，多方筹措资金。2016 年，从湖南省发改委争取改扩建项目资金9 983万元，新建学生宿舍、图书馆、实训基地，共新建 4 万多平方米，学院给基地规划建设的定位是高起点规划、高标准建设、高质量管理、高效率运作，人才培养基地建成后主要具备四个方面的功能：一是水利人才培养示范功能，二是学生实习实训的功能，三是科普科研的功能，四是图书资料检索功能。基地建成后将成为学院发展的最大亮点之一。

三、质量评估因素分析

水利高等职业教育质量的监督者和评估者是政府。质量是高职院校发展的生命线。为了增强高等职业院校的自我约束和自我发展能力，提高教育教学质量，教育行政部门建立了多元化评估机制，集中精力通过制定评估政策实行对评估活动的宏观调控。近 10 年来，教育部为了提高高等职业教育发展质量，在教学条件、实训条件、师资队伍等方面出台了一系列的相关政策，大力推进、规范、指导高职院校办出水平、办出特色、办出质量。为了推广和巩固示范院校建设以来高等职业教育人才培养模式改革的经验，2008 年教育部出台《高等职业院校人才培养工作评估方案》。通过评估，各高职院校促进了内涵建设，探索了工学结合的人才培养模式，深化了校企合作，凸显了高职院校发展的类型特色。湖南水利水电职业技术学院在发展过程中，通过评估，引导学校准确定位，坚持以服务为宗旨，以就业为导向，走产学研结合的发展道路，加强教学基本建设，深化教育教学改革，努力办出特色，顺利通过国家教育部高职高专人才培养工作水平评估，评估获得优秀等次。

第二节　行业指导因素分析

为了使水利职业教育发展与经济社会发展要求相适应，水利行业指导至关重要。水利行业在重大水利政策研究、水利职业资格认定、水利人才需求预测、就业准入条件、专业设置、课程与教材开发、教学改革和教育质量评价等方面发挥重要作用,直接影响高职院校的教育教学改革和专业特色的形成。

一、水利行业主管部门的积极性高有利于教育教学改革发展

湖南水利水电职业技术学院是湖南省水利厅主管的省级示范性高职院校,学院目前已成为湖南水利职业院校水利类专业规模最大、质量最好、特色鲜明的学校。为了使学院的"校企合作、工学结合"落到实处,湖南省水利厅专门出台文件,促进水利职业教育蓬勃发展。一是充分认识校企合作对加快水利产业发展的重大意义。水利是关系国计民生的基础产业,关系粮食安全和菜篮子安全,是国民经济持续健康发展和社会稳定的重要保障。当前,湖南省水利行业发展已进入了转型升级的关键时期。推动湖南省水利由传统水利向现代水利转变,全面提升湖南省水利生产服务能力和市场竞争优势,必须依靠科技和人才的强有力支撑。水利职业教育是水利现代化建设的重要组成部分,是提高水利从业人员尤其是一线人员素质的根本保证。推进水利职业教育校企合作发展,对于健全和完善政府主导、行业指导、企业参与、产教融合的水利职业教育发展机制,促进水利职业教育与水利行业协同发展,实现水利职业教育专业链、人才链与水利行业需求有效衔接,增强水利职业教育对现代水利行业发展的支撑能力,推动水利现代化建设,具有重要的现实意义和深远的历史意义。二是充分发挥水利主管部门在校企合作发展中的指导促进作用。水利主管部门在构建水利职业教育"政行校企"合作发展体制机制,促进产学研相结合,确保水利职业教育人才培养规格和教学内容适应产业发展需要等方面,发挥着不可替代的指导和促进作用。《中共湖南省委、湖南省人民政府关于大力发展职业教育的决定》明确要求:全省各级水利主管部门要按照省委、省政府的要求,切实履行职责,把推进水利职业教育校企合作发展作为贯彻落实科学发展观、服务湖南省水利及农业农村经济发展方式转变、建设现代水利行业体系、加快现代水利行业发展的重要工作来抓,作为深入实施科教兴农和人才强农战略,实现湖南省水利持续稳定发展的重大举措来抓。三是加强校企合作力度,努力壮大水利人才队伍。为有效解决湖南省乡镇基层水利人才队伍学历层次偏低,结构性短缺矛盾突出,高素质人才招不进、留不住的问题,切实加强基层水利技术服务体系和人才队伍建设,各级水利主管部门解放思想、创新机制,主动与水利高职院校合作,采取定向培养、订单培养等多种形式,充分利用水利高职院校的教育培训资源,提升水利人才队伍的专业技术水平和服务能力。定向培养乡镇基层水利人员。为培养大批具有良好思想道德和职业道德素质,能胜任基层水利岗位工作,下得去、留得住、用得上、受欢

迎的水利专业技术人才。各县（市、区）水利局根据乡镇基层水利机构编制及岗位空缺情况，提出定向培养计划，经同级机构编制、人社部门同意，报县级政府批准，并与水利高职院校签订定向培养合作协议后，纳入培养院校的招生计划。定向培养采取高职院校招生与乡镇水利服务机构招聘技术人员相结合的方式进行，按照"先填高考志愿，后签订向培养协议"的原则，以县（市、区）为单位面向本地考生招生（招聘）。定向培养方案由培养院校与水利主管部门共同制订。免费培养提升基层在岗水利人员学历学识水平。启动实施免费培养计划，通过自主单独招生录取，免费培养水利专业技术人才。为解决部分乡镇基层在岗水利人员学历学识偏低问题，各地水利主管部门应采取积极措施，鼓励和支持乡镇水利服务机构学历学识水平达不到要求的在岗水利人员，通过高考报名，参加学院单独招生考试，脱产学习3年，提升学历学识水平。启动实施水利技术推广服务特岗计划，创新基层水利技术推广人员补充机制。为解决基层水利技术机构人员断层问题，各地水利主管部门根据2011年中央一号文件精神，结合促进水利高职校院毕业生就业，启动实施水利服务特岗计划，优先招聘专业素质高、立志献身"三农"的水利高职院校毕业生到乡镇基层站、龙头企业、合作组织等从事水利技术推广服务工作，改善水利推广队伍结构。订单培养水利企业专业技术和经营管理人才。为加强湖南省水利水电企业的人才队伍建设，提升水利水电企业科技创新能力和经营管理水平，各地水利主管部门引导和鼓励支持水利水电企业与水利高职院校合作，签订合作协议，采用订单培养方式，委托水利高职院校培养专业技术和经营管理人才。订单培养方案由合作双方共同制订，水利高职院校组织实施。鼓励水利水电企业根据需要，优先招聘水利高职院校毕业生就业。广泛开展水利管理干部和技术人员培训。为适应水利管理干部和技术人员知识更新、服务现代水利产业发展的需要，水利部和省水利厅分别在湖南水利水电职业技术学院建立了"水利部水利技术培训中心""湖南省水利厅培训中心"。各地水利主管部门要充分利用上述教育培训资源，有计划分期分批地组织水利管理干部和推广人员参加专业培训，提高技术水平和管理能力。大力开展新型水利人才培训。各地水利主管部门充分利用阳光工程项目和水利高职院校教育培训资源，以提高科技素质、职业技能、经营管理能力为核心，以基层水利和技术服务人员为主要对象，大力开展基层水利人才培训。

创新校企合作发展模式，提高水利职业教育发展水平。为推动水利职业教育改革创新，实现水利职业教育与水利行业紧密对接，全面提高水利职业教育对湖南省现代水利行业发展的技术和人才支撑能力，水利行政部门、水利水电企业和水利高职院校大胆解放思想、创新体制机制,积极探索建立校企合作发展的新模式。水利行业主管部门、水利企业通过参与水利高职院校人才培养方案、课程标准制定,参与专业课程开发和教材建设等,全面参与水利类高职院校教育教学各个环节,推动水利类高职院校人才培养模式、教学内容与方法改革创新。水利行政主管部门、水利水电企业和水利高职院校要充分利用各自的资源优势,按照资源共享、优势互补、互利共赢的原则,通过行业企业接收学生顶岗实习和教师实践,选派管理人员、专业技术人员和能工巧匠担任涉水涉农高职院校兼职教师,利用水利高职院校教育资源培养培训技术技能人才和企业员工等方式开展合作,支持水利高职院校生产性教学实训基地和"双师"结构教师队伍建设。水利行业主管部门、水利水电企业利用水利高职院校智力资源,联合进行科学研究和协同创新,开发水利工程建设与资源利用新技术、新工艺,合作开展水利新技术、新工艺推广应用。积极推进水利职业教育集团化发展。各级水利部门、水利企事业单位积极支持和参与集团的工作,充分利用职教集团平台,推动校企合作深入发展,全面提升水利职业教育的发展水平和服务水利行业发展的能力。建立水利职业教育产教融合机制。各级水利部门制订实施水利行业发展规划,同步加强行业人才需求预测和人才培养;水利企事业单位推动事业发展,同步开发人力资源;建立实施水利行业技术技能人才分专业、分岗位就业状况和需求年报制度。完善政策机制,鼓励水利高职院校承担水利科学研究和推广项目,教学人员深入基层从事水利水电服务。推动水利职业教育与水利行业协同发展,促进水利职业教育与水利行业深度融合,教育链、人才链与产业链的有效衔接。严格执行就业准入制度。水利企事业单位招收、录用专业技术人员,应从取得相应职业院校学历证书、培训合格证书的人员中优先录用。将水利企事业单位执行就业准入制度的情况,纳入考核评价和星级企业评审指标体系。

完善相关政策措施。一是完善水利职业教育行业指导制度,明确各级水利部门及行业组织对水利职业教育的业务指导职能,发挥行业在开展人才需求预测、推进校企合作、指导专业课程建设、开展教育质量评价、落实就业准入制度等方面的重要作用。二是把集团化发展作为职业教育行业发展制度的重要内容,进一步健全和完善湖南水利职业教育集团理事会制度和集团治理结构,探索构建适应市场经济规律的集团运行模式。三是建立职业教育行业企业参与机制,完善行业企业接收水利高职院校学生实习实训和教师实践制度,引导和鼓励企业与水利高职院校共建共享生产性实训基地、产品研发中心、科技创新中心。健全现代企业职工教育培训制度,鼓励支持水利高职院校接受企业委托开展职工教育培训。四是健全"双师型"教师队伍建设机制,完善水利行业企业管理人员、专业技术人员和能工巧匠到水利高职院校兼职从教制度。建立水利行业企业与水利高职院校联合培养培训教师机制,明确水利高职院校专业教师平均每年到基层水利管理部门、推广服务机构或水利企业实践的时间累计不少于一个月。

二、重视水利水电类行业协会在推动水利高职教育教学改革的作用

(一)行业协会的界定

水利水电类行业协会是在市场经济发达国家中普遍存在的一种旨在促进行业发展、规范行业秩序的社会经济组织机构。行业协会是市场经济发展的产物,它由同一行业的经济组织自愿组成,具行业性、自律性、非营利性的特点。作为市场经济中的重要中介组织之一,行业协会的基本职能是沟通企业与政府之间的关系,发挥桥梁作用。近年来,随着经济体制改革的逐步展开,我国行业协会得到了较快的发展,数量增长加快,规模不断变大,议事办事制度日趋完善,各类行业协会在行业管理和公共服务中承担了大量工作,带动了社会经济的发展。

(二)国外行业协会与职业教育

职业教育的发展与企业的良性发展是密不可分的。在西方,各国根据自身的情况形成了政府、社会、企业在职业教育领域相互交叉的职业教育体系,强调政府保障、行业指导、学校和企业合作。强调企业参与职业教育,行业协会作为企业的代表与联盟,有利于推进职业教育与企业深度合作。

(三)行业协会是沟通"政府—高职院校—企业"的桥梁

行业协会作为一个"中介团体",是连接政府、企业以及高职院校三者的纽带与桥梁,在职业教育体系中发挥着重要的职能作用:一是参与职业教育的管理与决策,二是参与并组织职业教育和培训,三是参与职业教育质量控制和评价,四是促进职业继续教育制度建设,五是促进职业知识与技术转移。行业协会致力于服务本行业、企业和从业者,促进了职业教育的管理与监督,减轻了政府教育部门的负担,为行业企业培养培训人才。其主要作用是密切政府、学校以及企业之间的联系,缓和三者的矛盾。

1. 行业协会能协调高职院校与政府之间的关系

在我国,政府既是职业教育的主要投资者,又是直接管理者。在宏观上,诸如职业教育发展战略的制定,职业教育的层次结构、专业结构的总体规划

等,都由政府具体操作;在微观上,对师资培训、教学设施设备、学生教育权等也一并加以统管。职业院校依赖国家的资源输入,致使政府不堪重负。政府开始呼吁社会参与的职业教育改革,但职业教育改革并非简单放权的问题,职业院校与政府间应该是相互联系、相互沟通的关系,而行业协会正是协调这一关系的组织,其主要功能是加强政府与职业院校间的联系,完善公共教育服务。行业协会的存在,能改变政府直接干预职业院校内部活动的局面。从西方成功的职业教育经验来看,完善的行业协会组织涉及职业教育拨款、职业教育咨询、职业资格考核证书、职业教育评估等,在协调高职院校与政府的关系方面扮演越来越重要的角色。

2. 行业协会能协调高职院校与企业的关系

在市场经济条件下,学生购买职业教育服务即为顾客,高职院校提供职业教育服务即为顾主,信息是顾客与顾主之间沟通的重要因素。教育资源的优劣迫使顾客必须确保其行为选择的优化,储备足够的信息资源。学生的需求是高职院校发展的重要参考,通过各种方式从不同方面了解这种需求,才能不断提高职业教育服务的质量。企业对高职院校学生综合素质、专业技能的要求,更是高职院校发展的导向。如果高职院校和企业对这些信息闭塞或信息失灵,就会使学生的教育需求得不到满足,高职院校由于无法提供优质的职业教育服务而处于竞争中的劣势地位,企业就得不到想要的职业人才。水利水电类行业协会是由独立的经营单位组成,保护和增进全体成员既定利益的非营利性组织。从其性质来看,行业协会是独立企业为共同利益结合而成的联合体,是既符合法律政策规范,又兼顾企业自主活动的政企分开的服务中介,它能提供高职院校、企业及行业中的大量信息,能协调高职院校与企业的关系。

第三节　企业参与因素分析

校企合作体现了高职教育新的价值取向,使高职教育由封闭走向开放,从单一的学校课堂走向实际的职业岗位,是高职教育人才培养模式的深刻变革。然而当前我国高职教育校企合作的开展并非一帆风顺,校企合作面临许多困难,究其原因主要是缺乏校企合作的长效机制。难点之一是高职院校"孤军奋战""孤掌难鸣"。高职院校在与企业的合作过程中,既是校企合作的发起者,也是组织者、策划者和主要实施者。在校企合作前,学校要找专业、找市场、找合作企业,承担了解掌握行业状况的任务。难点之二是企业热情不高、动力不足,缺乏与学校合作的动力。多数企业认为培养人才是高职院校单方面的责任和义务,没有认识到企业是高职教育的直接受益者。

企业通过产教结合、校企合作发挥了指导和参与职业教育教学改革的作用。校企合作是培养高素质技能型人才的重要途径。几十年的高职教育发展经验表明,高等职业教育要实现良性发展,必须走产学研结合之路,而产学研的结合,最重要的途径便是离不开校企合作。企业是高职院校学生就业的主要场所,高职院校必须培养企业好用的人才。要培养这样的人才,只有实施校企合作发展模式和工学结合人才培养模式,这就要求高职院校与企业共同进行技术研发与服务、人才培养与培训,通过建立校企合作平台,完善企业参与人才培养全过程的资源共享、人才共育、过程共管、责任共担、成果共享的长效合作机制,落实学生生产性实训课程、顶岗实习课程、与企业技术紧密结合的毕业设计课程、教师实践锻炼与服务、企业员工培训等实际工作,实现合作发展与共同发展。

近年来,我国经济社会快速发展和转型升级对技能型人才培养的规模和质量提出了更高的要求,许多地方、学校和企业积极开展校企合作、工学结合,探索职业教育人才培养模式的改革,在企业参与职业教育教学改革方面创造并积累了一些经验。不少企业与高职院校建立了形式多样、长期稳定的合作关系。通过工学交替、校企合一、校企契约、订单培养、合作培训、教师校企轮岗等途径,在专业设置与调整、教学计划制订与修改、教育技术与教育手段更新、学生实习实训直至学生入学与就业等方面,参与、支持职业教育教学改革。校企双方初步实现了从合作教学到合作发展的转变,在一定程度上实现了资源共享、互利共赢。

一、校企深度合作是国家示范性水利高职院校发展的显著特点

广东水利水电职业学院的特色是:本着合作发展、合作育人、合作就业、合作发展的原则,构建校企合作长效机制,培养"有社会责任感、有技能的人"的高素质人才,积淀了"以水为本、工农结合、以工促农、农兴工旺"的发展特色。

杨凌职业技术学院的特色是:与多家上市公司和知名企业,以及东南沿海发达地区的企业,建立广泛而稳定的合作发展关系,每个二级学院都与数家企业建立了合作发展共同体,每个专业背后都有强大的企业群作支撑。

重庆水利电力职业技术学院的特色是:充分发挥水利行业办学优势,联合重庆市水投集团等72个企事业单位和行业协会,组建了"重庆市水利行业校企合作办学理事会",充分发挥行业对专业规划与发展、师资培训、实训基地

建设、就业、行业培训与技术合作的指导作用,形成了学院与水利行业融合融通的合作办学格局。

黄河水利职业技术学院的特色是:依据行业标准和行业的准入制度要求,构建高职教育"三统一、多样化"工学结合的人才培养模式。该校不断加强校企合作、产教融合创新人才培养模式,2017 年开办中德合作胡格教学模式试验班,借鉴"悉尼协议"范式开展专业建设。电子信息工程技术等 5 个专业入选国家级现代学徒制试点。全力推动创新创业教育改革,形成了"1 + X"双线并行创新创业教育改革新模式,被教育部认定为"深化创新创业教育改革示范高校"。

山东水利职业学院的特色是:加强对外交流与合作,培养具有国际视野的高职人才。学校与俄罗斯国立农业大学、韩国国际大学等 7 个国家或地区的10 余所高校建立了长期稳固的友好合作关系,实施国际合作项目 7 项。中俄合作项目实现了本科、硕士及博士全覆盖,培养了近 500 名国际化人才。建设"中水十三局国际化人才培养基地",先后有 80 余名毕业生赴阿尔及利亚、巴基斯坦等国家工作。

广西水利职业技术学院的特色是:构建了"区校协同、政行企校"融合发展的办学体制机制,构建了行业特色和区域特色鲜明的办学体制架构,组建"两会一集团",丰富了办学体制机制的模式;携手广西东盟经济技术开发区,打造"区校企"协同发展模式,与广西东盟经济技术开发区协同发展。深化产教融合,以国家骨干院校建设的 6 个重点专业为龙头,深入开展校企深度融合、开放式工学结合人才培养模式改革,形成 6 个重点专业多样性人才培养模式。

四川水利职业技术学院的特色是:厂校一体,生产育人,形成了"亦厂亦校、师徒传承、能力递进、进阶入岗"的特色人才培养模式。学院拥有双合教学科研电厂、水利机械厂、工程勘察设计院、工程监理公司等五大生产实体,占地 200 亩,建成"厂中校",能够满足千余名学生实训和生活。校内建有莲花电厂、水工综合实训场、污水处理厂、建筑工程实训基地等"校中厂"。

二、湖南水利水电职业技术学院校企合作的几种模式

该院成立以来,加强校企合作机制建设,学院校企合作由被动等企业合作到主动找企业联系,由浅层合作到互动介入、深度融合,逐渐探索出形式多样、效果明显的多元化校企合作模式。学院在湖南省水利厅的协调下,与行业、企业进行了全方位的合作,初步形成了"行业引导、校企共建、专业合作"的办学

制度。学院成立了校企合作办公室,完善了校企合作管理等办法,初步建立了校企合作长效机制,有效促进了校企之间的进一步合作。

(一)行业协调发展模式

行业协调发展的产学研结合的模式,学校与行业之间是上下级隶属关系。湖南水利水电职业技术学院就属这种模式,湖南省水利厅是学院的主管部门,并对学院进行投入,学院通过向湖南省水利行业的相关部门和企业输送人才、为水利相关部门和企业培训员工来回报和服务湖南省水利行业的健康持续发展,并通过校办湘水工程咨询有限公司来加强与行业企业的联系,有效地促使了学校的科技成果转化为生产力。

(二)校办产业模式

学校利用校办产业实现产学研结合的模式。湖南水利水电职业技术学院根据专业特点,兴办企业实施科技成果转化,建立集教学、生产、科研于一体的实践教学基地。建有湘水工程咨询有限公司等五个院内生产性实训基地。校办公司以专业技术为依托,以发展湖南水利为重点,瞄准国内外水利市场,研究和开发新技术,实行内引外联,广泛开展水利工程规划设计与施工技术的研究和服务,为技术型人才培养和湖南经济社会的全面发展做出贡献。与长沙精湛检测科技有限公司合作创办的"校中厂"正式营运。不同于学院单独办的"校办工厂","校中厂"主要是引进企业到校内设厂。学院在一定期限内免费提供场地,企业出资建设厂房、引进设备;双方共同制订人才培养方案,共同开展技术研发;公司接受学生的观摩见习、生产实训、顶岗实习和老师锻炼;企业吸收学院优秀毕业生进厂,并向广东水利水电总公司、贵州水利水电总公司、湖南水利水电总公司等相关单位推荐就业。校企双方过程共管、成果共享、风险共担。

(三)"工学交替"结合模式

将学生的职业教育分离为在校学习和企业工作交替进行,将教学与生产结合,在生产中组织教学,在教学中组织生产,其具体形式为:①部分教学过程在企业中进行,学生直接参加企业的生产过程,感受企业文化,参加企业管理,为进入社会打下良好的职业素质基础。该模式在实施时由校企双方共同制订实习计划,合理调整学期教学计划,校方做好教育工作,企业加强现场指导。②部分教学过程在校内实训基地进行,实训基地实行企业化运作,配备一定数量的专职教师,不仅承担学生的实习任务,还要组织学生进行产品的开发与生产,开展勤工俭学,产生一定的经济效益,以减轻学生的负担。该模式在实施时其运作方式同以往的校办企业有所不同,十分重视教师与学生的参与。比如,水利工程建设与管理专业群和浏阳市株树桥水库合作建设生产性实训和顶岗实习基地,以株树桥水库专家为主、学院的专业教师为辅,共同制订基地的年度生产计划,即基地的生产任务由株树桥确定,学院每年派出学生到水库基地进行两次生产性实训

(四)"订单培养"型的合作形式

学校以协议书的方式,与多家企业建立合作关系,可聘请企业的主管人员为学校的名誉教授,为毕业生的就业推荐工作,建立学校的人才需求与分配网络。可共同开展专业建设的调研,确定老专业的改造和新专业的建设方案。还可对毕业生跟踪调研,对历届毕业生反馈的信息进行分析,指导学校的教学改革。再就是对人才需求进行预测,通过分析行业与企业及地区经济发展对人才需求的新要求,共同推进人才培养模式的改革。湖南水利水电职业技术学院与国内外知名企业建立了深层次校企合作关系,共建立了400多个院外实习实训基地。

三、湖南水利水电职业技术学院校企合作特色鲜明

2016年7月,湖南水利水电职业技术学院牵头组建了湖南水利职业教育集团,成立了对外交流合作办公室。集团是以骨干职业院校为龙头,以校企合作为重点,联合知名水利企业、中高职学校、专业合作社,按"自愿、平等、互利、共赢"原则组成的产学研联合体。

集团现有成员单位近200家,其中职业院校若干所,水利企业130家,涵盖了湖南省水利工程灌区、水电站、水利水电设计、水利水电技术研发、水利机械等水利行业的龙头企业和规模企业,牵头院校湖南水利水电职业技术学院,2013年成为湖南省示范性(骨干)高等职业学院立项建设单位,2016年通过项目验收。

集团自成立以来,一直坚持以贡献求支持,以发展求重视,以校企合作为基础,以项目合作为纽带,努力促进水利职业教育深度融入水利行业发展,走出了一条"政府主导、行业指导、校企联动、项目驱动、产教结合、共生发展"的现代水利职业教育集团化发展道路,在体制机制、专业建设、资源共享、项目合作等方面都取得了突破性进展。

(一)校企联动,产学相融,校企共生发展体制机制日趋完善

1. 互惠互利、持续发展的运行机制不断完善

(1)严格加盟标准,强化退出机制,至2017年,集团已发展成员单位近200家,以牵头院校为龙头,以专业建设和项目合作为纽带,集团成员间形成

了紧密型合作关系。

(2)集团实行理事会负责制,设立了秘书处及办学规划与专业指导委员会、师资建设委员会、教学环境与资源建设委员会、继续教育与技术合作委员会、资金筹措与管理委员会、人才发展与协调委员会、绩效与质量考核委员会等七个专业建设委员会,组织机构健全。以集团章程为框架,以制度建设为中心,以利益共享为驱动,以优质服务为平台,集团建立起了适应市场经济体制发展的动力、政策、保障和退出机制。

(3)集团每年召开一次工作年会。总结和交流集团建设成果,共商集团建设发展大计。

(4)集团定期组织开展成员企业与职业院校共同参与的各种教学、科研与项目合作等活动。各专业建设委员会先后举办了4次主干课程标准研讨会;组织了2次校企合作经验交流及研讨会;承办了湖南省水利类专业技能大赛;进行水利类专业技能工种鉴定5 000多人次;校企合作开发建设了"湖南水利职教集团微信平台"。

2. 信息互通、多方参与的对话协作机制已经建立

(1)以会议、网络、论坛、活动为载体,集团构建起了"政、校、企、行、研"多方参与的立体对话协作平台。建立了每年一次的常态化专业市场调研机制,紧密跟踪和关注行业企业职业岗位和技术变化,每年定期发布水利水电技能型专门人才需求预测及人才信息,并以此为依据,促进中、高等水利职业院校协调发展,指导集团内职业院校适时调整专业结构和专业人才培养方案,形成专业互补布局。

(2)集团多次举办大型供需见面会及各类专场招聘会,召开校企合作经验交流及研讨会,组织召开省水利厅主导的水利行业发展指导委员会会议,有效实现了政府、行业、企业、院校等多方平等协商、对话协作,切实推动了成员企业与职业院校间的需求对接与信息互通。

3. 校企联动、成果共享的产学研合作机制基本形成

(1)深入调研,校企共同开发新职业标准。以高职院校为主体,深入乡镇水利站、农技站、畜牧站、水产站、农机站调研,已完成了职业标准、培训大纲、培训教材的开发工作,并进行实质性的水利新职业培训和考核鉴定认证工作。

(2)充分利用校企共建的生产性实习基地的功能,聘请集团内院校专业教师80多人全程参加培训,大大提高了教师的专业技能,也提升了水利水电技术专业的人才培养质量。

(3)以"全国水利职业定点培训基地"为平台,通过专业培训班,培养了急

需人才 11 460 人,推广新技术新成果 10 项,有效提升了集团成员企业员工整体素质,提升了产业发展后劲。

(二)校企共建,合作双赢,有效实现集团资源共建共享

1. 湖南水利职教集团微信平台建设取得重大突破,集团网站与内部刊物成为集团的重要信息窗口

(1)集团开发建设了"湖南水利职教集团微信平台",为集团各成员单位提供更广泛的技术交流、业务合作和商务平台,聚合全省水利行业发展信息,解决制约水利行业发展的"信息流,资金流、物质流"三大问题。

(2)集团建立了专门网站,网站与省内省际政务、商务、教育及其他职教集团网站对接,信息资源丰富,功能不断扩充,已经成为集团成员信息发布与交会的重要窗口,同时编发集团内部刊物《湖南水利职教集团工作简报》。初步搭建起了集团成员间信息共享、技术交流与业务合作平台,集团信息化服务水平大幅提升。

2. 集团建立了立体化、数字化专业教学资源库,生产性实训基地产生强大社会效应

(1)以课程建设为中心,以集团宣传平台为依托,围绕主体和特色专业,集团建立起数字化专业教学资源库,内容涵盖专业建设方案、人才培养方案、课程标准、电子教材与课件、教学案例等,面向集团成员院校开放共享。

(2)成功开发了数字化教学资源平台和在线网络学习平台,为集团内院校间、专业间课程互选与学分互认提高了支撑;牵头学院是湖南省教育厅信息化建设先进单位、水利部信息化建设试点单位;为强化学生职业能力培养,切实增强学生就业创业能力,集团坚持"校企对接,双证融通",在职业院校全面推行双证教育,使专业教学内容与职业岗位的实际融合,使学历教育与职业资格考核融通,使职业教育与职业资格考核培训同步进行,有效实现了专业与企业培训相衔接。

3. 校企员工互培互聘的机制已经形成,牵头学院主体专业建成了一批省级教学团队

(1)集团出台了《水利职业教育集团优秀人才校企双向互聘互兼的实施办法》,成立了校企合作推进办公室,制订了《水利职业教育集团专兼职教师校企联合培训规划及实施方案》,依托集团网站建立了人才交流网,基本形成了集团成员间教师、员工校企互培互聘的长效机制。

(2)"双百工程"顺利实施,提前实现了"100 名一线专家进校园、100 名专业教师下企业"的预期目标。主体专业教师 3 年内到企业挂职锻炼或顶岗实

践的时间在 1 个学期以上,其他专业教师也达到了年均 1 个月以上。

(3)集团在职业院校积极推行主体专业双带头人制度和精品课程双负责人制度,积极推动成员企业一线技术专家定期到职业院校从教,建成了信息化、动态化的兼职教师库;集团制定了《水利职业教育集团兼职教师选聘与培养管理办法》,牵头院校定期组织兼职教师教学能力与教学水平培训班。

(三)对接产业,订单培养,创新实践校企双主体人才培养模式

1. 专业调研常态化,形成了与产业发展需求相适应的专业设置动态调整机制

(1)以一年一度的专业市场调研为基础,适应现代水利行业发展的需要,集团初步形成了职业院校布局合理、错位发展的专业建设格局。

(2)行业领军企业深度参与,校企联合组织完成了水利类专业人才培养方案的修订。以此为基础,集团形成了校企合作定期对职业院校专业人才培养方案进行修订的制度。

2. 重视课程体系优化和课程标准开发,校企深度合作的课程建设机制不断完善

(1)集团分专业成立了工学结合课程开发团队,设置了课程开发专项资金与奖励基金,制定了《湖南水利职业教育集团精品课程评定与奖励办法》,初步建立起了校企共建课程的长效机制。

(2)行业领军企业与规模企业深度参与,配合牵头院校组织成员院校进行课程体系优化,完成了全部主体专业与特色专业的课程体系优化设计。

3. 校企合作组织教学,教学做合一的教学模式成效明显

(1)集团先后举办 2 届"专业教学技能比武月"活动,3 届说课、说专业比赛活动,深度推进了项目引领、任务驱动、模块化教学等多样化的教学模式改革与实践,有多名教师在省教育厅组织的说课、说专业比赛中获奖。

(2)注重教学做合一,强调校企合作实施,专业课 1/3 教学任务在校内生产性实训基地或合作企业完成,由企业一线技术专家承担的专业课程学时比例达到了专业课程总学时的 3% 以上。

(3)集团成员之间积极开展订单培养,校企共建"水文班""风电班"等订单班,"订单培养"学生覆盖率达到了 30% 以上。所有开设订单培养班的企业都设立了专项奖学金。

4. 质量评价立体化,校企合作多主体质量评价机制日渐完善

(1)集团规模企业与牵头院校及其他院校合作,开发制定主体专业核心课程标准及人才培养质量评价标准,基本构建起了社会化、科学化,企业、院

校、家长、第三方评价机构等多方参与的质量评价体系。

(2)以全国职业技能鉴定所为依托,不断拓展鉴定项目,主体专业毕业生"双证书"获取率达到了 85.5%,被评为湖南省职业技能鉴定十佳单位。

(3)牵头院校连续多年囊括湖南省水利类专业综合技能大赛一、二等奖,在 2015 年、2016 年、2017 年全国第八、九、十届水利职业院校学生技能竞赛中,共获 5 个一等奖、13 个二等奖和 15 个三等奖的好成绩。

(4)集团成立了就业创业指导工作委员会,与湖南省水利科学研究所共同建立了"院所共建大学生创业孵化园",定期举办毕业生供需见面会,基本构建起了校企合作推进毕业生就业的长效机制。近 4 年来,成员企业累计接收成员学校毕业生 1 500 多人,主体专业毕业生在集团内企业的就业率 65%以上,其中对口就业率 80% 以上。近几年,湖南水利水电职业技术学院毕业生就业率 90% 以上,2017 年就业成就也很显著,毕业生就业率达到 94.8%,为湖南省高职高专的第二名,并多次在湖南省首届黄炎培创业规划大赛中荣获奖项。

(5)集团注重加强毕业生就业跟踪服务平台建设,建立了毕业生就业质量跟踪调查常态机制。近 4 年的调查结果显示,用人单位对成员学校毕业生满意率达 86% 以上,湖南水利水电职业技术学院毕业生满意率达到了 91%。

(四)注重内涵,强化品牌,集团示范引领作用日渐彰显

1. 全面发展,构建了具有水利特色的校企深度合作机制体制

(1)成立了集团理事会,形成政府主导,行业、企业多方参与校企合作发展新格局。

(2)建立了中高职协调发展的合作育人的长效机制。集团院校主体专业均实现与企业共同制订专业人才培养方案、核心课程标准,合作发展、合作育人、合作就业、合作发展。

(3)建立了多渠道的投资机制。职教集团的建设经费来自于政府部门支持、行业企业投入与学院自筹。行业企业投入包括共建生产实训基地、实训室等。

(4)建立了"风险共担"的合作机制。集团内的标准化生产基地、实训基地,合作院校与企业采取股份制方式合作经营和管理,是校企合作体制机制的创新与突破,真正实现了"过程共管、风险共担、成果共享"。

(5)集团建立了校企合作成果发布与共享制度。集团成员企业特别是规模企业通过订单培养、提供设备、技术及资金等多种方式积极主动支持职业院校建设和发展。

2. 辐射引领,技术研发中心、高技能人才培养中心和培训中心地位初步确定

(1)集团是湖南省水利应用技术研发和推广的重要基地,通过集团内成员合作获得的发明专利、技术推广成果、新产品开发成果、科技成果转化项目及技术服务项目等10项,其中由牵头院校专业教师主持的项目5项。

(2)集团是湖南省水利高技能人才培养中心和培训中心,以"水利部水利技术培训基地"为平台,3年来,通过专业培训班,培养了水利工程技术、水利工程施工技术、水利电力工程技术、乡镇水管站管理、水资源利用与管理、水土保持技术推广与管理、河(湖)长制建设管理等方面急需人才10 500人,有效提升了集团成员企业员工整体素质,提升了产业发展后劲。

第四节　院校自身因素分析

水利高职院校教育教学改革成效大小,与其自身的院领导水平、发展理念、专业设置、师资水平、学生素质、校企合作程度、内部管理等因素息息相关。

一、院领导水平因素

院领导是学校整体规划的设计者和实施者,对一所学校的发展和教育教学改革起着关键性作用。院领导是高职院校的核心,专家、教育家、政治家在他们身上体现的程度,决定了他们顶层设计的水平,对特色的建设和发展具有巨大的影响和作用。现在高职院校的领导班子明显存在行政化的现象。高职院校要办出特色,应尽快突破这种体制,推选出具备高职教育理念,熟悉发展规律,致力于我国高职教育事业信念和理想的院领导;推选出身为学者,理解学者,信任学者,捍卫学者探索的自由,构建学者参与的民主管理制度的院领导;推选出具有雄才大略、气魄和勇气,敢于冒险,敢于打破传统,坚定地推进改革的院领导。院领导是全面贯彻落实党委领导下的校长负责制模范执行者,善于谋划学院的长远规划,善于把握新时代特点,履行新使命,担当新任务。

二、发展理念因素

理念是行为的先导,教育思想和发展理念是统筹高等水利职业教育的灵魂,是影响高等水利职业教育教学改革的潜在因素,是教育教学改革质量保障的导航器。在高等教育大众化阶段,理应树立大众化的高等水利职业教育发

展理念。一是作为大众化高等教育有机组成部分的高职教育,不能也不必用传统普通高校的学术性教育教学改革标准来作唯一的衡量。高等水利职业教育只有在发展层次、培养目标、人才培养、社会适应等方面形成特色、办出特色,培养出适应经济社会需求的人才,才是成功的教育教学改革。二是教育教学改革质量体现在人才培养的全过程,理应树立全面的质量管理观,树立"全员参与、全方位、全过程"的质量意识。所谓"全员参与",就是要求高职全体员工都要树立质量意识,明确自己的质量职责,掌握全面质量管理的基本知识和方法,并具有所在岗位的专业知识和技能。所谓"全方位",就是要对影响高职教育的所有因素都要实施质量管理与监控。所谓"全过程",就是要对高职教育的每一个环节的工作质量都要实施有效的监控,上述环节相互关联、相互影响,共同保证高职教学质量。要适应经济发展、产业升级和技术进步的需要,建立专业教学标准和职业标准联动开发机制。三是高职教育是培养技能型人才,理应树立以能力为本的人才培养理念。长期以来,我国传统的评价学生的尺度是以所学知识的多少来衡量的,而对培养生产、建设、管理、服务第一线的高素质应用型人才的高职教育来说,不能唯知识论,而代之以技术应用能力和创新能力为主体的综合素质培养理念。高职院校必须改变陈旧的发展理念,确立新的教育教学质量关,把创新能力作为衡量人才质量的重要依据,把培养创新性人才与社会发展相结合,以适应新时代的要求。

三、专业设置因素

专业建设是高职院校的主要任务,好的专业和专业结构可以发挥学校的综合优势,提高发展的效益和质量,为社会培养高质量的人才,提高学院的声誉;差的专业和专业结构,则会降低高职院校的社会适应能力。高职院校在专业设置时,应针对自身发展资源、发展定位,对接行业、产业、企业人才需求和地域社会经济、产业结构、产业升级等因素来设置,方能凸显发展特色。

课程设置是专业建设的核心,是影响水利高职院校教育教学改革成效的重要因素。高职课程决定了水利高职教育的内容,决定了水利高职教育的教学组织进程,最终决定了高职教育专业培养质量。目前,能否针对水利与农村经济发展的实际要求,结合用人单位与学生成长的实际需要开设相应课程,仍是影响水利高职院校教育教学改革成效的基本变量。

四、师资水平因素

在影响水利高职院校教育教学改革成效的因素中,师资水平是重要因素之一。师资水平的高低,在很大程度上决定了人才培养质量的高低。水利高职院校的人才培养目标对师资的要求较高,要求教师不仅具有较高的理论水平,还应有较强的实际动手操作能力,只有这样的"双师型"教师才能培养出适应现代水利发展需要的人才。当前,水利高职院校的师资水平参差不齐,具有较强实践能力的老教师理论水平欠缺一些,刚刚毕业的青年教师虽然理论水平较高,但实践动手能力较差。因此说,水利高职院校需要的"双师型"人才还远远不够。同时,很多水利职业院校由于底子薄、财力有限,教师外出实践锻炼的机会比较少。

特别是扩招以来,虽然很多水利高职院校都采取了一定的措施,内扶外引,增加教师数量,但是教师数量的补充远远跟不上学生扩招的速度,尤其是新办专业、新兴学科的教师,每学期都要担任相当多的教学任务,教学质量难以保证。由于师资、教学资源紧张,班级规模过大、合班上课、一两百人上大课的现象逐渐增多,教师组织教学的难度不断加大,进而影响高校教育教学质量的提高。

要逐步完善教师资格标准,实施教师专业标准。健全教师专业技术职务职称评聘办法,实施五年一周期的教师全员培训制度。落实教师企业实践制度,完善企业工程技术人员、高技能人才到职业院校担任专兼职教师的有关措施。加强职业教育科研教研队伍建设,提高科研能力和教学研究水平。

近10年来,高职师资队伍建设经历了"双师型"教师队伍向"双师结构"教师团队的转变,这一转变,既意味着我国高职院校教育教学改革形成的理论探索,又凸显了我国高职院校教育教学改革的实践结果。

五、学生因素

学生也是影响学校发展的重要因素之一。水利高职院校既要培养学生,又要让学生主动参与规划建设,主动参与学生管理。坚持立德树人的培养目标,培养学生志存高远,以习近平新时代中国特色社会主义思想武装头脑,牢固树立社会主义核心价值观和荣辱观,努力成为有理想、有道德、有文化、有纪律的中国特色社会主义事业的建设者和接班人;培养学生热爱祖国,服务人民,弘扬民族精神,维护国家利益和民族利益,正确处理国家、集体、个人的利益关系,增强社会责任感,甘为祖国和人民奉献;培养勤奋好学,自强不息,追求真理,刻苦钻研,珍惜时间,学业有成;培养学生遵纪守法,弘扬正气,遵守校纪校规,正确行使权利,依法履行义务;培养学生诚实守信,严于律己,遵从学术规范,恪守学术道德;培养学生明礼修身,团结友爱,弘扬传统美德,遵守社会公德,关心集体,热爱公益,尊敬师长,友爱同学,豁达宽容,积极向上;培养学生勤俭节约,艰苦奋斗,热爱劳动,杜绝浪费,不追求超越自身和家庭实际的物质享受;培养学生强健体魄,热爱生活,积极参加文体活动,提高身体素质,保持心理健康,增强安全意识,爱护环境,珍惜资源。

国家提出"大力发展职业教育,提高高等教育质量",致使高素质技术技能人才培养成为政府、社会关注的话题。在就业导向的驱动下,用人单位、家长、学生对就读高职院校有了新的认识,素质好、成绩优的学生愿意考入高职院校,对高职院校教育教学改革成效产生了明显影响。高素质技术技能人才是在生产、建设、管理、服务等领域岗位一线的熟练专门知识和技术的人才,他们具有精湛的操作技能、较高的职业素质和敬业精神,既能动手,又能动脑,在工作实践中是具有关键技术和工艺的操作性强的人员。水利高职院校培养出高素质技术技能人才,每年的毕业生出现了供不应求的好局面,使毕业生就业好与普通高等院校毕业生的就业难形成鲜明对比,彰显出高等职业教育教学改革所取得的显著成效。

六、校企合作因素

校企合作是高职教育与普通高等教育的显著区别,是发达国家发展高职教育的成功经验,如德国的"双元制"发展模式、英国的"工读交替"发展模式。当前,我国校企合作发展已从合作育人、合作培养、合作就业走向合作育人、合作培养、合作就业、合作发展的新模式。例如,江苏畜牧兽医职业技术学院根据江苏现代畜牧业发展战略的要求,结合学院、地区、行业、企业发展情况,创新校企合作发展模式,改组原产学研教育指导委员会,围绕畜牧产业链,率先在江苏省内外遴选有合作意向的知名企业,在江苏省农业委员会的推动下,适时牵头组建"政校行企"多方参与的江苏现代畜牧业校企合作联盟,成立江苏现代畜牧业校企合作联盟理事会,通过资源共享、人才共育、过程共管、成果共享、责任共担的合作发展,建立起多方参与的运行机制,提高了学院人才培养质量和发展水平,办出了特色,为地方和区域畜牧业经济发展服务,实现合作发展、价值共认。长沙民政职业技术学院与行业企业深度合作,实现了发展体制创新。民政系、社会工作系积极与省内各民政部门、街道社区共建新农村建设基地和社会学院;康复系与行业企业共建老年服务机构、社区康复中心;殡仪系引入台湾知名殡仪服务公司共建防腐研究所,与国内10余家殡仪馆共建实训基地。其发展影响广泛、特色鲜明。

七、内部管理因素

水利高职院校的中心任务是培养适应现代水利及农业农村经济社会发展需要的人才,高职院校内部管理改革的根本宗旨是为人才培养服务,进而保障教育质量。由于受计划经济体制的影响,水利职业院校大多是从中专升格或成人院校转型而来的,目前尚未构建一套有效适应市场经济需要的现代教育质量管理体系,以至于出现教育管理方式不适应的现象,在一定程度上阻碍了教育质量的提高。具体表现在:一是管理理念落后。院校的教育质量管理"官本位"思想严重,权力化色彩浓厚,专家学者与教师在教育管理中的作用没有被重视。目前的管理形式主义、官僚主义的表征,忽视了教师内在的主体价值取向、内在的成就动机、良心和良知的体悟以及自我实现的价值目标。对教师的质量评价还主要是以奖惩为目的,很少有教育教学改革实践与探索的过程诊断、促进提高为最终目的,更谈不上评价者与被评估者之间的互动。对学生的评价,也主要是关注学生的考试考核成绩,忽视了全面发展。二是教学管理机构还不健全。有些院校还没有设立专门从事教学质量管理和督导考核的部门,有的院校即使校级设立了,但是在院(系)一级还没有相应的教学质量管理组织机构,因此也没有形成教学质量管理的网络系统,容易造成教学质量问题难以及时发现,不能及时解决,影响了培养质量。三是教学管理制度不完善。原有的教学管理制度能够维持基本的教学运转,但面对水利行业结构的优化调整、农业农村产业化水平的提高,对人才要求也越来越高的形势下,只有不断完善教学管理制度,调整人才培养目标、专业和课程设置等,才能保证培养出高质量的人才,满足水利生产、管理服务的需要。

近10年是高职院校实现规模扩大到内涵提升的转型期,内部管理水平直接影响教育教学改革的成效。长沙民政职业技术学院在内部管理制度设计中,特别树立了"教师主体、学术主导"的运行体系。该学院在评优评先、人才引进、中长期规划、重大项目决策、招标投标等重大事项中,建立了以教师为主的评审、评选库,充分发挥一线教师民主治校的权威和作用,在全国高职院校及教育行政主管部门享有良好的声誉,受到一致好评。

湖南水利水电职业技术学院秉承"上善若水、求真致远"的校训以及"爱国爱校、创业创新"的精神,坚持"科学发展,特色立校,人才兴校,质量强校"的发展理念,以服务为宗旨,以就业为导向,以高职学历教育为主体、继续教育与职业培训共同发展,并紧紧依托水利行业,立足湖南,面向市场,服务社会,已建成以长株潭为中心,覆盖湘、粤、贵、桂等省(区)的400多个校外实习实训基地,并与上百家企业签订了合作发展协议,初步建立起了学院主动为水利水电行业企业服务,水利水电行业企业积极参与学院人才培养的校企深层次合作关系。构建了与湖南水利产业发展要求相适应、相配套的专业体系,形成了突出水利水电专业为重点的专业特色,为生产、建设、管理、服务一线培养了大量高素质技术技能专门人才,形成了"对接产业办专业,产学结合促就业"的发展特色。

第六章　构建水利高职教育体系及其基本原则

第一节　构建水利高职教育体系

我国《国家中长期教育改革和发展规划纲要(2010—2020年)》指出,到2020年建立起适应经济发展方式转变和产业结构调整要求、体现终身教育理念、中等和高等职业教育协调发展的现代职业教育体系。要加快发展面向农村的职业教育,积极构建现代职业教育体系和县域职业教育与培训网络。

一、水利高职教育体系构建的指导思想

全面、科学地构建我国新的高等职业教育体系,是我国高等职业教育健康发展的关键。构建我国新的水利高职教育体系,必须坚持正确的指导思想,要顺应国际高等职业教育改革发展的新趋势,与时俱进借鉴国际高等职业教育体系建设的经验,吸收国际职业教育体系建设的教训,坚持从新时代我国水利及经济社会发展对高级应用型人才需求的实际出发,认真贯彻习近平新时代中国特色社会主义思想,坚持科学发展、和谐发展以及终身教育的要求,体现水利高职教育发展的内在规律,在现有基础上进一步优化水利高职教育的内部层次和类别结构,建立起符合国情的稳定的多层次、多类别,具有应用性、开放性特征的相对独立的水利高职教育体系。必须注重如下几个方面的结合与协调统一。

(一)社会实际性与时代引领性相结合

构建新时代我国水利高职教育体系的主要目的是促进水利高职教育系统整体的多样化发展,维护水利高职教育系统的正常秩序,引领水利高职教育结构的合理组建。因此,我国水利高职教育体系的构建,是从水利高职教育结构的现实出发,对高等职业教育历史线索和现实状况进行描述和归纳而建立起来的,不是从虚幻的理论出发,凭空设想出一个理想化的层次结构、类别结构体系,然后凭借这些框架去规定高等职业教育结构分化和高等职业学校的类型与层次。

　　水利高职教育要充分尊重水利发展的现状,在传统水利向现代水利转变的过程中,许多传统的水利工作者的知识与技能难以满足现代水利发展的需求,适应新时代新思想新理念,不断转变治水工作思路。贯彻落实"节水优先、空间均衡、系统治理、两手发力"新时期水利工作方针,践行"绿水青山就是金山银山"的理念,把握经济发展新常态,满足人民群众新期盼,围绕生态文明建设新的任务,加快从粗放用水向节约用水转变,从供水管理向需水管理转变,从局部的理想系统治理转变,统筹解决水资源、水生态、水环境、水灾害问题,努力提升水安全保障能力。同时要有较强的信息管理能力、水利装备与设施的管理能力。因此,水利高职教育体系的建设,不能只着眼于当前的需要,更要全面了解社会主义新农村建设背景下的各地水利发展规划,了解不同地区的生态特点。使水利高职教育体系的内涵建设走向从实际出发、有服务实际的良性发展轨道。

　　水利高职教育体系具有三个明显的特点:一是人才培养的高等性,二是明确的就业岗位指向,三是与水利生产活动相关的实践性。因此,与广泛的职业教育体系具有显著的区别,同时对普遍的水利职业教育体系建设具有时代引领作用。

(二)不断优化与相对稳定相协调

　　作为一个开放的系统,水利高职教育体系与其外部的政治、经济、文化系统不断进行着信息的动态交流,同时其自身内部诸要素因相互影响、相互作用,从无序趋向有序,从不稳定趋向稳定。从这个意义上讲,水利高职教育体系的变化是绝对的。因此,构建水利高职教育体系,是一个持续不断优化、完善的过程,企盼一蹴而就、一劳永逸既不现实也不可能。同时,水利高职教育体系又会在一定时期内保持其结构的稳定性,并在一定时期内呈现出比较稳定的特征。从这个意义上说,水利高职教育体系又相对稳定。因而,构建国家和地区新的水利高等职业教育体系,既要结合水利高职教育结构现状等现实问题,对水利高职教育体系进行适时的优化设计,也要遵循教育规律,体现引领高等职业教育结构的分化与发展的未来趋势。

(三)相对独立与衔接沟通相统一

　　水利高职教育作为一个相对独立的系统,首先是自成体系的系统,在其内部不仅存在着不同的类别,而且应该有专科、本科、研究生等多种发展层次,同时,水利高职教育体系与并行的普通高等教育体系形成相互沟通的关系,与中等职业教育形成相互衔接的关系。构建水利新的高等职业教育体系的任务,就在于确定作为高等职业教育体系的整体构成,理顺水利高职教育与中等职业教育、普通高等教育等的外部关系,充分发挥体系中各构成部分的作用,使水利高职教育同其他层次和类型的教育协调发展,从而使水利高职教育体系的整体功能得以充分发挥,以达到使水利高职教育办出质量、办出效益、办出特色的目的。同时又通过创新水利教育教学体系促进整个教育体系的发展。

(四)国际性与民族性结合

水利高职教育的国际化与民族化是存在并统一于高等职业教育现代化进程中的一对矛盾范畴,是不断生成的两股力量和两大趋势。一些发达国家和地区水利高职教育的发展具有悠久的历史,在建立水利高职教育体系的过程中有许多成功的经验,我们借鉴其水利高职教育体系改革的有益启示,可以少走弯路,少犯错误。比如,美国、德国、英国、日本、澳大利亚、荷兰、新加坡及我国台湾地区的高等职业教育均形成了比较完善的体系,即由中等职业教育(包括职业高中、技工学校、相关培训学校)、技术学院(含有大专、本科和部分硕士研究生教育)、科技大学(含有本科、硕士研究生和博士研究生教育)共同组成。在这种职业教育体系模式下,高等职业教育由技术学院和科技大学承担,其他普通大学也设置技术系科与之衔接。不仅有职业教育自身的纵向体系(中专—大专—本科—硕士—博士研究生系列),也有高等职业教育体系与普通高等教育体系的横向沟通(互认学分、相互之间可进行学位的互相认可),形成了高等职业教育四通八达的"立交桥"体系。对于这些经验,在构建我国新的高等职业教育体系的过程中,尽可予以借鉴学习。但是,这其中也有一个如何借鉴学习国外经验的问题。借鉴国外先进经验,必须充分考虑我们自己深厚的文化土壤和社会文化传统,必须以本国国情、历史与现实和民族特征为基础,对外来文化进行精心鉴别、选择和改造,使其与本土文化的优良因素相交融,形成既有时代特点,又有本国特色的新时代中国特色的教育体系。随着世界经济一体化趋势的加快,水利高职教育面向世界,是一种必然的趋势。我国水利高等职业教育是为我国现代水利发展和我国社会经济发展服务的,因此只有很好地保持水利高职教育的本土性特征,才能促使我国的水利高等职业教育更好地适应经济全球化发展。面对经济全球化,构建我国新的水利高等职业教育体系要认真坚持面向国际与本土特征辩证统一原则,努力建设中国特色的并具有时代特征、国际性与民族性相统一的水利高职教育体系。

二、水利高职教育体系

我国的水利高职教育体系应是:与普通高等教育并行且相互沟通、与中等职业教育相互衔接,发展主体多样、学历层次齐全、发展功能完备,牢固树立以人民为中心的发展理念,以服务农业农村和经济社会发展为导向,以培养技能技术型人才为根本特点的开放式、高水平的高职教育发展体系。

与普通高等教育并行且相互沟通指高职教育首先是自成体系的系统,但与普通高等教育形成相互沟通的关系。与中等职业教育相互衔接指高等职业教育与中等教育水平的职业学校、技工学校衔接,构成完整的从低到高的独立体系,这一体系在培养目标、教学计划、课程内容、教学方式上,都不同于普通高等教育体系。水利高职教育可有多种发展主体,坚持公办和民办相结合,积极发挥社会投资办学的凝聚力。应遵循各有侧重、各有特色、相互补充的原则,相互之间应各有侧重,并且都应达到高职教育发展的基本条件,保证办学质量;否则,应通过评价与淘汰机制予以淘汰。学历层次齐全指建立起专科、本科、研究生并可授予相应的副学士、学士、硕士甚至博士学位的高等职业教育层次结构。发展功能完备是指在各层次的高等职业教育中,都必须把非学历教育、成人教育和继续教育放在与学历教育同等重要的地位,随着社会的发展,非学历教育在高职教育中的地位将越来越重要。以服务社会为发展导向是指无论何种发展主体,无论何种发展层次的高等职业教育,都应紧紧根据社会和市场的需要,根据区域或全国经济社会发展的要求来发展。以培养技术技能人才为根本特点是指在高职教育的各项工作中,都必须突出高职教育的应用性,这是高职教育的出发点和归宿。水利高职教育的发展体系要具有开放性,发展体系中的发展层次、发展功能等都是动态的、发展的。各种发展主体在具体发展中,应该面向社会开放发展,与社会互动融合、产学合作,充分利用社会资源,同时全方位为社会服务。各种类型、各种层次的水利高职教育发展主体都应把质量视为发展的生命线,在发展中始终如一地突出水利高职教育特色,提高发展质量和教育教学质量。

水利高职教育作为高等教育的一种类型,其本身应该是多层次的。水利高职教育层次结构的多样化,是由技术结构的多样性和人才结构的多样性决定的。也就是说,从培养社会所需的应用技术型人才的总体要求出发,社会职业中的不同技术发展水平对应着不同的人才需求,由不同的教育层次来承担人才培养的质量和数量。水利高职教育的层次结构随着社会发展而不断升级,其结构比例也处在变化调整中。建立水利高职教育合理的层次结构,既有利于优化现有水利高职教育的发展资源,明确高职院校的发展定位,也有利于加强高等职业教育的人才培养与实际需求的紧密联系,规避应用技术型人才培养中的"结构性过剩"和"人才高消费"现象发生。

水利高职教育的层次结构应该主要由专科层次的高等职业教育、本科层次的高等职业教育、研究生层次的高等职业教育构成,其中研究生层次的高等职业教育又分为硕士研究生高等职业教育、博士研究生高等职业教育。根据我国的基本国情和经济发展水平对技术应用型人才的实际需求,现阶段仍以发展专科层次的高等职业教育为主,形成以专科层次的高等职业教育为主体,以本科层次的高等职业教育、研究生层次的高等职业教育为需要的层次结构模式。

专科层次的水利高职教育。从我国的国情和人才需求来看,专科层次的高等职业教育不仅肩负着培养大量应用型或紧缺技能技术型人才的使命,而且是我国实现高等教育大众化的主要途径。因此,高等职业教育坚持以专科层次为主的发展是一项长期的政策方针,这是高等职业教育生存和发展的主体,决不能改变。专科层次的高等职业教育要立足于办出自己的特色,服务地方经济社会发展,在人才培养方向上应突出实践性,要探索独立自主、各具特色的人才培养模式。

本科层次的水利高职教育。教育类型和教育层次是两个不同的概念,同一类教育存在着不同的层次,同一教育层次可以包含不同的教育类型。在我国,人们往往较多地注重人才层次和教育层次的需求,而通常忽略人才类型和教育类型的发展。从专业类型和毕业生从事的工作分析,可以说相当多的本科专业都属于高等教育,但从一定意义上讲,我国本科层次的高等职业教育实质上早已存在。问题是应当采用正确的教育分类方法。随着我国高等职业教育的快速发展,尽早明晰和确立高等职业教育在我国本科教育层次中的应有地位,是我国实现高等教育大众化和国际化的现实需求。高等职业教育作为高等教育的一种类型,其本身应该是多层次的。随着社会进步和经济发展,特别是全球经济一体化和高新技术的迅猛发展,市场对高等技术应用型人才的需求必然走向多元化、系统化,说明在这一类人才的层次上有不同需求。因此,发展四年制本科应用型教育是高等教育发展的必然要求和趋势。近年来,在发达地区,某些职业院校已经试办四年制本科高职,有的大学也办起了四年制的高职学院,与普通高校的本科生和高职院校的专科生相比,高职本科生质量更高、技术更强。这种高质量一方面体现在生源质量上的高和教育教学水平上的高;另一方面也体现在人才培养目标、专业设置、课程内容建设、教育模式设定、创新创业、学位授予等与专科层次高等职业教育既保持类型上的一致,又有层次上的上位和创新。将目标明确定位为培养适应生产、管理、服务第一线需要的高级技术人才的教育形式,必将增强高职的凝聚力和吸引力,缓解单纯的专升本热潮对职业教育培养目标的冲击。

研究生层次的水利高职教育。水利高职教育的研究生层次,包括硕士研究生教育和博士研究生教育两个层次。其培养目标是侧重于某一特定职业的实际工作能力的培养,即培养适应社会特定职业或岗位的实际工作需要的应用型高层次专门人才。我国台湾地区于 1979 年开始在技术学院设置研究所,培养高等职业教育硕士研究生,1986 年起又开始培养高等职业教育博士研究生。从现实情况看,我国研究生教育在招生方式、招生对象和培养过程等各方面具有明确的分类和规定。随着我国经济社会发展对高级应用型专门人才需求层次的提高,以及世界范围内高等职业教育层次上移的发展趋势,水利高职教育开展硕士研究生教育、博士研究生教育是必然的方向。目前,我国举办的专业学位研究生教育,与高等职业教育的范畴是一样的,同属高等教育;人才培养的规格是一致的,都是培养应用型、专业型和技术型人才;培养目标的定位是相同的,可以说,是专业学位的设立把高等职业教育向研究生层次拓展,由设想变成了可以实现的可能。进行专业学位教育,授予与普通高校应用型人才相应的专业学位,使人们了解具有明显的职业背景、为培养特定职业各层次专门人才的教育,或描述为针对取得某种职业资格而设计的课程体系是职业教育的本质属性,这将从根本上改变认为职业教育是低一等的观念,对高等教育的教学改革和职业教育的发展,将起到重要的推动作用。

高等职业教育作为一个相对独立的教育体系,从两个视角来观察,应区别为宏观体系与微观体系两个层域。

《中华人民共和国职业教育法》第十二条规定,国家实施"以初中后分流为重点的不同阶段的教育分流,建立健全职业学校教育和职业培训并举,并与其他教育互相沟通、协调发展的职业教育体系"。根据这条法律规定,高等职业教育的宏观体系应是包括高等职业学校教育和高等职业培训两种教育形式并举,并同其他层次和类型教育相互沟通及协调发展的一个高层次的教育体系。从结构的观点来看,高等职业学校教育与高等职业培训这两种教育形式是高等职业教育体系的主体部分;而它同中等教育、中等职业教育的衔接,同普通高等教育和成人高等教育的相互沟通则是高等职业教育体系的辅助部分。作为一个完整的体系,这两个部分都是不可缺少的。

高等职业教育的微观体系,是指高等职业学校教育和高等职业培训这两种教育形式自身内部的结构体系,以及两者之间的联系、互相补充和协调发展。微观体系构成尚不完善,呈现出多样性特点,有待进一步规范和理顺。这也是我们构建新的高等职业教育体系需要研究的重点内容。

水利高职教育是高中阶段学校教育（普通高中、职业高中、中等专业）之后高等学历教育的一个重要分支。它同普通高等教育最重要的区别是它以培养应用型（技能技术型）人才为重点，而不是以培养研究型（学科型）人才为方向。后者为普通高等学校教育的任务，前者为高等职业学校教育的任务。进一步讲，高等教育就是培养这两种类型的高级人才。其他如成人教育、继续教育都应视其具体情况分属这两个体系。

水利职业培训是高等职业教育的重要教育形式，其教育对象是完成了高中阶段教育而不能进入普通高校学习者，或者已就职而知识技能需要补充、更新者，是一个比高等职业学校教育更广大的教育领域。这里包括就业的培训、转业转岗培训，在岗人员的知识、技能补充性培训以及职业发展性培训。这是一种职业针对性最强、同经济社会发展联系最紧密的教育形式。

水利高职培训有两层含义：一是对完成了高中阶段学习的人员的职业培训，二是根据职业分类标准和层次不同而区别的初级、中级、高级技能水平的培训。高等职业技能培训的文化基础也不能低于高中文化程度。中等以上专业技术人员的继续教育属于高等职业培训。

水利高职培训可由高等职业学校实施，也可以由相应的职业培训机构实施；既可以由独立建制的培训机构实施，也可以由企业、事业单位、高职学院等附属的培训机构实施，它有广泛的社会性。职业培训机构的培训资格应由政府主管部门审核批准，并核发许可证。高等职业培训教育自身也有一个规则性且开放灵活的体系。系统的职业培训学制一般在半年到一年半以内，可以全日制教育，也可以业余培养。学员完成了培训计划规定的内容并通过考核，培训机构应发给培训证书或职业资格证书。

从对推动我国经济社会发展，切实提高全体劳动者素质的责任出发，职业教育体系中职业学校教育与职业培训并重、学历证书与职业资格证书并重的原则，应延伸到劳动、人事、工资制度的体系中去，形成配套制度。

第二节　构建水利高等职业教育体系的基本原则

一、坚持服务社会适应社会的原则

高职教育作为一种发展类型，不能远离现实社会。随着我国高等教育的发展，高职教育正在不断地主动适应社会。但高职教育决不能急功近利，丧失既定目标,丧失创新人才培养的追求,应该有别于其他教育机构提供的社会服务。在从工业社会向知识经济社会迈进的进程中,高职教育的"半壁江山"作用越来越重要。高职的特色发展是基于高职组织系统与外部环境的互动而形成的,因而水利高职教育适应社会对其特色发展的形成必不可少。

随着高职教育与社会的联系日益密切,水利高职教育寻求社会的支持与帮助,尤其是对外来经费和实习实训场所、仪器设备等的支持也越来越多。为了获取政府、水利及教育等行业、企业和学生家长等多方的支持,水利高职教育就必须面对与自己生存和发展紧密相关的众多领域的实际需求,积极主动地为社会发展和区域经济服务,满足人民群众对高等教育日益增长的需求。但是,高职教育适应社会并不仅仅是服务于社会,更要担当引导社会前进的历史责任。也就是说,水利高职不仅应当在服务社会发展和区域经济发展时,坚持自身的独立品格和价值追求,而且应当自觉地以其新思想、新知识、新技术和新文化在引导新时代现代水利发展并在社会前进中发挥积极作用。

二、坚持服务"三农"与满足区域经济发展相结合的原则

水利是农业的命脉,是国民经济的基础,水利人才的培养更是现代水利发展的根本。面对激烈的国际化竞争和多变的市场经济环境,在我国传统水利向现代水利转变的进程中,对高技能水利专业人才具有很大的需求。作为培养服务"三农"和服务社会的高技能型水利人才的水利高职教育,其特色发展的根本立足点在水利和农村,必须以水利、水利水电企业的用人标准确定人才培养标准,确定专业教学目标。充分发挥水利教学指导委员会、专业指导委员会在特色发展中的作用,找准定位,把握发展方向,适时进行专业结构调整,融合优势学科,促进资源重组,重点建设好水利类优势专业、特色专业,提升专业整体水平和核心竞争力,培养服务美丽乡村建设和区域经济发展所需人才。

需要找准发展定位,瞄准学科发展,遵循教育规律,整合自身资源,服务区域经济和社会发展,而服务是立足点和出发点。因此,水利高职教育特色发展不仅仅是自身优势的发挥,更重要的是区域社会经济发展对水利高职教育提出的要求。一方面,受所在区域社会经济环境的影响,如政治文化、产业布局、水资源、降雨量、水环境等。因为高职教育的服务辐射空间和能力有限,带有浓厚的区域色彩和区域特色。另一方面,高职教育又责无旁贷地是"区域知识积累、创造与传播的主体,是原始性创新、技术转移和成果转化的重要载体与平台,是科学精神、科学道德以及精神文明和文化建设的重要力量"。因此,只有主动适应社会,坚持服务"三农",满足区域经济发展,才能使水利高

职教育具有特色和生命力,这也是教育内在规律和外在规律辩证统一的充分表现。

三、坚持整体规划与特色发展相结合的原则

一是要以习近平新时代中国特色社会主义思想为指导,树立长远的发展战略和总体目标,从整体上规划设计,形成重点建设、分步实施的特色行动计划;二是要在总体布局、规划设计的基础上,综合水利高职教育发展内外部环境分析和定位分析的结果,找准自身的优势与不足,构建水利高职教育特色发展的目标体系和特色项目建设计划,分层次、有步骤、有计划、有重点地实施。通过局部重点特色建设,实现特色发展某一方面的突破,依靠局部突破带动整体特色建设与发展。

同时,水利高职教育还要注重全面发展和特色发展的关系,坚信任何发展特色都不可能抛开教育事业的全面发展而孤立存在。高等教育有其自身的客观规律,所以特色发展要彰显个性,必须以遵循教育规律为前提,不能为了追求"特色"而违背客观规律。在共性的基本原则面前没有例外,那些置普遍规律于不顾的所谓"个性""特色"是没有生命力的。

四、坚持传承中创新发展的原则

任何类型的大学都是历史传承与现实环境的产物,任何一所高校的生存与发展都受历史和现实、客观和主观各种因素的影响与制约。因此,高校的理念、特点都是各不一样、特色纷呈的。

水利高职教育在长期的发展实践中形成了各自不同的发展理念、发展模式和发展传统,同时,在适应外部环境寻求变革与发展过程中,对自己的发展方式不断进行调整和优化。因此,要不断巩固、强化发展特色,一要善于继承自身历史上已经形成的、产生了一定社会影响力的发展特色,并在继承的基础上不断赋予传统特色新的内涵,进一步强化传统特色,使其逐步成为高职教育品牌;二要在继承传统发展特色的同时,根据社会发展、区域经济、科技进步以及信息化发展的需求,围绕传统发展特色积极、主动地开展创新创业,使传统发展特色不仅能够保持、突出传统优势,而且更具有鲜明的中国特色社会主义新时代特色,适应社会发展;三要根据国际高等教育发展趋势、新的社会需求和高职自身发展的需要,积极借鉴世界范围内职教最新成果,善于培育新的发展特色,敢为天下先,积极开展科技创新,形成具有时代意义和竞争优势的新的发展特色。

五、坚持本土化特色发展与国际接轨的原则

高等教育国际化是把跨国界、跨文化的观点和氛围与高校的教学、科研及社会服务等主要功能相结合的过程，这是一个包罗万象的变化过程，既有学校内部的变化，又有学校外部的变化；既有自下而上的变化，又有自上而下的变化；还有学校自身的政策导向变化。高等教育国际化实际体现为"不同国家、地区、民族与文化之间的广泛交流与互认"，这一基本特征同样也体现在高职的教育教学、科学研究、文化传承、服务和管理等各方面。事实表明，越是民族的有特色的事物，就越具有国际意义，此准则同样适用于水利高职教育。

高等教育国际化是高职走向开放与发展的体现，也是高职教育在经济全球化背景下对外部环境的主动作为。高职快速发展的动力主要来源于社会发展和区域经济发展的要求，而并非高等教育系统内部自发产生。脱离区域经济与社会发展，高职的国际化就失去了强大动力。为区域经济和社会服务是特色发展的基础，发展特色首先应建立在为地方经济和社会发展服务的基础上，根据区域产业结构、区域劳动力结构和市场结构来完善高职的发展目标与发展模式。随着经济区域化和全球化进展，高等教育的大众化愈加明显，高职教育特色发展应不断拓展，与时俱进，在本土化基础上逐步走向国际化；仅仅局限于本土化发展而忽视国际化发展的高职教育，承担不起高职教育的社会功能和历史使命。

六、坚持硬件建设和软件建设相结合的原则

硬件建设是指那些通过视听器官能感受到的直观内容，如人才培养、科学研究、社会服务、校园建设、师资队伍、校内管理等特色；软件建设是指不能通过视听器官感受到的抽象内容，如学校的发展理念、发展宗旨、学校文化、师德师风、校风学风、水利精神等。水利高职教育教学改革一定要"两手抓，两手都要硬"，要同步进行。

七、坚持民主参与改革发展的原则

师生参与建设管理是水利高职教育改革发展的保证。师生参与建设管理，能够使得高职教育的发展更加符合高等教育发展的要求。我国《高等教育法》第十一条明确规定："高等学校应当面向社会，依法自主发展，实行民主管理。"特色建设的过程也是一个复杂的管理过程，整个建设与管理离不开高职院校内部各利益主体的民主参与。

民主参与水利高职教育教学改革发展的有效形式就是组织各种委员会、项目组参与学校的决策和管理,在这些委员会、项目组中,师生能够按程序参与高职教育管理。比如,校务委员会作为学校的咨询审议机构,应注重师生代表的参与率,将其作为师生员工参与高职行政事务管理的平台;学术委员会应是学术名师、专业带头人的学术组织,在学科、专业及教师队伍建设规划等重大学术规划,自主设置学科专业、教学科研成果、人才培养质量的评价标准及考核办法、招生的标准与办法以及学校教师职务聘任的学术标准与办法等方面享有决策权;教职工代表大会作为具有广泛群众性的民主管理机构,应充分做好学校领导决策科学化、民主化的重要渠道作用;学生会、共青团组织代表大会应实现自我管理,积极参与学校管理。

教授参与管理,把学术自治与学术自由紧密联系在一起。它既是高职教师学术地位提高的结果,也能进一步巩固他们在高职教育发展中的核心地位。教授参与高职教育管理,能明确学术权力的突出作用,成为阻止高职行政权力强势扩张的制度堡垒,有助于防止行政权力的泛化和学术权力的行政化、官僚化。

民主参与有助于高职教育管理决策的科学化,为使上述人员在决策过程中形成相对一致的意见,有学者建议引入一种新的高校民主管理模式——"共享决策",即专业人员、行政人员、校外人员和学生共同参与的管理模式。对于我国高职而言,"共享决策"的人员应包括校内学术人员、党政人员、学生和政府、行业专家,企业能工巧匠,评估中介专业人员,学生家长、校友等校外人员。

八、坚持"有所为有所不为"的原则

在世界高等教育发展的历史上,高等教育资源总是流向最能发挥资源效益、提高资源利用率的高等教育机构,流向知识化、产业化程度较高的高等教育机构。因此,水利高职教育在人才培养质量、发展速度和规模上的竞争,将越来越表现为资源配置的竞争。

事实上,世界上顶尖的高职教育也不是每个学科、每个专业乃至每个方面都是一流的优化配置。任何一所高职教育"不可能是满足所有人要求的大杂烩,它需要在众多要求中做出选择并确定哪些是应予优先考虑的重点",要"有所为有所不为";还要正确理解走内涵式发展道路和实行集约化管理的含义。正如美国加州伯克利大学前任校长田长霖在清华大学的演讲中指出的,"世界上地位上升很快的学校,都是在一两个领域首先取得突破。因为一个学校不可能在很多领域同时达到世界一流，一定要有先后，重点建设高职院校一定要想办法扶植最优异和有发展前景的学科，把它变成世界最好的。待它有名气了，其他学科也会自然而然地上来"。他在该高校创造的"半饥饿法"，其实质就是一种有所不为的发展策略。通过选择，聚集资金发展强项，使强项更强。

九、坚持学术自由和高校自治的原则

德国之所以能出现著名的"洪堡时代"，且德国高校一度成为世界高等教育的中心，多半源于柏林高校极富特色的"高校自治"与"学术自由"理念的确立。许多研究表明，如果不能实现学术自由与高校自治，高职教育特色发展就无从谈起。

学术自由(academic freedom)是根源于"思想自由"的一种特殊形式的自由。现代意义上的学术自由观念产生于19世纪的德国，深受启蒙运动和理性主义影响的柏林大学，在初创时期即把"尊重自由的科学研究"和"教学和学习自由"作为现代大学的基本原则，甚至在德国资产阶级革命胜利后在人类历史上第一次将"学术自由"写入宪法，实现学术自由的法律化。它赋予高校教师以充分的思考、研究、发表和传授学术的自由权利。学术自由作为一种制度环境，既是高校教师传播和追求真理所必需的，又是高校为了自身发展和社会进步以及其他社会组织(包括政治组织、经济组织)的切身利益所必须给予高校教师的权利。学术自由的实现必须突破外部的社会限制与主体自身的限制。对前者的突破意味着社会干预(主要指政府)必须为学者的学术活动提供保障，是学者在权利层面上的外向诉求；对后者的突破要求高校(学者)适当地超越功利，与社会保持一段距离，以维护学术的独立与尊严，是学者在精神层面上的内在要求。

高校自治制度是作为学术组织的高校对学术的自治，其赋予作为法人团体的高校以自主管理内部事务的权力，成为高校有效抵御外部社会力量影响与干预的"天然屏障"，以及维护高校内部学术活动自由的有力武器。

十、坚持管理信息化的原则

《国务院关于加快现代职业教育的决定》(国发〔2014〕19号)要求：构建利用信息化手段扩大优质教育资源覆盖面的有效机制，推动职业教育资源跨区域、跨行业共建共享，逐步实现所有专业的优质教育资源全覆盖。支持与专业课程配套的虚拟仿真实训系统开发与应用。推广教学过程与生产过程实时

互动的远程教育。加快信息化平台建设，加强现代信息技术应用能力培训力度。

水利高职教育需要建立完善、灵敏的信息系统，做好信息反馈与过程调控。建设好学生管理信息系统、教育教学管理信息系统、监控管理信息系统、学院办公信息化系统、科研管理信息系统等，特别是在水利高职教育决策过程中，首先要搜集有关的信息资料，进行科学的归纳、判断、推理，然后做出符合高职组织系统运行规律的决策。而在决策实施过程中，必然遇到大量的不确定性的随机因素，这就要求不断地进行信息反馈，及时控制和调整信息服务，竭力使决策达到最优效果。在决策执行过程结束后，需要根据各方面信息反馈，总结经验教训，为做出新的科学决策提供新的信息。

同时，为水利高职教育提供支撑的高职管理运行系统，其管理环节还需要构成一个能自行调整、自我适应的连续封闭的信息回路，形成一个协调有序的运行过程。信息回路对管理过程进行有机监控，了解为决策提供的信息是否全面准确、决策机构是否遵循科学的决策程序和方法、执行机构是否正确地执行决策意图，并将获取的信息与根据决策目标所制定的监控标准进行对比分析，从差异中分析问题，从而提出切实的诊断与改进措施，再将其反馈给决策或执行机构，以便及时加以调整优化。

第三节　水利高等职业教育发展理念

一、开放发展

在经济发展新常态下，开放发展成为越来越多水利高职院校发展的战略选择。一所学校，如能在发展过程中以开放的姿态敞开胸怀，博采众长，海纳百川，方能确立发展的高起点、高标准、高质量。水利高职院校更需要进一步凸显开放的特征，实施开放发展的战略方针。

必须完善中外合作机制，支持职业院校引进国外高水平专家和优质教育资源，鼓励中外资职业院校教师互派、学生互换。实施中外职业院校合作办学项目，探索和规范职业院校到国外办学。推动与中国企业和产品"走出去"相配套的职业教育发展模式。积极参与制定职业教育国际标准，开发与国际标准对接的专业标准和课程体系。提升职业院校技能竞赛国际影响力。

通过交流、协调、沟通、合作等手段，确立学院的发展指导思想、发展定位和人才培养目标，制定一系列教育教学、科研管理、文化传承、社会服务等工作措施,走出一条自主发展的特色之路。开放发展作为一种教育理念和发展指导方针,使得水利高职院校能够围绕国家重大需求,在经济社会发展中发挥更大的作用,成为创新型国家建设的生力军;使得受教育者能够在更广阔的空间、更丰富的资源、更自由的环境中增长知识、培养能力,成为社会主义事业的建设者和接班人。

近年来,我国水利高职教育取得了较快发展,但是在开放发展方面,依然存在着不可回避的问题,水利高职教育与区域经济发展存在脱节现象,与社会的期望还存在一定的差距。人们对水利高职教育有着传统的偏见,水利高职教育社会地位较低,招生十分困难。水利高职教育在内容、方法和形式上仍然同水利科技进步、水利人才培养和农民对技术的需要存在差距。社会对水利职业教育的重视与理解不足。发展水利职业教育的许多政策措施在一些地方还没有得到很好的落实,政府和全社会重视水利职业教育的局面尚未形成。主管部门对开设水利高职专业的院校政策扶持和资金投入不足,较少利用行业发展的资源优势,改善发展条件,支持学校的整改和建设;一些水利高职院校的发展指导思想不够明确,闭门造车,不同程度地存在着脱离当地经济和社会实际的倾向,教学内容不能反映最新科技成果,缺乏先进性和示范性,为水利和农业农村经济服务的能力不强;专业设置与市场严重脱节。职业教育生存取决于市场,水利高等职业教育要生存,就需要扎根水利。但目前在水利高职教育中,一些水利高职院校为了抢抓生源,往往贪大求全,专业开设门类齐全,逐渐淡化或缩小了水利专业的规模,导致水利专业特色不明显、优势不突出。缺乏深度的调查研究,还不同程度地存在着专业设置不符合市场需求,不符合水利、农业、农村、农民和城市水利发展需求的现象;发展过程中往往只注重学历教育,而忽视职业培训。一些水利高职教育在发展过程中,一味地强调学历教育,抓学位教育,在一定程度上忽视学生职业技能的培养和实践教学,忽视职业培训。在水利高职教育的发展中,做大做强职业教育培训应该是开放发展不容忽视的重要方面;水利高职教育在人才师资队伍、院校管理等各方面存在着不容忽视的问题。随着教育大众化和高职院校的普遍扩招,高职院校的教师数量相对不足,生师比偏高,造成大部分教师特别是重点教学岗位教师的工作任务十分繁重,很难保证大众化过程中的高等教育质量;学历层次偏低,远低于普通高校专任教师的学历层次,更低于国外同类学校专任教师的学历层次;理论型教师多,"双师型"教师比例偏低;缺乏完整、科学的培养和培训体系。

在这样一种严峻形势下,唯有树立开放发展理念,创新发展思路,挖掘内部潜力,才能扭转劣势;只有开放发展,才能最大限度地盘活教育资源,从容应对各种变化;只有开放发展,主动参与高职院校之间的竞争,参与区域经济建设和社会发展,才能不断提升教学科研水平;只有开放发展,密切关注世界教育发展的大趋势,大胆借鉴世界上先进的发展经验与管理经验,加强国际学术交流与教育合作,才能不断壮大学校的竞争实力。

开放发展是高等职业教育的重要特征,是一所水利高职院校对内、对外全方位、多层次、综合性、长期性的系统工程,涉及学校工作的方方面面和每项工作的各个环节。水利高职教育要树立全方位、多层次、宽领域的开放发展理念。

所谓全方位开放发展,就是打破学校与社会相隔绝的状态,实行在学校内部以及向社会、国际三方位的开放。一是学校内部的沟通、开放,学历教育和职业培训根据区域经济发展需要及利益灵活调整制定;二是学院面向政府、行业、企业、科研院所等开放,如校企合作联合发展;三是面向国际开放,批判吸收国外发达国家职业教育经验为我所用。

所谓多层次开放发展,就是根据水利高职院校的实际和特点,在合作发展模式、师资队伍建设、专业设置、人才培养方案制订、优化课程结构设置、科学研究及科研课题选定等方面不同程度不同形式的开放。

所谓宽领域开放发展,就是指水利高职教育不仅在学历教育方面开放,提升层次,而且要做大做强职业培训和继续教育。在助推现代水利发展,培训基层水利人才方面创新举措,不断提升职业教育培训能力和水平。

与时俱进开放各类教育资源,包括人才培养过程的开放、资源共享、管理体制、师资队伍建设、学术研究、校园文化等的开放。人才培养要全面开放,即在把握发展定位和特色基础上,根据经济社会的发展灵活设置专业与课程,全面实施弹性学制和学分制,积极改革教学方式和教学模式,创新师生关系,建构新型师生伦理,构建教育与社会生活、生产的桥梁。学生可以根据自己的兴趣、志向和特点,在一种较为宽松的制度下选择专业、选择课程。真正的学分制,学生具有选择的自由度,包括专业的选择、课程和课程模块的选择,以及学习进度和学习时机的选择;学校具有设计科学、灵活和丰富的课程体系可供学生选择。水利高职教育要建立学分积累和转换制度,打通从中职、专科、本科到研究生的上升通道。引导一批普通本科高校向应用技术型高校转型。加强学校内部的专业资源和学科资源的协作与共享,提高专业建设水平,确保高职院校持续发展的动力。根据水利行业和区域经济的发展变化,紧跟市场,及时进行专业结构的调整,建立稳定而灵活的专业设置与调整机制。以重点专业、特色专业和品牌专业为中心,形成校内优势资源集聚效应,做大做强,并通过制度和网络,建立教学和管理资源共享机制。目前,湖南省推行的世界大学生城职教新干线给各高职院校搭建了一个很好的资源共享平台。创新职业教育模式,扩大职业院校在专业设置和调整、人事管理、教师评聘、收入分配等方面的发展自主权。实行民主管理和民主决策,实践"师生既是管理对象,又是被管理对象"的管理宗旨,将师生纳入管理体系中,充分尊重广大教职工及学生的主人翁地位,积极发挥师生在管理过程中的能动作用,形成"人人参与、自主管理、公平合理"的局面。加大力度改革和完善学校各项规章制度与政策措施,铲除管理体制和工作机制中限制开放发展的方面,加快速度构建卓有成效的、开放的体制机制。进一步落实院系二级管理的责权利,扩大其发展自主权,构建与校企合作人才培养相适应的长效管理机制。校企合作管理部门要密切关注政府规划与政策,行业、企业的岗位需求与技术进步,同类院校的发展态势与创新情况,建立学校对外界的调查与联络机制。要充分利用水利职业教育集团这样的平台,主动参加职教联盟和行业协会,联合政府、行业、企业成立董事会、理事会等组织,成立校友会、家长会,与行业企业成立专业建设指导委员会,在大中型企业建立学生实习实训基地、学生基业基地、教师挂职锻炼基地,与境外大学建立合作发展联盟等。

注重师资队伍建设的开放。坚持走出去与引进来相结合,在师资的引进、培训、管理、考评方面下功夫。按1/3的教师来自于学校、1/3的教师来自于社会、1/3的教师来自于企业构建"双师型"教师队伍;打破师资来源以高校毕业生为主的传统观念;政府应出台相应政策,鼓励并帮助社会上各行业中优秀人才到高职院校任教,充实教师队伍。企业、科研院所的技术、管理人员不仅有较强的理论研究水平,而且有丰富的实际工作经验。选调一批高素质的技术与生产经营管理人才充实到高等职业技术教育教师队伍中来。水利职业院校应积极采取各种有力措施,争取企业的支持,建立和完善教师到企业实践的运行机制,使教师下企业取得成效。对于从高校毕业走上教师岗位时间不长的青年教师而言,主要是在实际工作岗位上锻炼,通过实践体验职业环境、提高操作技能;对于专业骨干教师来说,下企业的主要任务是调研本专业人才培养方案是否满足企业的发展需要,专业定位是否准确,课程体系设计是否合理,再从企业带回新理念、新知识、新工艺和新项目,收集资料、整理案例充实到课堂;对于教学管理人员来说,下企业主要是征询企业建议,拓宽校企合作渠道,联系校友、推介学校,扩大学校的影响力。

注重学术研究的开放。大学要创造宽松、自由、平等、和谐的学术研究氛围,搭建学术自由交流的平台,允许不同学术观念的争论和并存,百花齐放,百家争鸣。实验室和实训基地是学生学以致用的最基本的实验和实训平台,在完成基本课程预定的实习实训任务的基础上,实验室、实训基地要向学生开放,为以学生为主体进行创新实验或研究提供设备支持。各科研团队也要实现对外开放,主动吸收对项目感兴趣的其他教师和学生加入其中,既能提高团队自身的实力,又能提高项目研究过程中人才培养的效率。课堂教学也应更加开放,从过分注重知识的严谨性、缜密性中解放出来,倡导探究式、讨论式的教学形式,减少讲授课时,增加教师和学生接触面,发挥学生课外研读的主动性。

注重校园文化的开放。水利高职院校的文化建设,要将开放发展纳入学校的发展理念体系,确立开放发展为学院共同的价值体系。水利高职院校的校园文化建设,一方面要注重文化传承,使其文化传承创新与自身的发展目标和人才培养特点有机结合起来,彰显职业性。形成水利高职教育独特的文化传承内涵和特色,以技艺文化、水利企业文化为主要内容,传承中华民族的传统技艺,创新现代化进程中的技艺文化。另一方面要注重文化创新,向发展历史悠久、文化底蕴深厚的国内外高校学习,吸收他校和他国的经验。文化具有多样性,高职教育文化也不例外。作为水利高职院校,必须清醒认识中国特色的高职文化,根据自己对环境的适应力决定对不同文化的选择、取舍;要通过开放交流,理解所接触的不同文化,取其精华,去其糟粕,在自觉自为的文化交流中,形成和平共处、各抒所长、和谐发展的共同准则,不断增强自身的免疫力和发展力。

处理好多种关系,坚持对外开放发展。主要包括校政合作、校企合作、校校合作、中外合作等。重点是争取各级地方政府的支持,聚合政府部门有效资源;和高水平的本科院校、高职院校以及中职学校加强学习、交流和合作;引入行业、企业作为发展主体,实现合作发展、合作育人、合作就业、合作发展;与境外友好高校就人才培养、互派师资、科技攻关、文献共享等多方面开展全方位、一体化、实质性的合作发展;加强与国内外的科研院所、厂矿企业、跨国公司的合作和交流,寻求科研项目和校企合作的空间。

二、特色立校

水利高职院校作为培养现代水利人才的重要载体,要担负起时代赋予的历史使命,必须坚持特色立校,走特色发展之路。一方面,水利高职院校如果没有形成自己特色的发展理念,就难以与普通高职教育区别开来,就不能适应现代水利发展对水利高职教育的需要;另一方面,坚持特色立校,是水利高职院校摆脱困境,在激烈的竞争中实现新的突破的重要内容。

明确水利高职院校发展定位,彰显特色发展理念。彰显特色的发展理念,需要准确定位,明确培养目标;需要坚持以人为本,深化内涵发展;需要突出专业发展特色,找准发展方向。

准确定位,明确培养目标。水利高职院校要从自身的实际情况出发,形成属于自己的风格,突出自身的发展特色。在遵循高职教育的内在发展规律和逻辑的基础上,明确水利高职院校的发展方向和人才培养目标。总的来说,水利高职教育的目标是为国家与地方的水利和农业农村经济、社会发展培养适应建设、水利行业生产服务和管理第一线需要的大批的技术应用型高素质人才。在水利高职教育发展过程中,许多学校由于传统高职教育培养目标定位的影响,在培养目标上,往往只注重高等职业教育的"高等性",而忽视"职业性",主要表现在重理论教育或学历教育,轻技能培养或技能素养的培养。因此,新时期水利高职教育要突显发展特色,其本质应是以现代水利发展需求为导向,水利高职院校培养出来的学生,应该是市场上需要的、符合现代水利发展和社会实践的技术应用型人才和高素质劳动者。

坚持以人为本,深化内涵发展。要树立"内涵式发展"的人才培养观和质量观,在帮助学生掌握一技之长的同时,要努力提升学生的"软实力",使学生适应激烈的岗位竞争、职场竞争和生存发展竞争。同时,要坚持以人为本的核心理念,才能更准确地把握高职教育发展的本质要求,更好地解决当前高职教育存在的矛盾和问题。坚持以人为本,要求在教育观念上坚持学生成才第一、学生发展第一,以育人为根本。

突出特色,找准发展方向。水利高职院校在确定发展定位时,应当统筹兼顾,既要考虑国家经济、社会发展的特点与需求,又要考虑区域经济、社会发展的现状和未来的发展方向;既要考虑整个水利高职教育体系与社会其他领域之间的相互关系,又应考虑水利高职院校自身的特色。因此,水利高职院校确立的发展目标定位应该是以找准发展方向、突出自身特色为目标,并且能根据区域水利、社会发展的特点,确保为水利、社会的发展提供充足的专门人才。同时,水利高职院校要充分突出自身服务水利和农业农村经济,突出水利精准扶贫、培养综合性水利人才的特色,坚持以服务为宗旨、以就业为导向,坚持走产学研结合的道路,为社会经济发展服务,特别是为区域"三农"经济发展服务,提高水利类学生的就业质量,打造就业品牌战略,提高发展吸引力。

立足区域社会经济,彰显特色的水利社会化服务。社会服务能力建设是高等职业教育发展的重要方面,它既是高职教育服务于经济社会发展的责任,也是高职院校自身发展的迫切需要。水利高职院校作为我国水利类的高职教育的职业属性,决定了其在社会服务方面具有鲜明的应用性、区域性和行业性的特征。要按照水利高职教育的发展理念和人才培养目标,与具有文化特色和文化氛围的企业进行深层次的融合,吸纳企业文化的精华,突出水利高职院校的发展特色,完成培养面向生产、建设、服务和管理第一线需要的高技能人才的使命。

三、质量强校

水利高职教育必须把握质量的内涵、特点和要求,必须在正确把握水利高等职业教育的培养目标和本质属性的基础上,结合水利高职教育的现状和发展趋势,树立科学的教育质量观。

教学质量是水利高职院校立校之本,构建科学、合理、有效的教学质量监控体系是保障并提高教学质量的有效措施和必要手段。在高等教育大众化的高职院校扩招背景下,面对高职院校教学规模和教学质量矛盾的日渐突出,我国水利高职院校都面临着如何构建系统、科学、有效的教学质量监控体系以保证和提高教学质量,实现高职院校教学质量的稳步、可持续发展这一重要问题。

注重提升课堂质量。课堂45分钟质量的好与坏在相当程度上决定了教学质量。教师教案的质量,授课的严谨性、条理性、趣味性,教学方式方法,所讲授的内容多少和深浅的适度与否,以及教师的口头表达能力、亲和力和形象等,都是一堂课的质量要素。

注重提升教师队伍的质量。严师出高徒。教师的个人素质和责任担当在人才培养中极为重要。这里所说的教师个人素质,主要是指作为一个高职教师应该具备的思想品德、政治理论素养、专业知识储备、业务技能水平;而责任担当则是指教师的责任心和工作态度。只有具备了必需的道德素养和责任担当,教师才能正确看待基础较差的学生,主动耐心地为学生解决各种学习和生活上的问题,帮助学生尤其是学习能力不强的学生掌握技能,学到真本领,克服和应对高职教学过程中本科院校所不明显的种种困难和挑战。

注重提升教学管理质量。教师重要,教学管理同样重要,管理出质量,管理出效益。在高等院校的教学中,在师资力量差不多的情况下,教学管理水平是决定性因素。而教学管理又存在自下而上各个环节的管理。提升教研室教学管理质量;提升系部教学管理质量,系主任的管理能力尤为关键。有的高职院校的系部建设和人才培养之所以优良,是因为系部管理精良,教师的奖惩制度合理,职工的激励机制有效,教研室主任配备得力,系主任发展理念可行。而发展较差的系部则管理比较糟糕,教学氛围不浓,教师沟通少,积极性不高,有的教研室主任不懂专业,专业建设与社会现实脱节。系主任少管少抓教学,而忙于应付其他行政事务。提升实训管理质量,高职院校的实训是职业教育很重要的内容,是提高学生动手能力的重要途径,也是促使学生掌握专业技能的必由之路。

注重提升就业质量。就业质量反映了一个高职院校的人才培养质量,包括专业设置合理与否,发展是否与劳动市场对接,毕业生是否受欢迎等。就业质量高,学校口碑自然会好,社会形象也好,学生家长当然愿意把自己的孩子送来读书。政府要不断完善毕业生就业创业政策,坚持"先培训、后就业""先培训、后上岗"原则。各级公共就业服务机构、高校毕业生就业指导服务单位要免费提供就业服务,并加大对技术技能人才的宣传和推荐。加强职业院校就业指导机构的建设,加强就业、创业教育和服务。引导毕业生转变就业观念,鼓励多渠道多形式就业,促进创业带动就业。政府要完善创业环境,加大对水利职业院校毕业生创业的扶持力度。

注重提升生源质量。在目前高职院校生源普遍吃紧的形势下,入学门槛高一点,可以提高入学新生的质量,但会出现招生计划难以完成的问题;若分数线太低,生源质量很难保证。可见,学生质量对于发展和人才培养的影响是直接的、多方面的,招生环节的学生质量与教学质量和学生管理工作、学风等密切相关,在一定程度上决定了毕业生的素质。

注重提升行政管理质量。建立以教学为主体、"小行政、大教学"的管理体制,总量控制行政管理人员比例,突出教师在学校中的中心地位。行政管理质量决定了一个高职院校各职能部门功能的正常发挥,其管理水平关系到学校基础设施、安全、治安、卫生条件、后勤保障、校园环境、校园文化等方面的好坏,直接或间接地影响学生的身心健康。美的环境可以让学生潜移默化,可以熏陶学生的灵魂,促使学生心理的健康发育,乐观向上。而丰富的校园文化本身就是学生成长不可或缺的营养,这种文化的熏陶甚至比学专业知识更重要,可以激励学生、鼓舞学生、引导学生,塑造美好的人格。

四、人才兴校

作为高职院校内涵建设重要内容之一,人才队伍建设成效在很大程度上决定着学校内涵发展质量和水平。水利高职院校人力资源的主体是师资队伍,只有抓住这个主体人力资源,才能提高学校发展效益和效率,提升学校实力。教师是学校工作的中坚力量,学校的发展思路和发展方略,只有通过全体教师的齐心协力才能产生实际效果。教师是特色学校建设的力量源泉和重要保证,抓好有特色的师资队伍建设,就抓住了学院建设与发展的根本。

水利高职院校要按照培养高素质实用型人才的要求,从适应社会主义市场经济发展需要的高度,充分认识全面提高师资队伍整体素质的重要性和迫切性,切实加大师资队伍建设工作的力度,力争经过五年努力,建设一支师德高尚、理想信念坚定、教育观念新、改革意识强、具有较高教学水平和较强实践能力、专兼结合的"双师型"教师队伍。高职院校师资队伍建设要以"双师型"教师为核心,努力建设一支以专业学术带头人为导向,以优秀中青年骨干教师为依托,基本形成一支业务素质过硬、思想道德素质较高、实践能力较强、善于联系实际和勇于开拓创新的专兼结合的高职院校师资队伍,要求师资结构优化、师德高尚、热爱教育事业、工作有效率、充满活力、成果突出、专兼结合、梯队合理等。

(1)优化师资结构。最重要的就是要优化以下几个方面:①学历结构,要力争水利高职院校师资的硕士学历(学位)达到35%的国家政策规定;②职称结构,要逐步使师资队伍的职称结构(教授、副教授岗位占专任教师编制总数的比例应达到15%~25%)符合国家政策规定;③年龄结构,要建立一支以中青年教师为主、老中青相结合的师资队伍;④专兼职教师结构,一方面要重视引进有工作实践经验和较扎实理论基础的专业人才到院校担任兼职教师,逐步形成由具有相应高技能水平兼职教师讲授实践技能课程的机制,另一方面要通过专业实践能力培训、教师参与产学研结合和安排专业教师到相关岗位实践等措施,培养一支理论基础扎实、实践教学能力较强的教师队伍。

(2)强化业务素质。学科专业能力是指教师必须掌握相关高职教育的理论,包括教育学、教育心理学等基本知识;职业能力主要是指教师应具备自身专业的科研能力和教学技能,其中科研能力是指教师具有强烈的科研意识和一定的科研能力,能够将教育教学改革和发展成果上升为理论,并公开发表相关学术研究成果或承担并较好地完成相关的教育教学科研任务,给相关行业单位带来实际教学效益、经济效益或社会效益。教学技能表现为教学组织与教学活动能力、课堂教学的组织与安排;自我发展能力是指教师要树立自主全面深入学习、终身合作学习、发现创新学习的理念,开展教研、科研和实践等活动的能力来适应高职教育教学和经济社会发展需要。

(3)提高道德素质。提高教师队伍的思想道德素质,即要求坚定正确的政治观点、政治原则和政治方向,具有较高的马克思主义理论素养,具有中国特色社会主义理想信念,具有很强的法治观念和组织纪律性,能够自觉遵守并执行教师的职业道德、遵纪守法。

(4)增强实践能力。检验教师专业水平和专业能力的最主要标志之一是实践能力。提高教师队伍实践能力要求在教育教学科研工作中既要注重理论方面研究,又要注重实践调查。为了更好地指导教学和科研工作,要求既要注重理论指导实践,又要善于把实践上升为理论。面对生产实践中的实际问题,教师队伍尤其是专业教师队伍更要善于运用专业知识和专业技能开展实践活动来不断提高客观公正总结评价实践活动质量和效果的能力。

(5)培养创新精神。教师应在把握自身相关专业领域的发展趋势的基础上,具备与时俱进的教育思想和理念,遵循教育教学规律,通过不断提高教育教学和治学能力、实践指导能力和科研开发能力来创新教学科研方式方法,从而使教师队伍的教学科研工作把握规律性、体现时代性和富于创新精神。

(6)制定人才标准与人才发展规划。水利高职教育的特点是面向水利行业发展一线,在培养中强调职业岗位能力的培养和职业技能的锻炼。因此,培养具有综合应用能力的"双师"素质教师、骨干教师、学科带头人和教学名师是提高教育教学质量的关键,是高职院校人才战略的核心,是高职院校培养技能型人才的必要条件。制定认证标准:应该主要从学历和技能两个方面对"双师型"教师队伍进行认定。学历方面要求"双师型"教师应取得国家承认的本科及以上学历和相应的教师职业资格证书;技能方面要求"双师型"教师要有实际动手操作能力,还应参加由教育部和水利部等部委授权的"双师型"教师技能培训,培训结束在取得合格证书后才能申请"双师型"教师认证。"双师型"教师技能培训合格证是进入"双师型"教师队伍的通行证。水利高职院校"双师型"教师认定的一般标准应该是:本科及以上学历＋教师资格证书＋"双师型"教师认证中心认证＋"双师型"教师技能培训合格证书,并且可以根据教师的自身实际条件进行"双师型"教师的初、中、高级别认定。出台建设规划:水利高职院校的学院领导要重视教师队伍的建设工作,根据本学院的长远发展战略,结合学校的总体发展规划,把加强教师队伍建设作为一项战略性措施来抓,把教师的培养和建设放到重要位置,同时应制定教师培养和建设的具体任务、目标以及实施措施和方案等。同时统一思想,推陈出新,提高全校教职工对教师的认识,大力宣传教师队伍建设的必要性和重大意义。

(7)形成"尊师重教"的人文环境。水利职业院校要全面树立"以人为本"理念,以教师为中心,充分尊重他们的人格、劳动、心理、思想、素质、能力、尊严、需求以及发展潜力等。教师的感情丰富、深沉,一旦把本职工作与远大目标联系起来,就具有较强的原动力。因此,对教师理想、信念、价值的激励就显得十分重要。教育工作是一种创造性、艺术性的劳动,而艺术性和创造性需要愉悦和谐的环境,教师与教师之间、领导与教师之间,要做到相互信任、相互理解、情感沟通、团结友爱。要尽可能创造发挥教师工作积极性的条件,满足他们的追求,帮助他们有所成就;要健全教职工代表大会制度,保障教师参与学校决策的合法权利;要客观公正地评价教师,使他们的劳动得到公正的承认;对教师的住房问题、子女的就业问题等,要创造条件尽量解决好,以解除他们的后顾之忧。

(8)严格教师资格和准入制度,完善用人制度。有好的教师,才有好的教育。职业院校应严格按照《教师资格条例》,提高教师任职学历标准、品行和教育教学能力要求,全面实施教师资格考试。完善符合职业教育特点的高职院校教师资格标准,健全新进教师公开招聘制度,建立新进教师到企业进行半年以上实践后上岗任教的制度,探索符合不同专业和岗位特点的教师招聘办法。按照按需设岗、竞聘上岗、按岗聘用、合同管理的原则,完善以合同管理为基础的用人制度,实现教师职务(职称)评审与岗位聘用的有机结合,完善教师退出机制。每年有计划地聘请行业、企业管理人员、专业技术人员和高技能人才等担任专兼职教师。

(9)完善教师激励机制,稳定教师队伍。水利高职院校应根据发展需要,改革分配制度和工资管理体制,建立国家固定工资和校内岗位津贴相结合的分配机制。实施绩效工资制,针对不同学历、职称、岗位等,加大校内津贴的分配比例,明显向教学一线倾斜,最大限度地调动教师从事教学的积极性和主动性。同时,应对教师进行多种方式的激励,如可采取为优秀教师提供培训进修、外出交流、参观考察机会、职位提升、授予荣誉称号等方式,多角度对教师进行激励,从而提高教师对工作的忠诚度和满意度,让教师体会到获得尊重与实现自我价值的快乐,稳定教师队伍。应加强对教师队伍的人文关怀,改善其工作环境,为师资队伍建设提供必要的软条件。具体来说,首先学院应重视各项实验室的建设,根据各专业教师和专业工程师的双重要求来配置工作硬件条件。比如,对于教学所必需的现代化教学手段,可以开展科研和技术、工艺、课程设计等实践性工作,充分发挥教师在教学改革中的积极作用;学校要优先安排经费、实验室和辅助人员等帮助教师开展科研、教研活动,并给予时间上的保证。其次,培养关心教师的良好氛围。可以通过调查、观察与分析等方法来明确教师个体和群体的需求偏好,以最小的投入激发最大的动力,有针对性地采取相应措施进行合理满足。学院管理者更是要把管理的精力放在关心教师上,让教师体会到领导的关心,与教师建立平等和亲切的感情,多种激励综合激发教师对学校组织的认同感和归属感。

(10)完善教师队伍培养体系。完善教师培训进修体系,根据行业规划和区域经济发展实际,加强调查研究,认真编制教师培训进修规划,统筹安排教师培训进修工作。依托水利行业、水利企业,完善教师培训进修体系。加大培训经费安排力度,健全教师培训进修各项制度及相关实施细则,加强对培训进修落实情况的监督检查。加快培养培训面向现代水利、战略性新兴产业、先进制造业、现代服务业相关专业的教师。专业教师每两年必须累计有两个月到企业或生产服务一线实践,公共基础课教师也应定期到企业进行考察、调研和学习。加强专业带头人、骨干教师培训,重点提升专业建设和课程开发能力、教学科研能力。公开选拔业务精湛的中青年教师到国外培训进修,培养具有国际视野的教师队伍。

(11)健全教师考核评价制度。完善教师考核评价标准,注重师德师风、教学实践能力、教育教学和指导实习的业绩、贡献的考核,探索实行学校、学生、教师和社会等多方参与的评价办法,引导教师潜心教书育人。根据不同类型教师的岗位职责和工作特点,完善教师分类管理和评价办法,提高教师积极性。

五、混合所有制发展

混合所有制发展有利于增强发展活力,提高发展效益,健全政府主导、社会参与、发展主体多元、发展形式多样、充满生机活力的发展体制。混合所有制水利职业院校是由国有资本、集体资本、非公有资本等不同所有制的两个及以上主体共同出资主办的新型教育模式。既包括二级学院探索的混合所有制发展模式,又包括学校层面探索的混合所有制模式。混合所有制发展可以探索多种模式。

公办水利职业院校引入社会资本。我国水利职业教育的发展体制以国家为主体,政府既是主办者又是管理者,又是督导评价员,举办主体之间力量失衡,职业院校发展模式僵化,难以适应市场变化需求。公办职业院校可以尝试引入社会力量,参与重大项目建设,参与校企合作。既可以引入国有企业资本,也可以引入民营资本,还可以引入行业资本。

民办水利职业院校引入国有资本。民办职业院校体制机制灵活高效,适应市场能力强,但存在资金短缺、融资渠道单一、对学费依赖性大、缺乏发展后劲的问题。可以尝试引入国有资本参与发展,减少自身投资压力,发挥国有资本的优势和社会诚信效应。

混合投资兴办水利职业院校。由国有资本、集体资本、私有资本、外资资本等共同投资兴办水利职业院校。既充分利用了公办高校的资源优势、师资优势、管理优势,又充分发挥了民间资本的资金优势、机制优势和市场优势。

PPP共建水利职业院校基础设施。公司合作伙伴关系(PPP)是政府与市场组织、非政府组织、个人合作提供公共产品的一种制度设计,是政府公共部门和社会资本建立合作关系,提供教育服务以促进教育发展的一种新模式。合作各方通过协议明确各自的权利和义务、风险和收益。水利职业院校可以利用这种模式,联合开展水利职业院校图书馆、体育馆、实验室等基础设施项目建设,实现资源共享。

水利职业院校委托管理。委托管理是指相对困难的院校将管理事项交与能力较强的机构和院校管理。既可以是民办院校委托管理公办院校,也可以是公办院校委托管理民办院校。公办民办院校相互委托管理这一模式将会不断发展推广。

第七章 水利高等职业教育特色发展的重要内容

第一节 加强和改进意识形态与宣传思想工作

中共中央办公厅、国务院办公厅印发的《关于进一步加强和改进新形势下高校宣传思想工作的意见》强调指出,加强和改进新形势下高校宣传思想工作的指导思想是:高举中国特色社会主义伟大旗帜,以马克思列宁主义、毛泽东思想、邓小平理论、"三个代表"重要思想、科学发展观和习近平新时代中国特色社会主义思想为指导,深入贯彻党的十八大和十九大会议精神,全面贯彻习近平重要讲话精神,全面贯彻党的教育方针,强化政治意识、责任意识、阵地意识和底线意识,以立德树人为根本任务,深入推进习近平新时代中国特色社会主义思想理论体系进教材进课堂进头脑为主线,以提高教师队伍思想政治素质和育人能力为基础,以加强高校网络舆论等阵地建设为重点,积极培育和践行社会主义核心价值观,不断提高广大师生中国特色社会主义道路自信、理论自信、制度自信、文化自信,培育德智体美全面发展的社会主义建设者和接班人。

加强和改进意识形态与宣传思想工作的基本原则是:①坚持党性原则,强化责任。切实担负起政治责任和领导责任,提高领导水平,增强驾驭能力,敢抓敢管,敢于亮剑。做到守土有责、守土负责、守土尽责。②坚持育人为本、德育为先。把坚定理想信念放在首位,始终坚持用习近平新时代中国特色社会主义思想理论体系武装师生头脑,确保社会主义发展方向。③坚持标本兼治、重在建设。强化依法管理,着力加强制度建设,把高校建设成为学习研究宣传马克思主义的坚强阵地。④坚持改革创新、注重实效。准确把握师生思想状况,创新工作理念和方式方法,把解决思想问题和实际问题结合起来,不断加强针对性和实效性。⑤坚持齐抓共管、形成合力。推动校内外协同配合、全社会支持参与,构建高效宣传思想工作新格局。

加强和改进意识形态与宣传思想工作的主要任务是:①坚定理想信念,深入开展中国特色社会主义和中国梦的宣传教育,加强高校思想理论建设,加强具有中国特色、时代特征的高校哲学社会科学学术理论体系和学术话语体系建设,进一步增强理论认同、政治认同、情感认同,不断激发广大师生投身改革开放事业的巨大热情,凝心聚力共筑中国梦。②巩固共同思想道德基础,大力加强社会主义核心价值观教育,弘扬爱国主义精神,弘扬中华传统美德,加强道德教育和实践,提升师生思想道德素质,使社会主义核心价值观内化于心、外化于行,成为全体师生的价值追求和自觉行动。③壮大主流思想舆论,切实加强高校意识形态引导管理,做大做强正面宣传,加强国家安全教育,加强国家观和民族团结教育,坚决抵制敌对势力渗透,牢牢把握高校意识形态工作领导权、话语权,不断巩固马克思主义指导地位。④推动文化传承创新,建设具有中国特色、体现新时代要求的大学文化,培育和弘扬大学精神,把高校建设成为精神文明建设示范区和辐射源,继承和发扬中华优秀传统文化,促进社会主义先进文化建设,增强国家文化软实力。⑤立足学生全面发展,努力构建全过程全社会育人格局,形成教书育人、科研育人、管理育人、服务育人长效机制,增强学生社会责任感、创新精神和实践能力。全面落实立德树人根本任务,努力办好让人民满意的教育。

要充分发挥高校哲学社会科学育人功能,深化哲学社会科学教育教学改革,充分挖掘哲学社会科学的思想政治教育资源,建立健全符合国情的哲学社会科学人才培养质量标准体系,制定实施马克思主义理论、新闻传播学、法学、经济学、政治学、社会学、民族学、哲学、历史学等相关专业类教学质量国家标准,启动实施卓越马克思主义理论人才培养计划,提升马克思主义理论学科的引领作用。

要大力提高水利高职院校教师队伍思想政治素质,强调着力加强教师思想政治思想工作,坚持不懈用习近平新时代中国特色社会主义思想理论体系武装教师头脑,进一步健全教师政治理论学习制度,深入推进哲学社会科学教学科研骨干和思想政治理论课骨干教师研修工作,建立中青年教师社会实践和挂职制度,重视在优秀青年教师中发展党员。要扎实推进师德建设,落实高校教师师德规范,完善师德建设长效机制,实行师德一票否决制,完善加强高校学风建设办法,健全学术不端行为监督查处机制。师德不合格的要清理出教师队伍。要严把教师聘用考核关,探索教师定期考核注册制度,要大力加强宣传思想阵地管理。要加强校园网络安全管理,加强校园网络联盟建设,加强高校网络信息管理系统建设。要强化高校课堂教学纪律,指定加强高校课堂教学管理办法,健全课堂教学管理体系。要完善宣传思想阵地管理制度,制定大学生社团的成立和年度检查制度,加强高校反邪教宣传教育工作。

第二节 创建独具水利特色校园文化

校园文化作为一种客观存在,与学院相伴而生。一个学院独具特色的校园文化既不是短时期能形成的,又不是自发形成的,而是发展历史的沉淀,是学院传统和风格的长期积累。

水利职业院校一定要有适应新时代的特点、特色,拓展、丰富校园文化建设的方式和方法,为培养高素质高技能人才发挥好服务功能。要充分认识到校园文化是一种管理文化、教育文化和微观组织文化,是发展特色形成的关键,要在物质层次、制度层次和精神层次上形成自己独树一帜的水利校园文化。配合人才培养而进行的高职校园文化建设,也必须突出自身的高职特色、职业特色、行业特色、企业特色和地域特色。

品牌校园文化是高职院校发展过程中长期培育和积淀而成、孕育于高职院校文化、融合于高职院校内质之中的,协调、集中和整合校园资源形成的超越竞争对手的,难以被他人所模仿、复制和替代的一种综合能力,包括文化力、生产力和影响力。其中,文化力是核心竞争力的根源性因素,通过形成学校成员的共同价值观直接影响和决定生产力及影响力的建设进程,而品牌校园文化建设则是从根本上保证并推动文化力的形成。品牌校园文化建设直接影响着水利高职院校核心竞争力的培育。

一、水利高职特色校园文化的战略地位

(1)水利品牌校园文化是水利高职院校培育核心竞争力的关键因素。当前,水利高职院校面临的生源危机日趋猛烈。面对日益激烈的生源竞争,品牌校园文化的功能越来越强,谁发挥了校园品牌文化的优势点,谁就能更好地在激烈的生源和实力竞争中掌握主动。优秀的校园品牌文化可以生生不息,经久不衰,引领时代的潮流,塑造宏伟的发展目标,促进师生的生活方式改善,强化院校的发展优势和特色,培养和塑造优秀人才。优秀的品牌文化可以以其独特的个性和风采,以其优秀的教育和优秀毕业生,提高学院的形象,提升学院的竞争力,使品牌深入人心,增强院校的生产力和影响力。

(2)品牌校园文化是凝聚和激励全校师生员工的重要支柱。一个单位的发展重在凝心聚力。优秀的水利品牌文化具有鲜明的行业性和系统性特征,作为教育人、引导人、鼓舞人、激励人的一种内在动力,是校园文化精神的高度

提炼和师生价值观念的形成与升华,能有效地促进广大教职员工形成对学院的凝聚力、组织的向心力、同事之间的亲和力。优秀的水利品牌文化以人为本,凝结着学校文明发展和水利生态文明发展的精髓,渗透着师生对国家、对社会、对家庭、对组织、对学院的深情赞颂,倡导健康向上、奋发有为的校训、发展宗旨、发展理念等,能够为学院的改革建设与发展提供强大的科学支撑、精神动力和智力支持,是学院综合实力的重要标志。

(3)水利品牌校园文化对于丰富和培育高校核心竞争力具有不可替代的作用。文化是高职院校的灵魂,是高校在长期发展过程中逐步形成的。文化之所以能成为核心竞争力,其原因就在于它能形成共同的价值观念、共同的思维方式和共同的行为准则。品牌校园文化形象是校园文化的外在表现,具有宣传性和渲染力,而校园文化则是根植品牌文化形象的土壤,具有内涵性。高职院校只有用先进的校园文化塑造品牌,才能最终提升学校的核心竞争力,并最终立于不败之地。

校园文化由物质文化、制度文化和精神文化等共同组成。物质文化是制度文化、精神文化的物质基础,制度文化是物质文化、精神文化得以形成的重要条件,精神文化是校园文化建设追求的最高目标,三者是一个有机整体,必须协调发展,整体推进。水利高职院校的特色校园文化建设作为一项综合的系统工程,应该全面系统地研究物质文化、制度文化和精神文化各要素在特色校园文化建设中的作用与地位,以系统论中整体优化的思想对各要素进行重组和协调,发挥各部分之和的最大功能,培养独自的校园文化风格和特色。

二、水利高职特色校园文化建设的办法与途径

(一)建设优质、高效、具有前瞻性的物质文明

校园文化的优先发展离不开物质文明建设。校园景观是物质文明建设的重要载体,只有在建设校园景观的过程中注入人文素养教育的最新内容,引导大学生形成正确的世界观、人生观、价值观,才能促进校园物质文明健康发展。高职校园的物质文明建设不但标志着学校的硬件水平和发展实力,作为校园优秀文化的承载载体,在发挥陶冶、约束、激励与凝聚等功能的同时,还担负着展现高职这一特殊教育模式的特有理念和个性的重任,高职校园物质文明的特色构建要注重体现水利水电类职业教育技能性、实践性的特质。

1. 建设好有利于学生综合素质培养的教学环境

水利高职院校要高度重视校园规划和校区功能布局,应该严格按照高职教育人才培养目标,尊重职业教育特点,尊重师生个性,合理规划校园环境,处

处凸显职业和水文明特色。在教学环境建设的过程中,要注重教学设施与实训条件的合理规划。在教学设施方面,要加大经费投入力度,提升教学设施、科研设施、文体设施的整体水平,同时,可以将教学设施与实践场所融为一体,既是教室,又是工厂,在醒目的位置进行校训、发展理念、学校精神等校园精神文化的宣传,同时进行著名企业家、水利专家、企业名言、创业成功校友等企业文化的宣传;在校园物质文明建设方面,充分利用各种载体,可以通过文化长廊、电子显示屏、提示板、雕塑、条幅等载体,使标语引导、图片说话、墙壁提示,使教师学生没有任何被说教、被灌输、被命令的反感,而是在不知不觉中,如同感受清新的空气一样,自觉自愿地去感受和体会,接受和认同这样的教育。结合水利行业特点,可以建设水博物馆、水利工程实训室、校史馆、水文化园、水利文化馆、水力发电文化园、水利发展史文化馆等实训基地,在充分展现校园研究成果的同时,彰显学院特色与美丽。实施校园美化、亮化、净化工程,建设节约型校园,打造生态型校园。

2. 建设好有利于学生技术技能提升的实训环境

水利高职院校的发展目标决定了物质文化建设必须适应水利行业、水利企业生产实际,以强化学生的实践技能为重点。所以,在实训环境建设方面,应加大投入建设与专业相关的校内外实训基地、实训室,政校合作、校企合作共建的产学研园区、示范园区,这些真实实训环境的建立,能提高学生的实践动手能力,为提升就业能力打下了坚实的基础。例如,黄河水利职业技术学院、四川水利电力职业技术学院、山东水利职业技术学院、安徽水利职业技术学院等在校内建立水利水电景观实训园,既打造了学院的生态环境,又给学生提供了一个良好便利的实训场地。

3. 建设好有利于学生身心健康的自然环境

水利高职校园的自然环境建设,一方面要追求宁静、舒适的质朴之美和人与自然融合的和谐之美,将和谐的理念和环保的理念融合在校园自然环境中,追求春有花夏有荫,秋有果冬有青,校园黄土不露天,树木树人要并举的境界;另一方面,可将专业内涵和生态型校园建设融为一体,通过相关专业师生对于校园自然环境建设的参与,将设计新颖的现代建筑与清纯自然的园林风光融为一体,将校园物质文化建设和教、学、做的育人模式融合在一起,在山、水、园、林、河、湖、路等自然景观建设中,体现实训、审美、教育等功能的和谐统一。一些发展历史悠久的水利高职院校,可以针对老校区的特点,将年代久远的教学楼、图书馆、实训楼、培训楼保持原有风貌修缮并将楼宇外墙统一颜色。与此同时,还可兴建主题广场、校史馆、文化长廊等一批文化场馆,将传统水利农耕文化、现代水利水电行业特点融入校园人文景观建设,突出学院发展特色。

4. 校园文化建设应有利于培养学生的创业创新与置业的信心

将学院品牌文化体现在学院的各个方面。在学校的画册、光盘、校园网等宣传制品,建筑标识、交通工具、自主研发产品包装等事物用品的设计上,借鉴企业视觉识别系统,规范制作和设计标准,体现独特性、艺术性和创造性,体现学校的传统和特色,力争达到让人过目难忘、涵义深刻的效果,起到凝聚力量、教育激励、振奋人心的实际效果。

(二)建设好以培育和践行社会主义核心价值观为主线的精神文化

党的十九大报告指出,要坚持社会主义核心价值观教育。在特色校园文化建设上,不仅要在"硬件"上增加投入,加紧校园物理环境和基础设施的完善改造,还要在"软件"上下功夫,从制度和精神层面着手,加强高校的精神文明建设,塑造校园文化的特色。水利高职院校一方面应在已有成绩基础上,积极开展学院精神宣传教育系列活动,加强师德教育,推进院风、教风和学风建设,进一步提升学院深层次的精神底蕴与人文内涵;另一方面,在构建社会主义和谐社会、建设社会主义新农村、打造美丽中国的大背景下,水利高职院校要建设好以培育和践行社会主义核心价值观为主线的精神文化。从大的方面来说,校园文化是根植于学校历史中的精神积淀,从小的方面而言,它是融合在一草一木一石中的精神光芒,它无处不在、无所不含,校园精神文化是一所学校文化传统、教育观念、价值体系和精神氛围等方面的整合与结晶,它是校园文化的核心和灵魂。可以说,能否建立起有自身独特特色的精神文化,是判断这个学校校园文化建设水平的重要标准。因此,校园精神文化建设对于整个高职校园文化建设来说至关重要,高职教育由于其人才培养的特殊性,作为校园文化建设的核心环节,精神文化建设必须体现职业教育的发展方针和培养目标,注重培养、熏陶、引导学生建立正确的职业道德观和择业观,在长期的教学实践中凝练出有自身独特个性的学校精神、校风校貌、群体意识、理想信念等精神财富。

精心打造学校精神,学校精神是指立足于校园精神文化发展,经历过历史的积淀、改革的选择、精神的凝聚,并被全体师生员工一致认同而形成的主体精神文化。对于高职院校而言,学校精神的基本内容包含以下几方面:崇尚真美、追求真理的科学精神,虚心好学、勇于探索的实践精神,奋发有为、团结协作的拼搏精神,开拓进取、追求卓越的创新精神,胸怀世界、兼收并蓄的开放精神。而这些学校精神需要通过具体的载体深入师生的内心,并产生巨大的影响作用。比如,校徽、校训、校歌的确定,校刊、校服的设计,都应寓意明确,充分体现学校精神文化的内涵。同时要精心拓展载体,从传统的各类学生活动、各种形式的宣传,到弘扬学校精神的各种主题教育活动,校园内无处不体现和弘扬学校精神,增强学校的向心力和品牌竞争力。

水利高职院校要以弘扬水利传统文化与新时代精神为核心,突出精神引领。湖南水利水电职业技术学院在品牌校园文化建设中,以水为本,深入挖掘历史人文资源,高度融合传统水文化精神与当代富有创新的新发展理念,逐步凝练和勾勒出体现学院"上善若水、求真致远"的发展传统和的理念体系,凸显本校的特色与亮点。学院将"新·实"进一步融入理念文化、视觉文化、行为文化、环境文化的各个层面,大力倡导团结、创新、和谐、合作风气,弘扬务实精神,用品牌文化来凝心聚力,面向未来。多措并举,充分调动文化建设主体的积极性,让全院师生员工广泛参与到品牌文化建设过程中来,认同品牌、宣传品牌,提升学院的综合实力与核心竞争力。

(三)建设长效、实用、体现新时代特点、具有新常态优势的制度文化

水利高职院校校园制度文化是学校在法令、行政、道德层面上建立起来的,与学校价值观念、管理理念相适应,它包括各种规章制度、道德规范、行为规范、工作守则等。这些既是学校文化建设的准则,又是校园文化的重要组成部分,它对规范校园内的各项活动、规范师生的言行必将起到导向和约束作用,进而推动学院又好又快发展。

1. 教育教学制度文化建设

按照水利高职院校内涵建设要求,在教学制度文化建设方面:第一,建立教、学、做合一的教学管理体系,构建适应工学结合人才培养模式的学分制管理制度和弹性学制,开发合理化教学管理系统,强化对各类实践教学和理论教学环节的管理,"双师"素质教师梯队的建设,绩效津贴分配制度的改革,完善兼职教师管理办法,不断完善科研成果奖励办法,建立完善高效的教学管理制度体系;第二,建立和不断完善以各个教学环节的质量标准为核心的过程管理制度体系;第三,建立和不断完善以各个教学与管理岗位工作规范为基本内容的工作标准制度体系,并通过以上制度建设实现教学管理水平的逐步规范和质量提升。同时,水利高职院校应把建设具有鲜明水利职业特色校园文化的活动列入制度建设规划中,建立针对性强、可操作性强的管理制度和激励机制,以推动和促进校园文化建设取得良好的成效。

2. 学生管理制度文化建设

水利高职院校的学生管理工作,要从"一切为了学生,为了学生一切,为了一切学生"的服务理念出发,在学生日常行为管理、素质教育实施、创业就业管理等方面,采取"教育、管理、服务"三结合的新模式。首先,要建立以业绩为主要内容的岗位职责目标量化考核体系,建立培养能做、善做学生思想工作队伍的各项制度体系;其次,通过完善学生素质综合测评实施办法、学生违纪处分办法、学生考勤管理办法、学生奖助学金管理办法、勤工助学管理办法、困难补助管理办法等管理制度,建立一个规范言行,提升自我管理能力、提升综合素质的管理体制;通过建立心理健康教育实施方案、心理危机辅导队章程、大学生职业生涯指导方案等制度,关注学生心理健康,指导学生树立良好的择业观、创业观,合理设计自己的职业生涯规划,明确职业理想和职业目标。如湖南水利水电职业技术学院近年来制定和完善了《学生行为准则》《学生管理规定》《学分制实施办法》《学生选修课选课管理办法》《素质教育和创新奖励学分规定》《省级优秀毕业生评选办法》《学生综合素质测评条例》《优秀班集体评选办法》《学生干部考核细则》《学生社团章程》《学生志愿服务管理办法》《学生违纪处理规定》《学生申诉处理规定》《学生伤害事故处理办法》《毕业生档案管理办法》《学生军训管理办法》《学生公寓管理办法及违规处理条例》《心理咨询工作制度》等学生管理制度和办法。

3. 建立服务、管理一体化管理体系

水利高职院校的服务管理制度建设可借鉴国内国际质量认证标准,明确服务管理部门的岗位职责,并且将与教书育人有关的所有工作加以识别,建立有学校个性的一体化管理手册,教学管理、学生管理、后勤服务管理、人事管理、财务内控管理、招生就业、意识形态工作与基层党建、安全保卫管理、基本建设管理、固定资产管理等各项工作全部纳入一体化管理体系,在管理手册中按照工作职责明确各自分工,强化相关人员的质量意识、创新意识、服务意识、合作意识和管理意识,制定切实可行的控制程序,使各项工作有法可依,打造质量优秀的校园文化。如财务管理制度应细化含有公务卡管理制度、财务审批与报账制度、预算管理制度、专项资金管理制度、公务接待管理制度、出差管理制度等许多方面。安全保卫与后勤管理制度应细化为门卫管理制度、消防管理制度、物业管理制度、车辆管理制度、保安管理制度、维修管理制度、水电管理制度、食品卫生管理办法等。

(四)建立有利于培养有理想、有道德、有文化、有纪律"四有"新人的行为文化

水利高职院校的行为文化建设,应贴近高职教育的人才培养目标,在建设过程中,探讨师生、管理和服务人员的行为方式的引导及行为模式的构建,更要积极寻找自身文化和职业文化、社会文化和传统文化的有机结合点,让职业

精神、行业精神和理念等优秀的价值观在校园文化中得到内化,形成以师生关系和谐、技能素质提升、职业道德修炼、多元文化融合为主线的行为文化。

根据水利高职校园文化适应职业素质培养的目标,从职业技能培养、职业道德行为修炼等角度确定职业人的行为模式,并将其纳入人才培养体系和素质教育之中,融合到教学、管理、实训、社会实践等各类活动与各个环节中。在提升职业技能方面,可结合专业特色,通过建立任务驱动学习小组,组织各类技能大赛、课外创作大赛,组建各类社会实践小组等活动,提升学生的实践技能水平、学习沟通能力和协作能力。另外,在职业道德培养方面,针对高职学生自信心不足、自律性不强、诚信意识淡薄、缺乏吃苦耐劳的品质等行为问题,注重职业道德的培养,培养学生爱岗敬业、无私奉献的职业道德,相互配合、相互协作的团队精神,通过组织技能尖兵评选、优秀毕业生事迹汇报、职业生涯规划大赛等活动,培养学生吃苦耐劳、乐于奉献、踏实肯干、勤于钻研等品质。

在行为文化的建设上,坚持做到教师引领、学生主体、各方配合、点滴做起、形成合力,逐步培养师生良好的行为习惯。制定教师行为规范,对教师的言行、着装、日常行为、课堂礼仪做出具体的规范和要求,加强教师职业道德教育,要求教师在言行上以身作则,教书育人,为人师表。制定学生行为规范,加强对学生日常行为的约束和指导。在学生中狠抓学风建设,广泛开展以专业技能竞赛、创业设计大赛等为内容的学术文化活动,形成校园科技文化活动的良性发展态势,充分激发学生浓厚的学习兴趣,并调动其独立自觉的学习积极性,科学引导学生积极适应高职学习生活,树立正确的学习态度,增强学生的学习动力。同时,深入推进道德教育,尤其强调诚信意识,净化考风,使学风建设向健康方向发展。

以弘扬学院精神塑造师魂、建设名师队伍培养师德、打造精品课程提高师能为目标,努力建成一支师德高尚、业务精湛、规模适度、结构优化、充满生机和活力的师资队伍,是高职教育成功的关键。教师要根据应用能力的要求,设计多种课程(群)供学生选择学习,以丰富的科学知识、严谨的教学风范倾心育人;在教学中要将做事与做人有机地结合起来,使学生既学会做事,又学会做人,真正成为指导学生的领路人。

(五)建立具有水利行业特色的校园文化

如果一所水利高职院校没有形成以培养师生学水、务水、为水的爱水情结和献身、求实、负责的价值取向为主线的校园文化建设体系,将无法焕发出长久的发展动力和竞争力。水利高职教育需要根植行业,建设适合行业要求的品牌专业,才能形成自身的特色,在激烈的教育竞争中脱颖而出。专业建设是高职院校各项工作的龙头,也是高职院校育人的基础。所以,高职院校要彰显专业特色,通过营造浓厚的专业气氛,使高职生在学习的过程中受到专业核心价值理念的影响,塑造职业人格和培养职业精神,使自身发展与职业生涯相协调,最终达到培养合格人才的目标。

1. 水利行业文化与专业建设融合

现代社会越来越强调人的全面发展与职业生涯相协调,职业是人生的一种信仰,是人的生命价值的具体体现。高职教育在专业建设的过程中,将本行业需要的知识要求、技能素质要求与行业文化相融合,将行业文化融合在专业知识中,浸润在技能训练中,通过举行丰富多彩的素质教育拓展活动,为学生提供广阔的实践舞台,使学生将学习和实践结合,在教、学、做的过程中提升素质,提升从业水平和能力。例如,水利职业院校可根据校园环境建设的要求,以真实的水文化设计任务为载体,开展教、学、做相结合的项目教学;根据水利工程建设的要求,让学生通过参与校园水文化的设计与施工,掌握水利工程建设科学性;根据小型水利工程的生产过程,以真实的工作情境为场景,利用教学基地培养学习兴趣,提升学生的实践操作能力,提升职业道德水平。

2. 水利行业职业道德与学生行为规范统一

无论什么职业,都具有知识能力和道德素质两个方面的要求,高水平的职业技能只有与高水平的职业道德、职业心理等职业文化素质结合起来,才能得到最佳发挥。也就是说,职业教育不仅要提高学生知识和能力,而且要注重塑造职业人格和培养职业精神。实践表明,通过提高学生的人文素质,可以为学生形成良好的职业人格和人生的全面发展打下良好的基础。建立行业特色鲜明的特色校园文化,就是要将行业的职业道德和学生行为规范相统一,用行业职业道德规范来约束、指导学生的行为。职业道德规范可以通过课堂上教师的灌输,也可以通过优秀毕业生事迹展、水文化讲座、专题研讨、社会实践活动等形式,获得学生对于专业的认同,培养正确的职业情感。

加强学生职业精神培养。要积极探索有效的方式和途径,形成常态化、长效化的职业精神培育机制,重视崇尚劳动、敬业守信、创新务实以及“献身、负责、求实”的水利精神的培养。充分利用实习实训等环节,增强学生安全意识、纪律意识,培养良好的职业道德。深入挖掘劳动模范和先进工作者、先进人物的典型事迹,开展劳动模范、技术能手、优秀毕业生进校园活动,教育引导学生牢固树立立足岗位、献身水利、增强本领、服务群众、奉献社会的职业理想,增强对职业理想、职业责任和职业使命的认识与理解。

3. 营造水利行业文化氛围

水利高职院校可利用校内外实训基地,为学生营造仿真的行业环境,并对行业和专业进行文化宣传,积淀和发扬健康向上的专业文化;可通过专业特色鲜明的技能大赛、积极参加国家和地方组织的技能比武以及各类科技活动等,使学生在学习实践的过程中感受到专业领域的文化,了解专业领域的发展方向,为毕业后更好地融入社会打下良好的基础。

对于水利水电类高职院校来说,校园文化建设突出"水利水电"特色应该是题中应有之义。湖南水利水电职业技术学院以引进水利文化元素为关键,突出"水"字特色。一是进一步引进水利文化元素,建设优美的人文环境与自然环境。可依据学院相关优势建立湖南水利文化博物馆和现代生态水利示范园,一方面引导师生加深对水利历史的理解,另一方面增强师生对水利发展的信心和认同感。二是根据水利行业特征,建设适合现代水利发展需求的品牌专业与文化。学院要进一步推进行业文化与专业建设的融合,依托现代水利行业发展链条,重点建设以水利水电工程、水资源利用、农村饮水工程、水土保持工程等为核心内容的服务"三农"和社会建设需要的专业群,教育链深度融入行业链。三是完善校内外实训基地,营造仿真的行业环境。通过实验实训基地对行业和专业的文化宣传,积淀和发扬健康向上的专业文化。

第三节 打造水利特色品牌专业

水利特色专业体现了一个学校的发展实力,是学校开展专业建设、人才培养和社会服务的基础。建设水利特色专业是形成发展特色的最便捷、最有效的途径。因此,要及时了解和掌握我国各个产业的发展情况,依托产业办专业,不断发挥自身的优势,形成一批特色专业群,凸显发展实力。还要更新老专业、拓展新专业,重视各专业的交叉与整合,不断形成新的特色专业。

一、紧密联系水利事业和社会发展需要,结合实际,与时俱进,制定水利特色专业建设规划

专业建设规划对专业建设和发展具有重要意义,能有效整合学校优质教学资源,指导专业建设有序开展。特色专业建设规划制定过程中,必须紧密联系区域经济和社会发展实际,根据学校发展条件和发展前景,分析学校学科专业优势和特点,选准特色专业建设的突破口,确保学科专业具有竞争优势。同时,还应制定中长期发展规划,确保特色专业的建设和发展具有可持续性,不

同类型的高校具有各自不同的特点和学科专业优势,不同区域的大学应主要满足本区域的经济和社会发展需求,各类高校应认真分析本区域的市场需求和自身发展的优、劣势,制定科学的特色专业建设规划,为特色专业的建设提供有效的指引,避免盲目和重复建设。如地处水利大省的四川水利职业技术学院,积极服务于地方经济社会的发展,致力于为全省水利和农村经济全面健康稳定发展提供强有力的智力支持,学院优先发展水利工程、水利水电建筑工程、水利工程施工技术、水政与水资源管理、水文自动化测报技术、机电设备维修与管理、水电站动力设备与管理、水土保持等相关领域的特色专业,同时也是在激烈的竞争中获得核心竞争力的最佳选择。湖南省教育厅 2015 年批准湖南水利水电职业技术学院建设水利建设与管理省级示范性特色专业群,省财政共投资 600 万元,建设期 3 年,对接水利产业构建 3 个子专业群(水利建设与管理、水电能源开发与应用、建筑工程建设与管理),群内专业包含水利工程、水利水电建筑工程、水利工程施工技术、城市水利、工程造价、电力系统自动化技术、小型水电站及电力网、供用电技术、发电厂与电力系统、机电一体化技术、机电设备维修与管理、工程监理、给排水工程技术、工程测量技术、道路桥梁工程技术等,优先考虑培养湖南地方水利现代化发展急需的专业人才。

当前,水利高职院校要根据特色专业体系建设规划,按照"专业基础相通、技术领域相近、职业岗位相关、教学资源共享"的原则,科学构建专业群。高职院校要根据自身发展定位确定重点建设专业群,要通过重点专业群建设带动资源优化配置和专业建设水平整体提升,主动适应服务新业态,推动重点建设专业群与其他专业群融合发展。

二、加强水利特色课程和教材建设

特色专业建设必须在课程结构和教材建设上有所体现。水利高职院校应加强课程和教材特色建设,促进专业特色形成,课程建设的特色体现在课程体系的科学性、内容的前沿性、形式的多样性、实施过程的拓展性、实施手段的先进性、管理的规范性和要求的严谨性等多个方面。在课程建设中,要认真研究每门课程在人才培养体系中的作用,科学定位每门课程的地位和作用,形成科学的课程体系;要站在学科专业发展前沿,及时更新课程内容,确保给学生提供最新的知识;对同一门课程可以通过采用不同教材等方式,实施分级教学和因材施教;可以多角度构建课程组合,供学生选择,以提高学生综合素养;要注重课堂讲授与实践环节的结合,培养学生的实践能力和创新精神;加强课程教学中的师生互动,加强研究性学习,增强学生的主观能动性,培养学生主动获取知识的能力。总之,应从课程的教学内容、教学方法和教学手段等多方面加强课程特色建设。教材是专业建设重要内容之一,应结合课程建设的特色,加强教材特色和校本教材建设,应根据课程建设的特点,积极编写专业特色教材,在特色教材的不断应用和总结提升中凸显专业特色,并结合区域水利经济发展特点,修改完善校本教材,凸显区域特色。

三、打造水利人才培养模式

水利高职院校应根据专业发展的特点,形成符合社会发展需要的培养目标、培养过程和评价体系。知识经济时代所需的是具有创新精神和实践能力的高素质人才,特色专业的培养目标应围绕时代发展的需要,结合专业发展优势而制定。这里所说的培养过程主要指培养方式,要集中体现特色师资队伍、合作发展、实践条件等对人才培养过程的影响。特色专业还要形成具有特色的、科学的评价体系,对人才培养过程给予合理评价,促进培养目标的实现。人才培养模式的特色是实现特色专业人才培养目标的关键,水利高职院校应大力进行人才培养模式改革,形成专业特色。

四、加强教育教学基础设施建设

教育教学基础设施建设是专业建设的基础保障,主要包括教学设备图书资料、实习基地等多方面。水利高职院校要加强对特色专业教学基本设施建设的扶持和倾斜,优先加强特色专业实验室建设、图书资料建设、实习基地建设,如水利工程建设与管理特色专业群基础设施建设应该包括防汛抗旱模拟实训室、钢筋加工实训场、工程造价实训室、水质检测分析室、水工建筑物监察与观测实训室、水文数据采集实训场、水利工程三级枢纽仿真实训室、水泵运行实训室、高效节水实训室、水工设计实训室、水泥检测实训室、混凝土检测实训室、水工检测实训室、水利工程制图实训室、工程 CAD 实训室、工程地质实训室、测量实训室、水力学实训室、材料力学实训室、水文实训室、水工结构实训室、骨料检测实训室、模板及架子工实训场、砌筑抹灰实训场等,使专业在良好的发展环境下逐渐形成特色。湖南水利水电职业技术学院水利建设与管理省级示范特色专业群建设还根据生产性实训、顶岗实习、教师下企业锻炼和水利职工继续教育的需要,结合湖南在建重点水利工程项目及水利改革发展重点领域,按照"把实训基地建在工地、建在场站、建在企业"的原则,建设了50个校外实训基地。与省内大中型水利施工企业、灌区管理局、水文局、水利(务)局、水质监测站等联合建成了水利综合实训基地群,实现基地布点与湖南省水资源分布高度匹配。

第四节　完善教学手段　提高教育教学质量

按照应用型人才培养的要求及学生个性化发展与多元化学习方式的要求,水利高职教育要把教育技术与方法的创新作为人才培养模式改革的技术平台,加强实训教学体系建设,不断推进实训教学模式的创新,建立校内实训中心、校外实训基地两位一体的实践教学组织体系。创新实践教学内容,改革实践教学运行机制,创新实践教学模式,提高学生的职业技能与技术创新能力。

一、切实加强基础设施建设,实现资源的共建共享

国务院《关于加快现代职业教育的决定》(国发〔2014〕19 号)明确要求要提高信息化水平,构建利用信息化手段扩大优质教育资源覆盖面的有效机制,推进职业教育资源跨区域、跨行业共建共享,逐步实现所有专业的优质数字教育资源全覆盖。支持与专业课程配套的虚拟仿真实训系统开发和应用。推广教学过程实时互动的远程教学。加快信息化管理平台建设,加强现代信息技术应用能力培训,将现代信息技术应用能力作为教师评聘考核的重要依据。水利高职教育须贯彻国家信息化建设的相关要求。

(一)完善硬件与软件平台建设

一是硬件建设要立足实际,适度超前。硬件设备发展较快,要坚持先进性、成熟性、标准性、安全性、开放性相结合的原则,构建覆盖全校的校园网络体系,形成学校的信息化核心。在相关配套设施上,要立足高职院校的特点,注重实用性,如建立开放的 CAD 实验室、虚拟实验室、仿真实验室、人工智能实验室、数字化多媒体语言实验室、多媒体网络教室等。充分发挥信息技术的优势,训练学生的技能,促进应用型人才的快速发展。二是软件建设要实现应用集成、数据共享。本着功能强、见效快、操作简便的原则,学校要配建管理、教学、科研、宣传等方面的应用软件,如一卡通、教务管理、财务管理、视频会议、多媒体教学平台、数字图书馆等。但应用软件的开发与建设要从整体出发、面向未来,采用规范、统一的电子身份管理与认证,保证各个系统拥有统一的底层数据库、统一的中间件、标准的数据接口和标准的系统开发接口,避免同一个学校内部各应用系统的低水平重复建设、信息无法共享、资金资源浪费等现象,最终建立起学校方便操作、数据共享、即插即用的应用集成平台。

（二）加强具有水利特色的资源库建设

水利高职院校应制订教学资源库建设计划，集中学校的优秀师资、精品课程，整合技术力量，开发出一批体现高水利专业特色的网络课程和教材，从而为建设教学信息资源库奠定基础。特色教学资源库建设要以学生为主体，重视学习者的学习过程和师生双方的共同活动，使多媒体教学资源库有更强的生命活力。一是成立组织，精心规划和设计。网络化仅仅是信息化的形式，方便快捷地获取丰富的教育信息资源才是信息化的内容和实质，教育信息平台和资源库的建设比校园网的建设更重要。信息资源库是校园网发挥其教学功能的基础。二是广开渠道，多管齐下。学校教学资源仅仅靠自己开发制作，可能远水不解近渴，必须充分利用网络环境的便利条件，采用购买、下载、自主开发、改制相结合的方式，多方解决。一方面收集、引进和挖掘分散在各部门及教师手中的各种教育教学资源，另一方面对部分资源进行数字化改造。同时根据实际需要与同类型学校进行交流，实现资源共享。三是整合资源，实现教学资源的共建共享。整合资源的目的是实现网络教学资源的统一管理、统一维护和资源共享。建立规范和统一的网络教学资源管理平台，可以使所有上网运行的课件数据统一集中在该平台上，将有效改善过去分散制作，资源不能共享的局面，从而形成学校现代化教学水平的门户网站。该平台应以辅助教学为基本功能，同时具有为精品课程、校内立项多媒体网络课程以及各系部自行开发的多媒体网络课程提供发布和管理的功能，从而完成从"量"的增长到"质"的提升之路，最终建立起一个从电子教案到多媒体课程，再到网络课程，最后到视频公开课程的立体化教学资源建设体系。

二、应用现代教育技术，改进教育教学方法

以计算机为主的信息技术与学科整合是信息技术应用于现代高职教育课堂教学的核心，信息技术与课程整合是指在课程教学的过程中把信息技术、信息资源、信息方法、人力资源和课程内容有机结合起来，共同完成课程教学任务的一种新的教学方式，是信息技术与教师组织、指导和帮助学生学习的学科教学过程的有机结合。它不仅是一种教学方式，而且是一种全新的教学观念。信息技术与课程整合是培养创新人才的有效途径，通过整合最大限度地调动学生学习的积极性，充分发挥学生的主体作用，从而深化现代教育技术的教学应用，促进现代教育技术应用的创新。

（一）根据不同学科特点进行现代教育技术教学应用改革

不同学科和不同专业有其不同的教学方法和学习特点。针对不同的教学

科目,其所使用信息技术手段的方法和模式也必然有所不同。尤其在水利高职院校的教学中,学科差别大,专业性强,不能一概简单套用,必须在深入学习现代教育技术理论和学科教学法的基础上,探索信息技术与不同学科课程的整合规律。比如水利机械、水利工程、小水电建设、水文与水资源等课程在教学中可以采用大量的图片、视频、三维动画作为教学的主要演示媒体;而对于数学等强调抽象思变和逻辑思维的课程,信息技术更多地应作为研究的工具,在课堂上的演示应该适度,以免冲淡了教学的抽象性和逻辑性。

(二)将多媒体与传统媒体有机结合,大胆进行教学方式方法改革创新

多媒体既不是一种全能的媒体,也不可能代替传统媒体。多媒体与传统媒体应相互补充,取长补短。必须从教学实际需要出发,课堂教学中现代教育技术手段只有用得好、用得科学,才能达到提高课堂教学质量的目的,否则就会适得其反。因此,教学中应针对教学内容有选择性地采取与之相应的教学方法、方式,合理地综合利用各种教学媒体,优缺互补,交互使用,这样才能发挥各种教学媒体的综合功能,更有利于吸引学生的注意力,取得最佳效果。

(三)构建信息技术与课程整合的新型教学模式

信息技术是为教学服务的,其应用效果的优劣主要取决于人,而不是技术本身。因而,在多媒体教学系统诸要素中,教师始终是最重要的因素。不论采用的媒体、技术如何先进,教师在教学中的灵魂地位不能动摇,教师始终发挥着主导作用。在现代教育技术教学应用中,教师的作用不但不会被削弱,而且会显得更加重要。在以学生积极建构为主要方式的学习中,学生要处理和接受大量的信息、知识,尤其需要教师的指导和帮助。因此,教师在掌握先进技术的基础上,更重要的是探索技术如何与学科课程有效整合,尝试适合该门课程特点的新型教学方式,使技术真正为人所用,真正发挥其应有的作用。

三、深化教学模式改革

要普及推广项目教学、案例教学、情景教学、工作过程导向教学,广泛运用启发式、探究式、讨论式、参与式教学,充分激发学生的学习兴趣和积极性。根据专业特点,积极探索小班化教学。大力推进信息技术与教育教学深度融合,充分利用信息技术改革传统教学方式,推动学生由被动学习向自主学习转变、课堂教学由单纯倾听向全方位交流互动转变。深化评价模式改革。坚持过程评价和结果评价相结合,合理确定过程评价和结果评价的比例,将学生的学习态度、职业素养纳入评价内容。逐步建立以作品为导向的评价方式,强化学生综合职业能力考核。积极探索诊断性评价和发展性评价,建立学生成长档案,引导学生自主成长。重视学生思想品德、职业道德、身心素质和综合素质测评,并将其作为学生能否毕业的重要条件。充分利用大数据等现代信息技术创新诊断手段,对学生工作、学习和生活进行全过程、全方位的评价。充分吸收行业、企业、社会组织、社区、家长参与质量评价,构建多元评价体系。

四、以视频公开课程与资源共享课程建设为突破口,促进现代教育技术的教学改革

视频公开课程与资源共享课程建设是高等学校教学质量与教学改革工程的重要组成部分,是具有一流教师队伍、一流教学内容、一流教学方法、一流教材、一流教学管理等特点的示范性公开课程。为了促进视频公开课程与资源共享课程建设,教育部、水利部与各省教育厅、水利厅均有建设项目,高职院校应以此为契机,将课程建设与现代教育技术在教学中的应用结合起来,制定现代教育技术教学应用优质示范公开课程建设的措施与办法,集中在本校推出一批现代教育技术教学应用的精品特色课程,并在教师中组织观摩、交流,更有力地促进现代教育技术在各学科教学中的广泛应用。

五、完善管理考核机制,保证现代教育技术持续健康发展

水利高职院校要树立科学发展观,建立高效的领导组织机构,健全现代教育技术管理考核机制,通过科学有效的管理,保证高职院校现代教育技术的和谐健康发展。

学校应坚持系统性原则,实行统一领导、归口管理、分层实施的管理体制,从组织上建立起保证现代教育技术系统工作正常运行的机制,才能保证现代教育技术工作的健康发展。要用现代管理理念,强化层级管理,要委之以职、授之以权、行之以责,使"责、权、利"相统一,做到思想到位、组织到位、措施到位、落实到位,不能含糊。为保证现代教育技术的和谐健康发展,教育规划决策和管理部门应树立科学发展观和正确的绩效观,以具有科学性、导向性和可操作性为原则,以评估与考核为手段促进教育现代化发展。

诊断改进与考核的机制,应以现代教育技术应用的绩效为主要标准,要看现代教育技术的运用是否能够对水利高职院校现行系统进行全方位改造,从而大大提高学校的教育教学质量和效益,培养出社会所需要的高素质应用型人才。这样的理念不仅应该成为学校上上下下的共识,而且必须转化为可操作、可检测的政策导向。诊断改进体系的构建要基本能覆盖现代教育技术基础设施、硬软件、应用和管理等各个方面,下设一级指标和二级指标。一级评

估与考核指标内容主要包括组织领导、管理机制、经费投入、基础设施建设、资源建设、队伍建设、应用水平、区域特色等方面。在每一个一级指标之下,可根据不同情况设立若干个二级指标,二级指标是对一级指标内涵的分项说明,然后在相应的指标下确定权重标准、评估等级标准。建立必要的考核评估机制是实行科学管理的必然要求,也是现代教育技术应用的需要。只有如此,才能保证和推进水利高职院校现代教育技术全面可持续健康发展。

第五节　建设水利特色教师队伍

具有水利特色的"双师型"教师队伍是水利高职院校提高教学质量的关键。教师是学院发展思想的实践者、特色专业的传承者、新的特色专业的创造者。教师的不同个性形成不同的特色,一批高素质教师的兴趣、气质、学识、性格等凝聚成了一个学校的发展特色。高素质的教师不仅应有足够的知识储备、教育能力、政治素质,也应有真诚的爱心、诲人不倦的奉献精神和崇高的事业心,而且应有较高的文化涵养、创新意识和人格魅力。学校应有计划地造就一批具有鲜明特色的"双师型"水利特色专业教师队伍,不断提高教师素质,为发展特色的形成奠定坚实的基础。

一、准确界定"双师型"教师

对水利特色专业"双师型"教师的认识,首先必须是一个合格的教师,只要具备相应的社会实践经验、能力,助教也可以进入"双师型"教师行列,而非一定要是讲师才可列入"双师型"教师范畴,同时要正确认识"双证"与"双师"的区别。在判定过程中,要看其技术职务是否与所施教的专业一致,其证书是否从理论到理论,即是否通过纯理论考试获得的。高职院校可将"双师型"教师定义为,获取初级以上技术职务、职业资格,并在水利基层生产、建设、服务、管理第一线有累计两年以上实际工作经历的教师。

二、加强"双师型"教师队伍建设

水利高职院校要根据国家和省有关要求,结合自身实际,制定新进教师准入条件,逐步实现新任教师先实践、后上岗。大力实施专业教师队伍素质提升计划,积极探索高层次"双师型"教师培养培训模式,重视公共基础课、实习实训、职业指导教师和兼职教师培养培训,全面提升职业教育教师整体素质。落实教师全员培训制度,实行教师培训学分制度,加强教学名师、师德标兵、骨干教师、专业带头人队伍建设,加强师德师风建设,引导教师增强责任感、使命感,树立忠诚职业教育的远大理想。

传统的教学一般都停留在书本中,对社会的需求不够了解。因此,"学生需要学什么""教师教什么"的难题得不到很好的解决。笔者针对毕业生做过相关调查,发现存在老师为学生设计得太多,课程讲得太多,课程涉及很多专业内容,而有些课程内容可能在实际工作中根本用不上的现象。让教师走进企业,了解各生产流程所需掌握的知识和技能,再回课堂教课,其效果更明确,方向感更强。同时学生理解掌握更快,能够在短时间内将理论转化为实际应用能力。

聘用企业专业人才担任兼职教师。他们既可作为专任教师的一个重要补充,又是高职院校培养目标的重要保障。对于这部分教师,高职院校可以实施"特聘专业教师资格"认证,建立兼职教师资源库。根据其层次给予相应的福利待遇,同时此类教师虽然具有较强的实践能力,但大多缺乏教学经验和专业理论,因此高职院校可对其进行专门的培训,提高其综合素质,避免教学内容缩水和教学质量下降。

水利工程建设专业群的教师专业团队建设可以通过优化教研室的设置来实现,如优化设置工程材料与制图教研室、工程分析与计算教研室、水利工程教研室、水利工程与水资源管理教研室、水利水电建筑工程教研室、水利水电工程技术教研室等,校企共培师资队伍。制定和落实好《专业带头人聘任及管理办法》《校企双导师"一帮一"管理办法》《校企人才互聘互派管理办法》等校企双向师资培养交流机制。要求专业带头人全部取得正高以上职称,达到省级专业带头人水平。校企共同营造崇师德、铸师魂、正师风的"上善若水"生态环境。落实《高校教师职业道德规范》,引入水利行业企业优秀文化,将水文化因素融入师德教育和建设。组织评选师德标兵,以榜样的力量促进师德师风建设。

三、建立健全并实施好激励机制

留住并稳定"双师型"教师队伍建设的前提是满足其相关条件和需求,对优秀的人才要充分考虑其工资、福利待遇、工作环境和条件等,让其消除不满、安心工作,满足其成就感,充分发挥其作用,完成待遇留人、感情留人、事业留人的转变,从而稳定教师队伍。

文化激励也是激励机制的重要组成部分,高职院校人力资本高度集中,教师知识层次高、个性特点鲜明、需要层次与内容差异化明显,对精神上的满足、事业上成功的追求往往超过对物质利益的追求。因此,高职院校对"双师型"教师的激励机制应突出成就感激励及文化激励的内容,从而满足高职院校"双师型"教师突出的精神需求,降低激励成本。

对教师在工作中为学校乃至社会做出较大贡献的认可,给予相应的荣誉,并以一定的形式或名义标定下来,以此调动广大教职员工的积极性。这种激励不仅对于个人,而且对于群体都是一个良好的激励源,通过满足教师不同层次的需求,达到稳定教师队伍的目的。

四、拓展培训渠道,加大培育力度

为了更好地加强水利高职院校的教师培训工作,需要加大培训基地的建设。比如通过充分汲取全国各高职院校成功之处,选择优势专业作为"双师型"教师培训点,可根据专业的需要派教师进行学习,并通过辐射的方式将成功点散播进行消化、吸收和应用。如此,通过一段时间的实践,便可形成相对完整的理论和实践体系,提高教学质量。

总之,高职院校"双师型"教师队伍建设有漫长的道路要走,途中会有曲折和坎坷,但只要做好相应的准备,根据实际做到未雨绸缪,"双师型"教师队伍建设一定能茁壮成长,为高职院校的发展贡献最大的力量。

第六节　校企共育水利水电实用性高技能人才

校企合作的关键在于学校与企业成为利益共同体,了解各自需求、发挥自身优势、共同应对技能人才短缺局面是合作双方的责任。为此,高等水利职业院校应做好共建三个基地、搭好四个平台、尝试五种模式,推动校企合作向纵深发展。

共建三个基地是指建设高技能人才培养基地、"双师型"教师培养基地和产学研合作基地,为水利行业和企业找到人力资源开发的有效途径,为水利高职院校的教研教改、特色发展和师资队伍建设开辟新的场所。搭好四个平台是指搭好信息交流平台、实习实训平台、技能鉴定平台和技术服务平台,及时收集、发布学校和企业之间的合作意向与需求动态;学生实习尽可能安排在校企合作实训基地进行技能训练,组织学生参加各类职业技能竞赛,让学生感受企业生产组织管理特点,领悟新技术,创造更多的认识企业的机会;利用学院技能鉴定的优势,帮助企业强化技术工人和研发人员的技能培训,为企业员工职业资格晋升提供优质服务;鼓励教师依托合作项目开展教学和课题研究,围绕教学内容承接合作项目,与企业一道积极开展科学研究,为企业服务。

要深化校企协同育人。创新校企合作育人的途径与方式,充分发挥企业的重要主体作用。推动校企共建校内外生产性实训基地、技术服务和产品开发中心、技能大师工作室、创业教育实践平台等,以增强职业院校技术技能积累能力和提高学生就业创业能力。水利高职院校要发挥集团化发展优势,以专业(群)为纽带,推动专业人才培养与岗位需求衔接、人才培养链和产业链相融合。依托国家水利示范校建设和省级示范特色专业群建设,积极开展校企联合招生、联合培养、一体化育人的现代学徒制改革试点。要根据区域产业转型升级对人才需求,开展多样化订单培养、定向培养和委托培养,积极推进"双证书"制度,探索创新创业人才培养的途径与方式,推进校企共建创新创业实践教育基地。水利高职院校也要积极探索国际合作发展,与积极拓展国际业务的企业联合发展,共建国际化人才培养基地,培养具有国际视野、通晓国际规则的技术技能人才和中国企业海外生产经营需要的本土人才。

一、订单培养,实现企业和学校的互惠双赢

水利高职院校应该按照合作企业的要求,为企业量身订做、培养符合企业要求的毕业生,提高就业率。这种人才培养途径既可以利用企业的资源来培养学生,节约人才培养成本,又为学生体验企业文化搭建平台,为学生毕业后迅速融入企业和社会奠定基础。水利高职院校的这种人才培养模式特色,往往是通过设置专门与企业合办的特色专业班来实现的,这些订单培养的特色班,与企业共同设计课程体系,加大企业管理理念和文化理念的比重,学生在企业进行实习实训后,实践能力迅速提升,毕业后能很快进入岗位角色,这样的毕业生深受企业欢迎,毕业生的就业率也非常高,实现了企业、学校、学生的共赢。

二、工学交替,培养水利行业急需实用人才

水利高职教育大多选择工学交替的模式来培养学生,在学习和工作不断交替的模式下,学生可以实现在学校和企业轮流学习,一段时间在学校进行理论学习,一段时间利用企业的资源,在全真的企业氛围中进行带薪顶岗实习,在实践的过程中逐步理解和消化专业知识,同时学到一些书本上没有的技能知识,工学交替模式充分利用了企业的真实资源培养学生。

三、开展技术合作，将企业的优质资源引入校园

水利高职院校在教育资源和科研技术方面具有自己的优势，而把这样的优势与企业的项目研发结合，不但可以为企业创造出经济效益，而且通过任务驱动的教学模式，提升了师生团队的科研能力和创新能力，这对于学生来说是非常珍贵的实践过程。在这个过程中，通过校企合作将企业的创新意识和理念等好的文化引入校园，对于企业特色的校园文化的营造非常有益。还使学生零距离感受了企业文化，加快相关水利企业文化与校园文化的融合。

四、共建实训基地，培育实践能力

随着水利高职院校教学改革的深入，实践教学在整个教学环节中处于越来越重要的地位。实训基地建设关系到高职教育的质量，实训基地不但能为学生提供技能训练，还能通过企业化环境的营造，提升学生的综合能力。学生可以在实训基地中，感受真实的工作环境，在真实情境下进行岗位实践，这样就能提升学生分析问题、解决问题的能力，培养学生爱岗敬业的精神。学生们在企业化实训环境中，逐渐形成了对本岗位的认同感，并了解作为新时代的一名企业员工应具备的各类知识，对学生的职业道德和职业素质进行提前培养。

第七节　增强科研创新能力，提升水利科技服务水平

水利高职院校科技创新服务是我国高校科技创新体系的重要组成部分，应体现和发挥创新群体优势的人才战略思想。水利高职院校科技创新服务平台建设既要有对自身明确的战略定位，也应有适应国家科技创新体系，具有有效地整合配置政府、行业、企业、学校、社会等各方面资源，服务政府、市场和社会的日常管理。

一、着力打造水利科技服务平台与创新水利科研管理体制

水利高职院校科技服务能力必须借助于水利科技创新服务平台的运行，才能得以发挥。与时俱进的科研管理体制和激励机制是水利高职院校科技创新服务能力建设与不断完善的重要保证。双管齐下，着力打造服务平台与创新科研管理体制是提升水利高职院校社会服务能力的重要途径。

水利科技服务平台的建设，一方面要打破部门间的局限，弱化学科间的界限，建立灵活的科研管理体制。在水利高职院校科技创新服务能力建设过程

中出台一定的特殊政策,如建立实施理事会或学术委员会的管理体制。对重大方针政策进行战略决策和宏观协调,把握创新目标和研发方向,解决大量因学科交叉所带来的重大发展和决策问题。应充分考虑水利科技创新服务平台成分复杂和科技团队各有所长的特点,缩减管理层次,加强各方研讨沟通,实现扁平化的互动式管理,鼓励团队之间的知识共享和经验交流。通过项目部署和落实,使参与各方各司其职,实现水利科研灵活管理。水利科技创新服务平台是出于各方共赢的战略目标而自愿同舟共济的水利行业"产学研"联盟,具有合作系统的开放性、合作关系的长期性、合作行为的紧密互补性、合作伙伴的平等性和合作整体的互利性等特点。为充分发挥水利科技创新服务平台的协同创新效应,必须明确各方的权利和义务,规划合作的内容、宽度和深度,建立公平公正、互惠互利的伙伴关系,建立创新科学的管理机制,以维持平台的正常稳定运行。

另一方面,要建立科学的激励机制,形成利于技术人才成长的科技创新环境。激励机制针对的对象是人才,因此激励机制必须以人为本,才能真正成就激励预期、实现激励愿景。平台人员具有组成复杂、流动性大的特点,通过各层面激励,聚贤纳才,建设一支具备竞争力、组成稳定的研发人才队伍。

二、建立健全水利科技服务体系

水利科技创新服务需要借助各种人力、物力资源,需要做好水利资源信息公开,促进资源流动,建立资源共享网络。水利高职院校学科交叉发展水平不高,凝聚力不足,设备、人力等未得到充分的共享,难以形成强有力的团队去攻克难题。科技创新服务平台的介入就尤为重要,一切要从整体出发,冲破现有体制的学科壁垒和部门壁垒,做好水利资源信息统计工作并定期公开更新,形成汇聚各学科资源优势的开放的水利科技创新有机体。

三、找准水利科技创新切入点和落脚点

水利科技创新要瞄准现代水利发展趋势,与时俱进,突出行业特点、突出乡村振兴及战略实施、突出水利精准扶贫、突出河(湖)长制建设等。与企业寻求长期战略合作伙伴关系,强化产、教、学、训、用等多环节融合。水利高职院校是企业创新重要的技术支撑,缺少水利高职院校的技术支持,企业难以仅凭借自身完成高难度、高收益的技术创新;而缺少企业的有效需求,水利高职院校的技术创新缺乏应用前提和基础。

新时代水利科技创新项目要围绕水利建设与管理中特定的技术研究和示

范转化推广项目,要结合区域水利建设实际需求,优先选择新技术、新材料、新设备与新工艺的推广应用,新技术的引进及二次开发项目。如我国南方水利科技项目应突出基于地貌水文响应单元的山丘区小流域洪水模拟与预报方法研究、流量在线监测综合测试关键技术研究、干旱走廊生态海绵小流域建设研究、水库大坝安全隐患与风险管路研究、土石坝全生命周期性能演化及安全评价关键技术研究、考虑堆石料流变特性的面板堆石坝变形及风险预警研究、水生态环境调控措施研究、湖区非常洪水蓄洪减灾对策研究、"河长制"背景下的河湖管理实用技术研究、湖区崩岸预测与防治技术研究、综合措施下多沙河流水电站水轮机抗沙蚀关键技术研究及应用、基于生态功能提升的水土流失治理模式和措施及示范研究、大中型水利工程 BIM 技术标准化设计及应用研究等重点科研领域。

第八章　构建新时代强有力的政策法律支持体系

第一节　国内法律体系发展过程

中国的历史是一个典型的水利大国历史,在积淀辉煌的古代水利文明的过程中,涌现了许多鼓励发展水利的政策和制度,古代的"劝农"或"课农"即相当于我们现在所说的水利职业教育或水利技术教育。因此,在了解中国古代历史的过程中,可以发现大量关于水利职业教育的法规印记。需要说明的是,古代关于鼓励水利职业教育的法规,有些是通过制度实施来体现的,但更多的是通过设立管理水利的官员来推进水利职业教育,进而促进水利事业发展。

首先,通过设置专门的水利官员,履行管理水利、促进水利事业发展的职能。秦代以前,《周礼·地官司徒》记载,地官司徒是奴隶社会时期管理水利的官员,他深通辨土认地之法并向后代传授;秦汉时期,国家设立大司农管理水利和农业;唐代建立了从中央到地方的比较完备的水利和农业管理体制,如中央设立司农卿1人、少卿2人;地方道、州、县的副长官主要负责劝课农桑。此后的历代皇朝,均设置了类似的管理全国水利和农业的官员。

其次,历史上绝大多数的封建帝王,均通过"君王"或"皇帝"的"籍田礼"等率先垂范的运动或方式来督促全国的水利和农业发展,这种方式一直延续到清代。

再次,历史上许多王朝通过制度来促进水利和农业发展,提高土地的利用率,促进了水利和农业生产。

近代关于职业教育的法规也比较多,但因受到战争等因素的影响,近代的职业教育发展受到显著影响。近代出台的涉及水利的职业教育法规主要有三个时期:一是1903年清政府颁布了《实业学堂章程》《初等农工商实业学堂章程》等,其中规定发展宗旨、入学条件、学制和课程设置等;规定在主系列学制之外又有实业类的学堂,即初级职业学堂、中等实业学堂和高等实业学堂,所有的实业学堂一般都划分为农业、工业、商业、商船四个专业,清末学制在职业教育向近现代的转型中具有标志性的意义。二是中华民国政府成立后,对实业教育做了比较明确的规定,主要有乙种实业学校和甲种实业学校,分别与中等学校和高等学校平行,甲种实业学校仍设立农业、工业、商业、商船四个专业,每专业设有预科 1 年和本科 3 年,对应于与大学平行的专门学校。三是南京国民政府教育部于 1930 年先后颁布了《职业学校法》《职业学校规程》《职业学校补习规程》等。

中华人民共和国成立后,至 21 世纪初,国家的职业教育处于缓慢的发展期;同时,在 21 世纪前,我国基本没有水利职业教育的提法,但实质上开展的有关水利技术教育或水利教育工作,许多都是水利职业教育的范畴。因此,我们有必要把国家关于水利技术教育或水利教育的政策法规适当进行梳理,亦有利于我们理性看待国家关于水利职业教育的纵向发展情况。

国家在多次的文件中指出加强水利技术教育、加强农村人才的培养,但明确高等职业教育的位置,同时又指出加强农村人才培养的最高级别的文件,当属 1999 年中共中央、国务院颁发的中发〔1999〕9 号文件,该文件指出,高等职业教育是高等教育的重要组成部分。要大力发展高等职业教育,培养一大批具有必要的理论知识和较强实践能力,生产、建设、管理、服务第一线和农村急需的专门人才。

其他全国性的法律,都是统筹明确职业教育或高等职业教育的地位,当然也应该包含有水利职业教育的内容。第一,1982 年的《中华人民共和国宪法》明确:职业教育与义务教育、高等教育放在同等并列的位置。这是第一次明确了职业教育的宪法地位。第二,1995 年的《中华人民共和国教育法》明确:国家实行职业教育制度和成人教育制度。这是第一次明确了职业教育的法律地位。第三,1996 的《中华人民共和国职业教育法》明确了高等职业教育的法律地位,成为"高等职业学校"发展的法律依据,这标志着我国的职业教育进入法制化的阶段。第四,1998 年的《中华人民共和国高等教育法》明确:"高等学校是指大学、独立设置的学院和高等专科学校,其中包括高等职业学校和成人学校"。这进一步确立了"高等职业学校"的法律地位,同样为高等水利职业教育的发展赋予了法律地位。

21 世纪以来,国家对水利的重视程度达到前所未有的高度。2011 年中央一号文件《中共中央 国务院关于加快水利改革发展的决定》对水利工作的重视明显突出,文件指出:水是生命之源、生产之要、生态之基。兴水利、除水害,事关人类生存、经济发展、社会进步,历来是治国安邦的大事。水利是现代农业建设不可或缺的首要条件,是经济社会发展不可替代的基础支撑,是生态环境改善不可分割的保障系统,具有很强的公益性、基础性、战略性。另外,在2014年、2015年、2016年的3个中央一号文件中,突破历年1号文件没有涉及农村或农业和水利职业教育的内容,第一,在2014年中央1号文件的第二十九条中指出:"落实中等职业教育国家助学政策,紧密结合市场需求,加强农村职业教育和技能培训"。这是第一次在中央1号文件中明确"加强农村职业教育"的内容。第二,在2015年中央1号文件的第十六条指出:"积极发展农业职业教育,大力培养新型职业农民"。这是第一次在中央1号文件中明确指示"积极发展农业职业教育"的要求。第三,在2016年中央1号文件的第六条指出:办好农业职业教育,将全日制农业中等职业教育纳入国家资助政策范围。依托高等教育、中等职业教育资源,鼓励农民通过"半农半读"等方式就地就近接受职业教育。开展新型农业经营主体带头人培育行动,通过5年努力使他们基本得到培训。加强涉农专业全日制学历教育,支持水利院校办好涉水专业。引导有志投身现代水利建设的农村青年、返乡农民工、农技推广人员、农村大中专毕业生和退役军人等加入职业农民队伍。优化财政支农资金使用,把一部分资金用于培养职业农民。

国务院和教育部多次出台文件要求推动修订职业教育法。按照有关规定,研究完善职业教育先进单位和先进个人表彰奖励制度。在国家的法律体系中,《中华人民共和国水法》明确"国家发展水利职业教育",把发展水利职业教育的主体定位为国家,即为国家的责任。因此,随着水利现代化的不断推进,水利职业教育的法律地位,定将持续提高。

第二节　国外法规体系建设与水利职业教育

一、美国的《莫雷尔法案》

1862年《莫雷尔法案》的实施结果使美国产生许多赠地学院,但赠地学院的产生有其深厚的历史背景。一是美国的独立战争后,随着美国本土人口的急剧增长,人们对农产品数量的需要迅速扩大,同时,当时掌握水利技术的实用人才非常缺乏,农业生产、水利建设发展工具和水利技术远远落后于西欧各国,加上当时美国兴起的"西进运动",使劳动力极度缺乏,迫切需要提高农民的科学文化素质,在农业和水利发展中采用新的农业水利实用技术,以提高农产品的数量和质量,推动美国经济的健康发展;二是当时的美国高等教育中,沿袭欧洲的法学院、神学院非常多,但大多与社会现实脱节,不能培养实用人才,因此当时美国的许多有识之士呼吁发展新式大学,发展水利与工艺教育,培养当时水利和机械行业的专门人才;三是美国人崇尚进取,追求创新,注重实用,因此探索出赠地学院这种独具美国特色的高等教育模式。《莫雷尔法案》的主要内容包括四点:一是联邦政府在每个州至少资助一所高等院校从事农业、水利和机械工程教育;二是按照美国国会规定的议员分配名额,联邦政府根据各州的议员数量,按每个议员 3 万英亩的标准向各州赠予土地或等额的土地期票;三是出售这些土地的收入,10% 用于校址用地,其余用来设立捐赠基金,其利息不低于 5%;四是这笔捐赠基金,如果 5 年内未能用于兴办上述学院,须全部退还联邦政府。

赠地学院的主要发展功能是培养农业、水利技术实用人才,开展科学研究和农业、水利技术推广,服务当地的发展需要。举办赠地学院的主要贡献有三个方面:一是开创了政府以法律手段促进发展高等教育的先河,把联邦政府制定优先发展高等农业和水利职业教育的政策、措施用法律的形式固定下来;二是加快了美国高等教育的大众化,开拓了高等教育的服务功能,赠地学院的举办,以其低廉的学费,使许多平民子女,包括黑人的子女,均能接受高等教育,同时,赠地学院的发展宗旨是强调与实际相结合,学以致用,充分满足当地劳动者的需求与利益;三是赠地学院注重教学内容和教学方法的改革,注重个性培养,实施长期教育和短期教育(培训),使学习者的人数显著扩大,切实成为以应用技术为主的高等教育。

美国举办赠地学院对我国发展职业教育有许多启示:一是加强职业教育立法。二是彻底改变职业教育的管理体制,形成灵活多元的培养培训模式。目前我国的涉农高校,特别是水利职业教育的高校,课程开设几乎大同小异,特色不鲜明,不利于培养服务农业农村和城市水利的人才;同时,高校的发展经费渠道比较单一,虽然政府文件中多次倡导或引导形成多元发展主体的学校,但由于没有相关法律作依托,因此发展的活力很难彰显。三是引导农业、水利高校改革教学内容,形成服务农业、水利现代化的新型教学体系。四是加大政府的财政支持与投资力度,切实解决国家负责发展农业和水利职业教育的责任。

二、德国关于职业教育的相关法规

德国于 1909 年颁布了该国第一部《农业考试条例》;于 1938 年正式引入职业义务教育制,水利职业教育也归属其中;1951 年德国在联邦范围内颁布并实施"农业师傅"证书考试规定;至 1969 年,该国的《联邦职业教育法》统一了各州关于农业职业教育的法律框架,使该国的农业职业教育体系正式确立。

三、日本关于农业和水利职业教育的相关法规

日本早于该国的明治维新时期就颁布了《学制令》,使农业实业学校独立于普通中学发展;于 1893 年颁布了有关水利教育的《农学校通则》,并陆续增加了《简易农学校章程》和《农业学校规程》,使水利职业教育的发展历来受到该国法律的保障,极大促进了日本水利职业教育的现代化。

四、韩国关于农业和水利职业教育的相关法规

韩国关于农业和水利职业教育的法规体系亦比较配套。该国于 1960 年颁布了《农村振兴法》,1980 年为确保农村后备力量又颁布了《农渔民后继者育成基本法》,1994 年该国国会通过了《农渔村发展特别措施法》,由此确定了农渔民后继培养制度和专业农户的培养制度,1997 年颁布了《环境友好型农业促进法案》,为"环境友好型"的农业生产提供法律依据,2000 年开始执行《农业、农村基本法》,该法对专业农业、水利人的培育做出了详细规定。

第三节　我国目前水利职业教育法规体系的主要弊端

一、我国推进水利现代化面临的主要现实问题

一是人均耕地严重不足,2012 年,我国耕地面积为 18.26 亿亩,当时人口为 13.54 亿人,人均不足 1.35 亩,这个面积是世界平均水平的 1/4、美国的 1/9;二是人口老龄化严重,农村青壮年劳动力不足,根据国家统计局网络显示,2012 年全国乡村从业人员为 5.38 亿人,其中妇女为 2.88 亿人;三是现有的耕地面积不断被工业用地、住宅用地等非农业用地侵占;四是水利科技成果的转化率仍然偏低,与欧、美、日等比较,仍有显著差距。

二、缺少与农民相关的法规

迄今为止,我国有针对教师、工人等不同群体的法律,如教师法、工会法等,这些法律的制定是必须的和正确的,但对于居住在农村的农民,作为支持国家存在和发展的最大群体,没有一部专门的法律。实际上需要针对农民群体制定一系列的法律法规,只有在完备农民生产、生活、学习等法律后,我国的现代农业和水利现代化才能加速推进。

三、偏低的水利成果转化率暗示水利教育法规的严重缺失

如缺少培育新型职业农民的专门法律。首先要说明的是:第一,近十多年以来,国家对农民的重视程度达到了最高的水平,党的十八大和十九大以来,许多政策都针对服务农民来制定,农民得到了政府最大的关心和支持;第二,中国的农民教育,广义来讲,应当是涉农涉水的职业教育,因为只有把农民正式认可为一个社会必须依靠的职业,才能得到社会其他群体的平等认可;第三,中国的有关农业和水利职业教育,从清代末期和民国初期,即已进入缓慢发展的时期,缘于国家经过军阀混战、抗日战争、解放战争等历史,加上中华人民共和国成立后的"文化大革命"历史,使我国的农业和水利职业教育没有像西方发达国家一样具有良好的传承性,导致农业、水利职业教育的法规体系不健全;第四,国家立法机关的体制基础还要加强建设,从全国人大的专门委员会看,共有民族、环境、华侨、农业与农村等9个专门委员会,可以从中分析判断出:随着建成小康社会步伐的快速迈进,随着水利现代化的强力推进,全国人大农业与农村委员会的工作量及其工作的复杂性非常巨大,因为该委员会工作的综合性比其他委员会的更强,按照习近平总书记的指示:小康不小康,关键看老乡,因此建议从中央到地方,需要增加服务农民教育、农业生产、水利发展的专门机构,并通过加强立法来强力推进新型职业农民的培养和水利职业教育的发展繁荣。

第四节　服务现代水利职业教育的法规体系建设的建议

"中国要强,水利必须强""中国要富,农民必须富";新时代必须积极发展水利职业教育,大力培养基层水利人才。2011年的中央一号文件进一步指出,"支持大专院校、中等职业学校水利类专业建设。大力引进、培养、选拔各类管理人才、专业技术人才、高技能人才,完善人才评价、流动、激励机制。鼓励广大科技人员服务于水利改革发展第一线,加大基层水利职工在职教育和继续培训力度,解决基层水利职工生产生活中的实际困难"。这说明,在中央的决策中,从积极发展水利职业教育转变为办好水利职业教育,那么,如何才能实现"办好"这一目的呢?无疑只有通过国家对水利职业教育进行专门立法,即针对水利职业教育进行立法,才能强有力地协调和统筹各方社会力量,使水利职业教育的各项工作收到实效。同时,对水利职业教育的立法,不能停留在口号层面,而主要应当切中操作层面。因此,对水利职业教育和农民职业

教育的立法内容提出如下建议。

一、树立新发展理念,用法规明确政府、涉水行业组织的职责和利益

(一)水利行政部门是培养水利水电技术技能人才的组织者

1. 省级水利行政部门的工作任务

省级水利行政部门的组织任务至少包含以下四个方面:一是省级水利行政部门统筹国家与省本级支持各县的水利与农村发展的教育培训经费;二是指导各县调研确定本区域对水利人才的培养需求,形成近期与远期水利人才的培养规划;三是组织省属高等水利院校分层次承担职业水利人才的具体培训任务;四是以政府购买服务的方式,充分调动水利科研机构和水利企业的积极性,引导其建立水利新技术的示范推广基地。

2. 县级水利行政部门的工作任务

县级水利行政部门是负责水利人才培养工作的枢纽,至少具有三大工作任务:一是建立县—乡(镇)—村—培养对象的四级管理体系,根据乡村的生态环境和经济社会条件,确定水利人才的培养类型与数量;二是根据高等水利院校的学科优势,确定具有不同学科优势的院校进入相应的乡镇区域,分担水利人才的具体培训任务;三是根据省级水利部门的指导意见和当地产业发展特点,选择确定服务职业培养的水利科研机构和水利企业。

(二)"政校企研"四方联合培育水利人才的原则与程序

第一,确定县级水利行政部门为具体组织者,高等水利院校、水利企业与水利科研机构的具体任务与工作目标均在省级水利行政部门指导下,与县级水利部门签订联合培养合同;第二,由高等水利院校根据区域经济发展状况制订水利人才培养的实施方案,同时由水利院校牵头,水利院校、水利企业、水利科研机构联合确定某地基层水利人才的生产实践教学方案;第三,按照市场与成本管理的原则,教学场地由水利企业负责建设与管理,并成为示范场所;第四,水利人才的培养是一个系统工程,它是整个水利队伍培训的主体工程之一,由省级水利行政部门统一明确各层级水利院校的培养培训任务。

通过以上四个方面力量(水利行政部门、水利院校、水利企业与科研院所)与村组干部和农民的零距离对接,才能把国家推进现代水利的政策落实到农民身上。

(三)高等水利职业院校是落实水利水电人才培育计划的组织者

彻底改变部分高等水利院校发展脱离水利职业教育的现状,把水利水电

人才的培育作为发展的第一要务。因此,水利院校应当毫不犹豫地承担"水利人才培育计划"的组织者这一光荣而艰巨的任务。同时水利人才的培育是一个系统的过程培养,水利院校应当在与水利科研机构和水利企业充分协商后确定某地水利人才的培养方案,其培养模式应当包含四个方面的特点:第一,彻底打破学校寒暑假的时间界限,采取工学结合培养模式;第二,体现以实践教学为主线,每一种技术的学习要经过系统的操作训练;第三,以政府购买服务的方式建立实践教学基地,教学基地以企业为主进行申报建设和管理,水利院校参与基地管理;第四,水利院校应当充分利用社会资源,聘请水利科研与企业单位的技术骨干担任部分实践课程教学任务,教学中突出应用知识和应用技术的传授。

(四)水利水电企业与水利科研机构是培育水利职业人才的主要技术力量

1. 水利水电企业为培育水利人才搭建实践平台

一方面,水利水电企业注重成本与效益管理,具有转化技术成果成为现实生产力的能力,由其负责有志于从事水利行业的人员的实际岗位培训,使之所学能够迅速应用于实际工作中;另一方面,政府以购买服务的方式吸纳水利水电企业参加培训工作,根据最终从事水利行业人员的情况衡量其工作实效,并确定政府对企业的资助额度,引导其认真做好培养的相关工作。

2. 水利科研机构为培养技术型水利人才提供技术支持

水利科研机构长期从事水利新技术的研究与开发工作,相对于院校和企业而言,在技术方面更具优势。因此,聘请科研机构专家进行培训指导,可以减少培训的盲目性,增强水利人才培育的前瞻性。

二、完善经济保障措施,建全服务现代水利职业教育的财经法规

(一)目前对水利职业教育的投入比较分散

近十多年以来,特别是党的十八大以来,国家单向投入水利建设和水利职业教育的经费较以前有显著增加,特别是水利人才的单项培训经费,但存在的问题是资金投入分散,原因是参与投入的部门多,资金多注重某个事项的单方面发展,切实地讲,就是没有聚焦于水利人才的培育,致使投入的资金缺乏后劲,建议在法规立法中,从中央政府到县乡基层政府,聚焦当代水利人才和下一代水利人才的培育,这样可以避免许多短期的水利投入行为。

(二)立法确定对水利职业教育的投入比例

第一,国家是投入的主体。各级政府要建立与办学规模和培养要求相适

应的财政投入制度,地方政府要依法制定并落实水利职业院校生均经费标准或公用经费标准。地方教育费附加于职业教育的比例不低于30%。进一步健全公平公正、规范高效的职业教育国家资助政策。加大对农、林、水、地、矿、油等专业学生的助学力度。

第二,充分利用社会资本发展现代水利职业教育。鼓励社会力量通过资金、土地、装备、技术、人才等多种要素投资水利职业教育。服务农业、农村和农民的企业,均要承担一定比例,特别是根基在农村的企业,如服务农村的水利施工企业、农资企业、加工企业、服务型企业等。

第三,国家通过立法,鼓励有关基金组织等,参照发达国家相关做法,政府承诺其投入的收益最低比例,扩大对水利人才教育的投入,确保有关水利职业教育有强大的经济支撑。支持营利性职业教育机构通过金融手段和资本市场融资。

(三)投入资金的运作原则

1. 公开原则

包括政府的投入在内,所有投入均进行长期公开的制度;资金的投入指向,或投入绩效,同样进行后续公开,这样对水利人才的培育发挥鼓舞、监督、鞭策、引导作用。

2. 聚焦水利人才发展

资金投入的着力点在水利人才培育,政府的企事业单位,只要能够进行职业水利知识、技能、技术提升的,均可采取政府购买服务的方式,鼓励其积极承担培育任务;特别是高等水利院校,应当在立法内容中明确其宗旨性任务,这样方能彰显其发展的现实作用。

三、加强服务水利职业教育的资源体系建设

目前,国家正在对农村的许多产权进行改革,简单地讲,就是加快农民自身固定资产的市场化,这是对农民非常有利的变革措施,那么,针对服务水利和服务农民职业教育的许多资源,应当站在一定的历史高度,建立服务水利职业教育的资源体系,因为许多社会资源如果不通过国家立法来引导,很难流向培育水利人才这个市场,只会流入一些短期高回报的产业领域,所以对加强服务水利人才培育的资源体系的法规建设提出如下建议:

(1)关于人力资源的法规内容。以法规的形式明确,凡是志愿服务水利人才教育的城市公民,包括愿意返乡的大中专学生、复员军人等,应当采取各种措施激励其积极工作,以彻底解决这部分人员的基本获益权利,类似于国家

采取兜底扶贫的方式,对安心农村工作、热爱水利人才教育的工作,可以参照特种行业的工作待遇,并按照市场规则进行考核和褒奖。这样,以法律的强制激励措施,引导社会多种精英人物从事服务农村、热心进行水利人才教育发展工作。

（2）凡是服务水利人才教育的软、硬件资源,包括服务农民致富能力提升的专利等知识产权,支援水利人才培育场所的硬件设施,以及农民本人愿意提供的有关资源,国家应当通过立法,建立系列、完整的配套措施,使这些资源发挥效益的回报率高于社会平均水平。

第九章 构建和完善务实的水利行业
办学制度

第一节 巩固和完善水利高职教育行业指导发展职能

一、教育部规定的行业指导委员会的职责

水利高职教育的功能定位决定了它必须密切联系行业企业,融入水利行业企业、实行产教融合、工学结合、校企合作的发展模式。水利行业是连接水利高职教育与产业的桥梁和纽带,在促进产教融合,密切教育与行业产业的联系,确保高等职业教育发展规划、发展战略、教育教学改革、教育内容、人才培养方案、培养目标、人才供给适应产业发展实际需求、服务地方经济发展等方面发挥着不可替代的作用。构建我国现代水利职业教育体系离不开水利行业的指导,加强水利行业指导,是推进水利职业教育发展机制改革的关键环节,是提高水利职业教育服务经济发展的必然要求。

习近平总书记指出,"职业教育要牢牢把握服务发展促进就业的发展方向,深化体制和机制改革,创新各层次各类型职业教育模式,坚持产教融合、校企合作,坚持工学结合、知行合一,引导社会各界特别是行业企业积极支持职业教育,努力建设中国特色职业教育体系"。党的十九大报告中指出,"完善职业教育和培训体系,深化产教融合、校企合作"。教育部颁布的《国家中长期教育改革和发展规划纲要(2010—2020)》强调大力发展职业教育的方针,明确提出要"建立健全政府主导、行业指导、企业参与的发展机制,制定促进校企合作发展法规,推进校企合作制度化"。为深入贯彻落实党的十九大精神和全国教育工作会议精神,充分发挥行业指导作用,推进职业教育改革发展,多年来,教育部加强顶层设计,在健全行业指导机构、完善行业指导机制、构建职业教育行业指导工作体系等方面不断探索,采取了一系列措施,尤其是行业职业教育教学指导委员会(简称行指委)的成立,对调动行业企业和学校的积极性、推进产教融合和校企合作起到了积极的推动作用,取得了显著成效。

水利行指委的主要职能应该包括:分析研究社会经济发展建设政策、科技进步和产业发展,特别是经济发展方式转变和供给侧结构调整升级对水利行业职业岗位变化与人才需求的影响,提出水利行业职业教育人才培养的职业道德、知识和技能要求;指导推进相关职业院校与企业校企合作、联合发展,校企一体化和水利行业职业教育集团建设;指导推进本行业相关专业职业院校教师到企业实践工作,提高教师专业技能水平和实践教学能力;推进职业院校相关专业实施"双证书"制度;研究水利行业职业教育的专业人才培养目标、教学基本要求和人才培养质量评价方法,对专业设置、教学计划制订、课程开发、教材建设提出建议;参与本行业职业教育教学基本文件、专业教学标准、实训教学仪器设备配备标准和教学评估标准及方案制订工作;参与职业教育国家级教学成果奖励实施工作;组织水利行业相关专业教学经验交流活动等。

水利高等职业教育要创新人才培养模式,就必须深化教育教学改革,依照新时代水利人才培养观念,制定水利人才培养目标,充分发挥水利行业企业的作用,吸引行业、企业参与到职业院校教育教学的各个环节。水利行指委积极推进职业教育教学改革,在专业设置、专业教学标准制定、课程教材建设、教学实习等方面发挥积极作用,努力促使职业教育的专业设置、人才培养与国家经济社会发展的实际需求相吻合,更好地为加快经济发展方式转变服务。

(1)推动水利高等职业教育专业设置与行业产业需求对接。水利行业教学指导委员会对接职业标准、职业资格标准,结合企业实际生产过程和典型工作任务,参与制定水利高职专业教学标准,新的专业教学标准围绕现代水利行业和企业现实需求与发展趋势,努力满足国家现代产业发展新体系建设对技术技能人才的新要求。推动水利行业组织在发布人才需求、规模预测、专业设置、教学指导、质量评价等方面发挥更大作用。

(2)推进校企合作工作。水利等各行业教学指导委员会利用与企业紧密联系的优势,推动职业院校与企业间的深度合作,积极开展校企一体化发展实践,推动专业与产业、企业、岗位对接。水利等行指委通过结对子方式,整合资源,推动学校与企业共建产品设计中心、实验实训平台、技能大师工作室、研发中心和工艺技术服务平台。遴选本行业相关专业教师企业实践基地,推动职业学校教师到企业实践、企业技术人员到学校教学,开展现代学徒制试点,支持职业院校面向行业、企业聘请专兼职教师,促进职业院校与企业合作共赢。

(3)推进人才培养模式创新发展。水利等各行业教学指导委员会指导职业院校根据职业活动的内容、环境和过程改革人才培养模式,实现教学过程与生产过程对接,着力提高学生的职业道德、职业技能和就业创业能力,促进学生全面发展。推动本行业企业积极接受职业学校学生顶岗实习,探索工学结合、校企合作、顶岗实习的有效途径。水利、农业、畜牧水产、农机、供销、财政、粮食、商业、林业等行指委利用教学改革研讨会、人才培养成果展示、人才竞赛、创业大赛等活动,推动广大职业院校教师紧贴岗位实际生产过程,改革教学方式和方法,提升专业教学水平。

(4)推动毕业证书与资格证书对接。要本着简化程序、减轻负担的原则,支持在符合条件的高等水利职业院校中设立水利职业技能鉴定所(站),考试合格的毕业生及时取得相应资格证书。

二、对接水利行业发展的新特点和行业优势,不断完善水利行业发展职能

发展职业教育是推动经济发展、促进就业、改善民生和解决"三农"问题的重要途径,职业教育要紧紧跟上行业产业振兴、调整、升级、发展的步伐,要跳出教育看教育,紧跟行业产业办教育,深入推进产教融合成为自觉行动。水利行指委在实际工作中,积极推动产教融合、校企合作,切实提高水利职业教育人才培养的针对性和适应性。

(一)着力提高水利行业指导能力

一要发挥行业在重大政策研究、人才需求预测、职业资格制定、招生政策倾斜、就业准入、专业设置、课程与教材开发、校企合作、教学改革、教育质量评价等方面的重要作用。制定好水利行业职业教育指导扶持政策。二要加强分类指导。对有行政职能的行业组织、大型企业牵头的行业组织、政府机构改革转制形成的行业组织、市场中自发形成的行业组织等分类制定指导政策。三要健全体制机制。研究制定支持并鼓励行业主管部门、行业组织、企业指导职业教育的模式、方法和政策,建立行业对职业教育工作进行研究、指导、服务和质量监控的体系。支持水利行业组织充分利用其自身优势,构建涉水涉农企业与职业院校的产教合作平台,推进中高职衔接等工作。水利行业教学指导委员会和水利行业协会要切实加强行业指导能力建设,成立专门的行业指导机构,健全精干的人员队伍,完善行业指导制度,明确行业指导目标和措施,不断提高工作质量和服务水平。

(二)系统培养水利技术技能人才

建设现代水利职业教育体系是一项系统工程,建设任务千头万绪,必须突出重点,教育部明确提出了推进招生考试制度、学制、课程体系、专业设置、教学模式、校际合作、教师培养培训、质量评价、行业指导、实训装备等10个方面

的重点工作。行指委要全面参与到这项工作中来,特别是要推动建立中高职业教育衔接的行业指导机制,加强基层水利技术队伍和管理人员的继续教育,更新职业技能知识,学习水利新知识、新技术,加强技能培训,推进技术技能人才系统化培养。

(三)深化水利特色专业课程体系改革

推进教育教学改革的主要内容有:水利行业教学指导委员会一要推动专业改革。加快修订高等职业学校专业目录、制定专业设置管理办法,根据产业发展实际及趋势,调整专业设置,以高职专业为引领,推进中高职专业设置衔接。开发全国水利职业院校专业设置和公共服务平台,建立专业设置信息发布和动态调整预警机制。二要推动课程改革。按照职业资格标准、水利行业和企业的实际要求设计课程结构及内容。通过用人单位直接参与课程设计、评价和国际先进课程的引进,提高职业教育对技术进步的反应速度和水利企业的服务能力。三要推动实质性的教学改革。推动教学内容改革,真实反映产业发展、技术革新和社会发展;推动教学流程改革,真实反映农村三次产业的业务流程;推动教学方法改革,通过课堂理论学习、实习实训基地实践学习、顶岗实习实践学习和研究性学习产生的真实问题激发学习者的学习兴趣。水利等各行指委要明确工作重点,指导水利类职业院校加快专业课程体系改革。

(四)衔接学历学位和职业资格

建立健全职业教育学历、学位和职业资格衔接制度,推动形成国家资格框架。水利行业教学指导委员会要把实施双证书制度试点作为建立职业教育学历、学位和职业资格衔接制度的重要基础工作,抓好抓实。要推动学校和职业技能鉴定机构的深度合作,在本行业内遴选一批试点学校,在校内设立职业技能鉴定点,实行学生相关课程的考试考核与职业技能鉴定合并进行,推动学生在取得毕业证书的同时,获得相关水利专业的职业资格证书。

(五)激发学生参与职业技能竞赛的能动性

教育部印发《全国职业院校技能大赛三年规划(2013—2015)》,强调要坚持政府主导、行业指导、企业参与的办赛模式,提出了大赛的发展目标和工作安排。要加大技能大赛的宣传力度,进一步提升社会影响。扩大技能大赛的专业覆盖面,使大赛成为教学成果展示和教学资源转化的平台与国际交流合作的平台。要进一步完善办赛机制。建立功能完整、职责明确、相互协调的权威性强的大赛组织机构,构建标准完备、科学规范、执行有效的大赛制度体系,完善技能大赛的运行和监督机制,培养一支大赛专业队伍;要提升技能大赛与产业发展相同步的水平。根据产业结构调整和技术革新步伐,特别是与现代水利有关的战略性新兴产业、先进制造业、现代水利行业企业、现代服务业的发展变化,及时调整比赛的项目、内容和标准。水利行业教学指导委员会作为大赛的重要组织者和参与者,要按照规划要求,充分发挥好引导和联系企业的优势,履行好指导职责,促进大赛与水利行业同步发展。

第二节　建立高效运行的水利高职教育政校企合作、产教融合机制

政校企合作、产教融合作为一种发展模式,是职业学校把产业与教学密切结合,相互支持、相互促进,把学校办成集人才培养、科学研究、科技服务于一体的"产业性经营实体",形成学校与企业浑然一体的发展模式。为了实现水利高职教育特色办学,促进水利高职教育的可持续发展,应重点从以下几方面建立产教融合机制。

一、建立互利互惠合作机制

政府水利行业主管部门和涉水涉农企业向学校捐赠资金、生产设备,提供和合作共建生产实践场所以及技术支持,提供行业企业专家、技师,订单培训人才等;学校向企业提供员工基本文化素质培训,开放远程教育资源为企业员工提供职业能力培训,开展职业技能培训与鉴定、技术服务与咨询,设立成人教育点等。实现多方教育资源的有序整合和最大化利用。

二、完善政校企合作机制,提高政校企合作的主动性

通过建立合作机制,充分调动政校企合作各方的积极性和参与度,为人才培养服务,实现学校、学生、企业三方利益的共赢。建立完善的政校企合作的运行机制,需要政府、学校、企业三方的共同努力。政府水利行业主管部门要加强统筹,为校企合作牵线搭桥。政府可以出台各类鼓励政策,比如对参与校企合作的企业给予水利项目资金支持和一定税收的减免,通过各种手段充分调动行业各职能单位、企业参与人才培养、支持水利职业教育的主动性和参与度。学校和涉水涉农企业是校企合作实施的主体。校企双方要尽最大努力实现平等合作、互惠互补、优惠互补。以山东水利职业学院为例,由山东省水利厅牵头,水利厅有关领导、行业企业专家、学院领导及山东库区移民管理局等厅属单位和日照市水利局等地市水利企事业单位负责人组成学院理事会,分别设立专业建设、职工培训、技术服务、实训基地建设、就业工作等5个专门委

员会。各系成立专业建设委员会,制定和完善与之相适应的管理制度,使理事会单位与学院办学各环节有机联系,在机制上依存、资源上共享、优势上互补、利益上双赢,实现与区域全面融合、与行业全面对接、与企业深度融合。

三、健全企业参与制度

水利行业主管部门要认真研究制定促进校企合作发展的有关法规和激励政策,鼓励行业和企业举办或参与举办职业教育,发挥企业重要作用。重点龙头企业要有机构和人员组织实施职业教育培训、对接水利职业院校。水利企业因学生实习所实际发生的预期的收入有关的、合理的支出,按现行税收法律规定实行优惠。多种形式支持水利水电企业建设兼具生产与教学功能的公共实训基地。对举办职业院校的企业,其发展符合职业教育发展要求的,各地可通过政府购买服务等方式给予支持。对职业院校自办的、以服务学生实习实训为主要目的的企业或经营活动,按照国家有关规定享受税收等优惠。支持水利企业通过校企合作共同培养培训人才,不断提高技术含量和市场竞争力。

四、深化校企合作的文化交流与交融

大学有校园文化,企业有企业文化。两种文化各有特点,但也具备相互交流的条件。双方可以通过举办文化交流活动,亦可以通过联合举办高层人员互访、技术交流、网络资源共享、各类技能竞赛以及文体竞赛活动,开展学生职业生涯发展的讨论、班级冠名、提供企业奖学金等,为校企双方的合作注入更深层次的文化内涵,使校企合作文化交流与交融成为学院发展、企业办厂的自觉行动。

五、政校企共建科技服务研发机构

水利高职院校要充分发挥水利水电工程、水文和水资源工程、水务工程、港口航道与海岸工程、水利工程施工技术、城市水利、水利水电建筑工程、水利工程试验与检测技术、水电站动力设备与管理、水利机械制造业、水利财务管理、水利信息等专业技术优势,利用学校科研优势,与水利企业及其他水利科研单位共建科技研发机构,由学校的教师和企业的研发人员共同组成研发队伍,把学校的科研与企业的研发项目相结合,理论联系实际,科研结合生产,将更容易出成果,成果也更易应用于生产实践,加快水利科研成果和专利的转化应用,尽快产生经济和社会效益,充分发挥校企合作在师资队伍建设、新课程开发、专业人才培养、企业技术水平提高以及区域经济服务等方面的重要

作用。

六、政校企共建质量监控体系

为促进工学结合、全面提升校企合作质量,必须建立以政校企多方共同参与的人才培养质量监控体系。一要建立政校企互惠互利、优势互补机制,政府水利主管部门牵头,让企业有参与合作的动力,真正参与到学校教学和人才培养管理,使人才培养工作成为学校与企业发展的共同任务。二要特别重视加强实践教学环节的质量监控。对于校内实训,要与校企合作单位共同制定实践教学质量标准,将企业的真实项目引入实践教学,让实践指导教师在实践教学环节上有章可循、有标准可依,实践指导教师可以聘请企业技术熟练的工人或者专业技术人员。对于顶岗实习,要与企业共同确定实习的内容与达到的目标,对每一阶段的顶岗实习内容制定质量标准,完善各类管理制度,明确学校教师和企业教师的职责,确保学生在企业顶岗实习期间的管理到位,让学生到企业能够真正地学到技能、增长知识,切实提升人才培养质量。三是加强对企业、行业、用人单位参与教学环节的质量监控,还要加强对校外实训基地组织和安排学生的实训、顶岗实习等方面的监控,建立包括对学生实习效果、企业教师教学效果等多方面的评价体系。四要重视企业对人才培养质量和效果的评价。教学改革的根本目的是提高人才培养质量,企业作为人才的最终使用单位,通过对人才的实际使用和考验,对人才培养质量是最具发言权的。学校要根据企业在顶岗实习中对学生工作表现、工作能力和专业技能的评价,毕业生跟踪调查等反馈的信息,发现教学过程存在的问题和不足,及时调整人才培养方案,使企业对人才的需求与水利高职院校的培养同步。校企合作的目的是使企业获得需要的人才。在校企合作深度融合的过程中,需要切实了解各方的需求、正视合作过程中出现的各类问题,通过互信、互惠、互利的机制才能把政校企合作落到实处。

七、加强校企合作的行业指导、评价与服务

加强水利行业指导能力建设,分水利工程建设管理、水资源开发利用与管理、防汛抗旱、生态水利建设与管理、水电站建设与管理、城市水利、灌溉工程建设等大类制定行业指导政策。制订切实可行的一系列扶持校企合作的措施方案并强化服务监管。水利行业组织要履行好发布行业人才需求、推进校企合作、参与指导教育教学、开展质量评价等职责。建立水利行业人力资源需求预测和就业状况定期发布制度。提升毕业生就业率和就业质量。

八、构建政府、水利行业、学校、企业、学生和社会各方互利共赢机制

深化政校企合作的根本目的是使参与合作的政府、水利行业、水利高职院校、企业、教师、学生、社会各方互利多赢。

(一)创新合作动力机制

政府和水利行业是校企合作的指导协调一方,着眼于社会效益,高职院校的根本利益是要以企业的生产实际引领学校的教学,明确培养目标和人才规格,明显增强社会服务功能。企业的根本利益是实现人才技术效能,实现最大经济利益。校企双方有了真正的合作需求,合作才有真正的动力,合作才可以不断深入。各方要积极主动研究制定合作的动力机制,在主动寻找合作中,形成多领域、多环节、多途径、多层次的合作,克服被动合作的态度和思维。

(二)建立和完善校企"共育、共管、共享"的合作长效机制

水利高职院校和企业人员共同探讨人才培养所面临的问题,把握专业建设思路和方向,为人才培养提供反映生产实际的真实素材。首先,校企双方共同参与人才培养的全过程,共同开展专业建设。在对涉水涉农企业产前、产中、产后流程管理等职业岗位需求、岗位能力要求、工作任务分析的基础上进行专业的课程设置,共同开发实训模块、技能考核标准及配套教材,实现课程教学内容及要求与实际岗位能力的紧密对接。其次,建立校企"共管"的实训基地建设和管理制度。要使企业技术人员通过实训基地把实际生产中的技术工艺、管理、企业文化等企业要素融入具体的职业岗位和实训内容中,以全真的环境全方位培养学生职业能力和岗位素质。再次,建立校企"共享"的人才培育管理制度。让水利高职院校的专职教师既参与教学工作,又为企业和社会提供技术服务。教师在为企业提供技术服务的同时提升实践教学能力;而企业的技术专家通过校企合作参与教学,将实践经验与理论教学相结合,提升理论水平。最后,通过校企合作"共育"的学生,与企业的生产实际密切结合,达到企业的岗位就业要求,实现理论知识与实际应用相结合,提升自身的整体素质。

(三)共建人才培养标准

按照国家劳动和社会保障部制定的国家职业标准体系与行业颁布的行业技术标准及职业鉴定标准,以及企业的职业岗位要求,在政府水利行业主管部门的指导下,校企双方共同构建人才培养质量标准体系。水利高职院校与水利企业一起,对定向培养的学生,根据企业岗位的实际要求,结合水利行业标

准,共同制定人才培养标准和考核体系,并由政府相关水利行业专家、学校教师、企业专家、工程师、技师等共同参与到人才培养的质量评价中来。对学生的评价要结合学生的实际操作水平和工作实践能力来确定,体现客观性与真实性。建立教师到企业见习的考评机制,教师在晋升高一级职称前,必须有到企业见习的时间,同时要通过校企双方的技能考核。水利高职院校应为企业技术人员参与教学出台相应的激励政策和实施细则,让教师、学生与企业技术人员在校企合作中真正融为一体,从而不断深化校企合作。

九、创新政校企合作模式,推进人才培养模式创新

坚持政校企合作、工学结合,强化教学、学习、实训相融合的教育教学活动。推动项目教学、案例教学、实践过程导向教学等教学模式。加大实习实训在教学过程中的比例,创新顶岗实习形式,强化以育人为目标的实习实训考核评价。在政府水利行业主管部门的推动下,积极开展现代学徒制试点,完善支持政策,推进校企合作一体化育人。如"校企联合培养"模式,企业不仅提供原有的各种捐助,而且参与研究制订培养目标、教学计划、教学内容和培养方式,承担部分培养任务。水利高等职业院校可以为企业"量身订做"急需的专业技术人才、产品研发和技术推广人员;学校与企业以股份制的形式合作发展,企业以设备、场地、技术、师资、资金等多种形式向高职院校注入股份,承担决策、计划、组织、协调等管理职能,以主人的身份直接参与发展,分享发展效益。由于企业是全方位地整体参与、深层参与,将人才培养视为分内之事,就避免了企业由于追逐利润而出现的短视行为,有利于形成人才培养的长效机制。随着教育产业化、发展体制多元化的发展,校企实体合作模式将得到充分的发展空间。水利高职院校根据企业需求,在招生时与企业签订联办协议,实现招生与招工同步、教学与培训同步、实习与就业同步,开展"厂中校"和"校中厂"的合作形式,在高职院校、企业两个地点进行教学,学生毕业后直接到合作企业实现就业,从根本上解决了学生在校学习的职业针对性、技术应用性以及就业岗前培训的问题。实现了招生、学习、就业一体化的合作,学生在学习阶段就已熟悉企业的岗位要求,毕业后能很快融入职业环境,从而达到直接促进企业发展的目的。

第十章　建设卓越的现代水利职业教育集团化发展体制机制

国务院国发〔2014〕19 号文件《国务院关于加快发展现代职业教育的决定》指出，鼓励多元主体组建职业教育集团。研究制定院校、行业、企业、科研机构、社会组织等共同组建职业教育集团的支持政策，发挥职业教育集团在促进职业教育链和产业链有机融合中的重要作用。鼓励中央和地方企业及行业龙头企业牵头组建职业教育集团。探索组建覆盖全产业链的职业教育集团。健全联席会、董事会、理事会等治理结构和决策机制。开展多元投资主体依法共建职业教育集团的改革试点。

职业教育集团是校企联合、校校联合的一种职业教育新模式。它通过人才培养、教学、科研和生产等方面的广泛合作，整合职业教育资源，对进一步深化职业教育改革，促进现代职业教育制度的建立具有重要的现实意义。成立现代水利职教集团，走集团化发展道路，可以使水利高职院校与企业、行业及相关主管部门联合起来，合作培养和培训水利人才，合作进行技术开发和创新，合作进行投资建设，合作进行生产和经营等。因此，组建现代水利职教集团，形成现代水利集团化发展体制机制作用明显且意义重大。

第一节　建立和完善水利职业教育资源整合体制机制

水利职业教育资源整合与共建共享是水利高职院校发展的一种策略，它促使水利高职院校由外延式发展走向内涵式发展的道路，对现有教育资源总量的不足进行补充和调解，更好地盘活教育资源的存量，克服闲置浪费问题。从入学前培养到毕业生走上工作岗位后的跟踪调查与继续教育的过程中，各个子系统集成优化、相互渗透、相互协同、有效控制，并不断从环境中获得信息、能量和物质，从而发挥最大效益的创新过程。

一、规划水利职教集团教育资源整合的战略

（一）制定水利职教集团资源整合的整体目标和工作重点

组建职业教育集团的基本目标是整合水利职业教育资源、凝聚力量，达到

水利职业教育资源的共享、共赢、互惠、互利,实现水利职业教育的健康、可持续发展。积极探索和完善水利职业教育资源整合的整合模式以及有效模式的应用;充分利用企业和学校乃至科研的力量实现合作发展;通过水利职业教育资源的整合,使水利水电类学校、企业、科研单位积极发挥多功能作用,广泛开展各类培训和技术推广,实现优势互补、持续进步和共同发展;通过各种形式的合作,充分吸收和利用各类资源,形成整合优势,拓展水利职业教育服务与发展空间;建立健全课程衔接体系;适应经济发展、行业发展、产业升级和技术进步需要,建立专业教学标准和职业标准联动开发机制;推动专业设置、专业课程内容和职业标准相衔接,推动中等和高等水利职业教育培养目标、专业设置、教学课程等方面的衔接,形成对接紧密、特色鲜明、动态调整的职业教育课程体系;全面实施素质教育,科学合理设置课程,将职业教育和人文素质教育贯穿培养全过程;通过合理配置和优化存量职业教育资源,不断增强区内各职业院校的发展实力,整体提升水利职业教育水平,使水利高职教育走上可持续、健康发展之路。

(二)水利职教集团教育资源整合的工作重点

(1)实现教育教学资源和企业资源的相互共享,开展校企合作和产学研结合,合作进行科学研究和技术开发,通过订单式培养、举办企业冠名班等方式,充分满足水利职业院校毕业生就业和企业用人的需求。

(2)加强教育教学、科研、师资培训、企业员工培训、劳动力转移培训、水利工程建设、新农村建设等项目的建设与管理。

(3)积极争取国家在招生就业、专业设置、项目建设、(企业)税收减免等方面对集团成员给予政策优惠。

(4)搭建信息交流平台,共享信息资源。同时宣传集团成员,提高社会知名度。

(5)开展集团成员内部的交流活动,举办加快发展现代水利的高层论坛,进行水利职业教育集团化发展的理论研究和实践探索。

(6)结合专业特点,建立由职业教育专家、企业领导、专业技术人员等组成的集团专业建设指导委员会,分析企业专业需求,掌握技能需求重点,合理进行专业设置、课程改革与创新,强化学生技能训练,提高学生专业素质。加强课程开发、教材编写。

(7)实现师资和专业的优势互补,探索教学改革和学分互认,在招生、就业、教学、科研等方面进行有效合作。

（8）实现中、高职人才培养对接，沟通人才供求和教育改革信息，开展联合发展。

（9）实现职业资格、培训考核鉴定的合作，加强实验室、实习基地、图书馆、学报学刊等短缺资源的共享，为职业院校学生实习、实验及专业课教师培训提供支持，建立新型的校企合作基地。

（10）加强横向交流，开展与省内外其他兄弟产业（行业）职教集团的协作活动。

（11）以水利职教集团的名义，开展各类国际交流活动，与国内外职业机构进行合作。

（12）拓展领域，开展与加快发展现代水利和职业教育相关的其他业务。

二、水利职教集团整合的主要资源

根据资源形态的不同，水利职业教育资源可以分为有形资源和无形资源。有形资源是物化的发展资源，是现代水利职业教育发展的基本要素，主要包括政府资源、企业资源、校友资源、资产资源、实物资源、货币资源、人力资源等。无形资源对水利职业教育的发展有巨大的潜在的作用，主要包括品牌资源、校园文化资源、制度资源、知识资源等。有形资源看得见、摸得着，往往大家都比较重视，相对也较容易整合，无形资源却容易被忽视，但是其地位和作用也往往更突出。因此，水利职教集团教育资源整合要进一步深入挖掘和加大无形资源整合力度。

（1）品牌资源。品牌是一个单位社会地位和综合实力的反映，是一个单位在创建、发展过程中逐渐形成的社会认可程度，也是集团在发展中对教学质量、科研水平和信誉的承诺以及质量的保证。

（2）校园文化资源。校园文化是在一定的社会历史环境下，一个学校在其教学、管理以及其他实践活动中，形成的精神、信念、价值观念的集中体现。校园文化、校园精神是职业院校发展的核心竞争力之一，是职业院校发展的重要的无形资源。

（3）制度资源。制度资源是教育政策法规和各种管理制度、管理方法、管理手段的总和，是维系水利职教集团存在和发展的基础，尤其是教育投资体制、内部管理制度对水利职业教育的发展影响大，同时随着教育事业步伐的加快，政府对教育的种种政策都影响到了教育的发展。

（4）知识资源。知识资源包括教学知识资源、信息、自主知识产权的专利、科研成果、核心技术。水利职业院校是一个知识生产、培训、传播、创新的机构,教学科研技术成果转化的实质就是知识资源的交换、转让、创新。水利职教集团在创新知识方面,有其学科优势、人才优势、信息优势、学术环境优势。

三、科学制定水利职教集团教育资源整合策略

(一)坚持效率与公平兼顾

教育的效率体现在资源的消耗与产出两个方面。就教育资源整合来说,消耗量不变或减少,获得的效益比整合前增加,整合就是成功的。如果消耗量不变或增加,而获得的效果小,这就得不偿失,没有达到整合的目的。所以,整合要讲效率,追求动机与效果的统一,不能光凭主观愿望而不顾效果。因此,教育资源整合要统筹考虑各个方面的有利因素和不利条件,把效率性原则放在第一位。此外,教育是一种公共品或准公共产品,在一定意义上教育机会可视为一种社会的福利,应该具有公平性。通过整合实现科学合理地配置教育资源,促进教育均衡发展,实现教育公平。

(二)坚持规模与效益结合

办水利高职教育也应像企业一样讲规模效益,特别是在教育资源总量不足、优质教育资源短缺的情况下,更要追求教育的规模效益。小而全和条块分割的教育模式带来了人力资源浪费,设备设施也发挥不了应有的作用。但讲规模也不是无限度地扩张,规模过小,资源必然出现浪费,规模过大,也会衍生一些致命缺陷。既不能脱离资源现状,也不要破坏合理的布局,规模要适中。

(三)坚持现实与长远兼顾

整合教育资源要以习近平新时代中国特色社会主义思想来统领,要有前瞻性,把解决现实问题和矛盾与长远发展结合起来,综合准确地分析现状,科学地论证和预测未来,兼顾现实利益与长远利益。对现实有利而对长远发展无利的,不要只顾眼前而急功近利地去操作;对现实无利或利小,但对长远发展是有利的,要克服困难,积极创造条件努力做好;对现实和长远都没有利益的,坚决不做。

(四)坚持科学性与可行性结合

教育资源整合要认真地进行调查、分析、论证,制订科学的实施方案,如果破坏了教育规律,就会受到惩罚并为此付出高额的代价。在设计整合方案时,要认真处理好科学性与可行性之间的矛盾,充分地创造可行的条件,使之既符合科学规律,又是可行的、易于操作的。

四、积极探索多元水利职教集团教育资源整合模式

(一)依据水利高等职业教育资源整合中的主导关系确立

依据水利职业教育资源整合中的主导关系,可以确立政府主导型、学校主导型和企业主导型三种水利职业教育资源整合模式。

(1)政府主导类型,指由政府批准建立一个职业教育集团。即是在政府的主导下,整合学校、企业、科研单位等职业资源,成立一个直属的水利职业教育集团,由集团直接管理若干所涉水院校、企事业单位。

(2)学校主导类型,指由各水利职业院校围绕某些共同的或自身的利益自愿组合形成一个职业教育集团,机构运作的资金可以由政府提供,也可以由成员单位根据签订的合同来筹集。该模式的组合,纵向可包括初等职校、中等职校和高等职院,横向可包括普通教育、职业教育和成人教育。学校主导模式主要体现在高职院校的合并上面,通过几个院校的合并,可以将原有的专业性学校转化为综合性学校。

(3)企业主导类型,指由区内的涉水企业主办一个水利职业教育集团,借助企业资金力量、场地场所等与各级职业院校一起培养企业需要的技能型人才。

(二)依据水利职业教育资源联结方式确立

依据水利职业教育资源整合中,各方资源联结的不同方式,可以划分为契约联结型和资产联结型的水利职业教育资源整合模式。

(1)契约联结类型,指区内各类职业教育资源如高职、中职、职高、企业等以签订契约为主要纽带进行整合而组建的水利职业教育集团。在这种类型整合模式中,各成员之间只是通过协议、合同或者约定的章程等进行相互合作,原有的产权、人事、拨款渠道及管理等方面基本保持不变。

(2)资产联结类型,指区内的各水利职业教育单位凭借投入的资本产生股权或产权关系,组成一个水利职业教育集团。

(三)根据水利职业教育资源整合的纵横向联结方式确立

依据水利资源整合的纵横方向,可以确立横向的水利资源整合和纵向的水利资源整合两种类型。横向整合模式是指同一教育层次的水利职业院校参与水利职业教育资源的整合。纵向整合模式是把中、高等职业教育和岗位培训连接起来的组织形式。

(四)根据水利职业教育资源整合成分确立

依据水利职业教育资源整合中组成成分及其性质特点,可以确立校政企

联合、校校联合和校企联合三种类型的水利职业教育资源整合模式。

（1）政校企整合类型，这里的政不但指省政府，也泛指教育行政部门、水利厅、涉水的事业单位和科研院所等。校政企联合类型就是指政府参与进来，联合所有涉水企业、职业院校全部参与组建的一种水利职业教育资源整合模式。

（2）校校整合类型，指由某一个职业院校牵头联合其他学校组建一个职业教育集团。职业教育资源整合发生在学校之间，政府只是起到监督或调控的作用，并且完全没有企业的参与，这种整合模式主要体现在共同招生方面。

（3）校企整合类型，这种类型的整合模式为所有涉水的职业院校、企业参与水利职业教育，政府不提供资金，只是发挥监督协调作用。

五、加强教育资源整合的措施

为了推动水利职业教育资源的有效整合和持续发展，现代水利集团化发展教育资源整合还需要一系列的保障条件，其中政策保障、组织保障、制度保障、资金保障是保证集团资源整合健康持续发展的重要条件。

（1）明确方向，科学制定职业教育资源整合规划。政府水利主管部门推动区域职教资源整合首先必须对现有的水利职教资源进行系统评估，在充分考虑政府市场的职能边界、人才供需环境、职教生源变化趋向、区域水利行业企业结构等因素基础上，重点评估现有职教资源是否真正能够满足当前和未来区域社会经济建设对职业教育人才的需求，然后明确推进职业教育发展的主攻方向，科学制订水利职业教育资源整合的具体实施方案，选择适合本地区水利职业教育发展的资源整合模式。具体而言，政府必须在将职业教育做大做强与满足区域经济建设需要间进行权衡，必须在以政府主导整合还是市场主导整合间做出选择，必须在大范围与小范围资源整合间予以明确，也必须在整合举措与政府能力间进行客观评估。职教资源整合绝不是职教硬件资源或软件资源简单的撤并重组，而是一项系统工程，涉及政治、经济、社会方方面面，政府推进职教资源整合应因地制宜、立足长远、明确方向、统筹兼顾、科学规划、系统实施。

（2）转变职教发展理念，推进水利职业教育发展。政府应树立职业教育产业经营理念，要有整体意识、市场意识、危机意识，政府发展理念要实现三个转变：一是要从计划指导转向市场驱动；二是从直接管理向宏观管理转变；三是以学历教育为主转向提高职业技能和岗位能力为主转变，把学生实践技能的培养摆在职业教育教学工作更加突出的位置。

（3）统筹水利职业教育资源，切实提高资源使用效率。合理规划调整辖区内水利职业学校布局、师资配置和专业设置，努力提高发展效益。具体而言，政府应在职教资源整合中发挥主导作用，按"有所为有所不为"的原则，将资源利用效率较高、生源相对充足稳定的水利高职院校扶优扶强，关、停、并、转一批无发展潜力、规模较小的水利类职业院校，实现资源优化组合。同时要注重资源外生性变量和增量资源的开发与组合，摒弃不公平政策，一视同仁地支持不同团体、企业和个人以不同的形式开办与经营高职水利教育，切实提高区域整体水利职教资源的使用效率。

（4）加大政策扶持力度，促进水利高职教育稳定发展。水利高职教育的对象多为农村人口，他们收入不高，水利高职教育的教学成本又高，在政府投入相对较少、职教生源不足的情况下，有些水利高职院校完全依靠市场化运行举步维艰。政府应该采取相应鼓励或奖励政策，落实生均经费政策，在水利高职教育的实训基地和设备设施方面予以支持。同时对家庭困难和农村的高职生应予以重点支持，帮助此类学生顺利完成学业。如尽快出台特惠政策等助力水利职业教育集团化发展及职业教育资源整合的相关政策，规范政府、学校、企业、咨询机构等在集团化发展中的权利和义务。

（5）水利职业教育集团应该设立理事会或董事会工作机制。制定活动章程，规范工作流程。设立理事会和秘书处等机构，明确工作职责，具体负责集团的日常工作事务。制订工作方案，实质性开展集团化发展工作。

第二节　建立和完善水利职业教育资源共享共建的体制机制

一、明确教育资源共享共建内容与重点

对水利职教集团内教育资源进行整合，实行资源共享、优势互补、互惠互利、共同发展，是提高水利职业集团发展整体效益，推动水利职业教育健康快速发展的有效途径。但是无论是组建何种类型的集团，都不可能囊括全部类型的教育资源，再强大的集团也有自己的短板。笔者以为，水利职教集团的重点任务是进行现代人才培养。必须围绕现代人才培养这个核心任务，对集团内各类教育资源进行有效整合，实现教育资源的共建共享，提升水利职业教育集团的整体发展水平与综合实力。

(一)人力资源共建共享

教师不仅可在兄弟院校间互聘授课,也应该是企业的准员工,成为企业的技术骨干或管理骨干;学生在实习期间,其身份不仅是学习者,也是工作者,应该成为企业的一线技术工人;行业协会和企业的领导、专家、技术人员、能工巧匠等也应该是学校专业课、思想品德课、就业指导课的兼职教师,成为水利高职院校双师队伍的重要成员。

(二)图书、实验室资源的共享

图书资料、实验仪器、工艺设施、加工装备、检测设备、技能鉴定设备等,不一定每个单位都要完善购置和配备,可以在集团框架内由一个或若干个单位统筹考虑,有所侧重,其他单位不求所有,但求所用。

(三)实习基地、研发基地、就业基地的共建共享

根据集团章程,成员企业都是职业院校的实习实训基地,企业接受相关专业的成员学校学生实习实训。成员企业作为集团内实习实训基地,集团必要时可以统筹协调,满足各成员学校学生校外实习实训需要。基地建设可以一家独建,也可以多家共建,建设的基地可以放在企业,也可放在水利高职院校。一个基地可以由一家拥有,更重要的是由多家共享。

(四)科技研发与成果转化上实现协作共享

各单位可以充分发挥自身优势,在团队组建、资金投入、研究方向、开发领域、成果转化等方面形成合力,产生出一批具有自主知识产权的科研成果和发明专利。

(五)信息资源的共建共享

以集团网站、微信平台和集团刊物为主要平台,推进集团信息化建设。建立水利职业教育集团的专题网站和微信平台,科学设计栏目,建立相互链接,及时发布涉及集团活动的有关信息,使网站成为集团单位互动交流和对外宣传的平台。在这个平台上,各个学校、行业协会、企业都可以随时发布行业政策信息、产品技术信息、人才供求信息、科技服务信息、管理经验等,供大家相互使用。

(六)集团文化共建共享

文化是维系一个团队的精神纽带。职业教育集团要想避免只开年会的现象,必须做大做强、做优做实,就需要重视并加强集团文化建设。集团文化是建立在职教集团所属各类成员单位个性文化基础之上的共性文化,具有战略性、主导性、整合性和包容性。集团文化能为各成员单位的文化建设提供指导、规范和发展的空间,对内能规范职教集团所属成员单位和所有教职员工的

行为,对外能展示职教集团的竞争力和整体形象。

二、建立健全教育资源共享共建协调机制

首先,要进一步健全保障各参与主体正当、合理的发展效益分配制度。在政策制定的过程中,应遵循平等、互利、有偿的原则,积极探索职业教育与产业、企业接轨的模式以及运作过程中的利益分配机制,充分发挥集团各个利益相关主体特别是企业的作用。落实企业合理分担水利职业教育发展经费的相关政策和相关的支配权;明确企业在水利集团经营收益中的分配权,确定其可得到的回报率及其回报方式,提高企业参与水利职业教育集团化发展的主动性和积极性。其次,由水利行业主管部门出台制定相关政策或是理事长单位牵头制定相关制度,协调各集团化发展参与主体之间的关系,统筹整合区内职业教育资源,加强各成员单位的信息交流,加强合作的广度和力度,避免各个部门之间的联系松散而导致工作脱节。再次,由政府制定相关政策推动水利职业教育模式的日常发展。通过指导水利职业教育资源整合的布局、组建类型,把握整合资源后的长远利益。政府应增强宏观调控的预见性、针对性、综合性、有效性,授予整合机构某些行政权,或通过赋予某方面的一些强制力,加强水利职业教育资源整合的力度,提升水利职业教育资源整合模式的质量和效益。

三、建立健全教育资源共建共享激励机制

要进一步建立健全水利集团化发展激励机制,多方面筹措资金,加强水利集团内教育资源共享共建。一是建立职业教育成本行业(企业)分担制度。以水利职业教育对行业支持程度为依据,建立企业合理分担职业教育成本的制度,并按照一定比例形成水利职业教育集团发展基金和企业职业教育基金,保证大部分投入水利职业教育集团的发展,优先用于满足职教集团内企业人才培养。二是积极争取政府各类项目资金。以水利职教集团为依托,积极向政府、行业主管部门争取教学科研和各类项目建设经费。三是积极拓展职业教育市场化融资渠道。支持各类发展主体通过合资、合作等形式参与水利职教集团化发展,探索发展股份制、混合所有制水利职业院校,允许以资本、知识、技术、管理等要素参与水利职教集团化发展并享有相应权利。

四、建立健全教育资源共享共建监控机制

进一步建立健全教育资源共享共建监控机制,就是为了强化水利职教集

团发展的质量与内涵。在水利职教集团化发展过程中,必须引入监督和评价机制,用以衡量目标的实现程度以及该目标对各成员单位的行为的激励或者修正。一是要建立水利职业教育集团化发展的外部质量监控体系,包括政府与行业主管监督,此外还包括社会的监督。可以通过建立用人单位人才质量信息反馈系统,对集团化发展的教学质量进行监控。也可以定期、不定期接受社会、舆论及家长的评估和监督等。二是要建立水利职业教育集团化发展的内部质量监控体系。水利职教集团应根据自己的实际,由学校、企业相互间进行发展条件、实施方案等方面的可行性、时效性论证,也可以由学校、行业或企业制定明确的行业标准和质量标准细则,确立自己的质量标准和评价认证体系,在确保提升水利职业教育质量的同时,突出本集团自身特色。三是建立水利职业院校发展主体内部质量监控体系。要进一步建立健全水利职业院校内部教学工作委员会例会制度、教师资格审查制度、教学检查制度、教师课堂教学质量评价及教学质量档案制度、教学督导制度、干部和教师听课制度、试卷管理及学生成绩统计分析制度、教学质量一票否决制度等规章制度,提升教学质量监督评价制度,确保水利高职院校按时保质完成集团制定的教学目标和质量要求。

第三节　建立和完善水利职业教育人才共育的体制机制

党的十八届三中全会通过的《中共中央关于全面深化改革若干重大问题的决定》指出,要加快现代职业教育体系建设,深化产教融合、校企合作,培养高素质劳动者和技能型人才。建立现代水利职业教育集团,通过集团化发展,集团内各成员优势互补、资源共享,能够更好地促进产教融合、校企合作的深化,从而为国家和社会培养更多更好的高素质劳动者和技能型人才。

一、合作创新水利高职教育人才培养模式

(一)科学制定人才培养目标

培养目标主要是指教育的目的,或者是各专业培养学生的一个具体要求,总体上包括培养方向、培养规格和专业培养需求等方面内容。

培养目标决定着培养模式。水利职教集团在确定培养目标的时候,必须考虑到现代水利需求的是怎样的人才,同时也要考虑到水利职业院校学生本身的一个基础条件,尽量满足学生的综合素质全面发展的需求。

（二）高度重视人才培养过程

为了充分实现培养的目标，就需要培养过程这个阶段，它大致包括专业设置、培养内容、课程体系、教学模式、教学方法等。

水利职教集团应依据人才培养目标的规定，选择使用合适的教材，选取所需的教学内容，并使用一定的教学方式方法从事教学活动，培养人才。

（三）建立健全人才培养制度

培养制度是指人才培养过程中涉及的重要规定、相关程序等，它是人才培养可以按照规定顺利实施和运行的重要保障。一般说来，人才培养制度主要包括专业设置和建设制度、学分制度和教学管理制度三个大的部分。水利职业院校应主动邀请水利行业主管部门、企业及相关人士参与人才培养制度的制定，定期进行调研和召开会议，根据市场需求和自身特点，制定和完善人才培养制度，构建合作共建人才培养制度体系和合作机制。

（四）人才培养评价

人才培养评价指依照某个标准对培养的过程及所培养出来的人才质量与效果给出一个客观衡量和科学判断。对人才进行培养评价是合作创新现代水利职业教育人才培养过程中的一个重要环节，它主要起监控作用，在培养过程中及时进行反馈，然后对其进行适合的调节。有了相应的反馈与调节，就可以根据实际情况，对人才培养目标进行定位，对教学计划做出正确的调整，重新构建合理的课程体系，采用更优的教学方法，探索更贴合教学要求的教学组织形式，使培养过程朝着既定的目标前进，最后达到实现培养目标的期望，同时也在一定程度上完善了人才培养模式。

二、合作深化水利高职教育课程改革

合作深化课程改革是集团发展人才共育的重要组成部分，是促进教育教学质量提高的重要举措。水利职教集团化发展要按照"遴选一批、建设一批、带动一批"的课程建设思路，通过高起点、高要求的改革举措和扎实有效的工作，建设一批符合高职人才培养目标要求、符合现代水利发展要求，并适用新的人才培养模式的富有创新特色的课程。

（一）根据职业教育改革发展新要求设计课程改革思路

（1）深入贯彻落实国务院和教育部、水利部等部委文件精神，以《国务院办公厅关于深化产教融合的若干意见》（国办发〔2017〕95号）、教育部以及省教育厅的相关职业教育指导性文件为依据，围绕我国新型工业化、水利现代化对技能人才的要求，加大教学改革力度，建立以职业活动为导向、以校企合作为基础、以综合职业能力培养为核心,理论教学与技能操作融会贯通的课程体系,提高技能人才培养质量,加快技能人才规模化培养,探索具有现代水利特色的职业教育改革与发展之路。

(2)以综合职业能力培养为目标。课程定位与方向、课程内容与要求、教学过程与评价等都要突出学生综合职业能力培养,注重培养学生专业能力、方法能力和社会能力。尤其是要结合各专业特点,寓思想道德教育于各专业教学内容和教学过程之中,进一步突出职业道德、职业精神和职业素养的培养。

(3)以典型工作任务为载体。要围绕典型工作任务确定课程目标,选择课程内容,制订专业教学计划,构建工学结合的课程体系,改革教学内容和教学方法,更加注重课程的实用性和针对性。

(4)以学生为中心。构建有效促进学生自主学习、自我管理的教学模式和评价模式,突出学以致用,在学习中体验工作的责任和经验,在工作中学习知识和技能。

(二)根据水利行业企业新要求设计课程改革内容

实施专业课程改革,具体包括开展行业企业调研与论证、制订专业教学指导方案与课程标准、开发新课程系列教材和专业教学资源库、探索新课程教学方法、组织新课程师资培训、建立新课程评价模式等工作环节。

(1)建立科学的课程研发流程。通过开展广泛、深入的调查研究,充分了解行业的人才需求和岗位要求,听取行业企业专家和一线管理者的意见建议,科学、合理提炼岗位核心技能,并依照核心技能确定核心课程和教学项目,注重实践性和可操作性。

(2)制订专业教学指导方案。以水利教学专业委员会为主体,相关行业企业和科研院所的专家共同参与,明确专业培养目标、职业能力要求、课程设置、教学要求、设备配备标准和技能考核等内容。在课程设置上,明确通用能力培养与专业能力训练的课时比例、技能训练的教学时间占总课时数的比例。同时,根据不同专业的实际要求,加强文化课改革,使文化课更好地体现职业教育特点,满足专业教学的实际需要,不断提高学生的文化素养和专业技能。

(3)开发新课程系列教材和专业教学资源库。依据新的教学指导方案和课程标准,组织编写新课程系列教材。结合教学特点,开发专业教学资源,建立信息化专业教学资源库。

(4)探索新课程教学方法。以校内校外实训场所为重要阵地,注重能力培养和技能训练,充分运用信息化的教学手段,积极探索符合职业教育规律和体现新课程改革理念的教学新形式、新方法。

（5）加强新课程师资培训。通过课程研讨会、新教材培训、优秀教学设计评选、优秀示范课展示、优秀教学论文交流等活动，使专业课教师理解新课程理念，把握新教材内容，适应新课程的教学方法，鼓励教师开展有关新课程改革的课题研究。

（6）创新课程评价新模式。行业组织和企业参与课程评价，逐步形成学校、行业企业和其他社会组织共同参与的多元课程评价主体。注重综合实践能力的考核，广泛采用现场操作、成果演示、案例分析、技能鉴定等多样化的课程评价形式。

三、合作培养水利高职教育"双师"队伍

"双师"素质教师队伍建设直接关系到集团人才培养的质量。

（一）根据校企合作人才培养新要求设定"双师"素质教师应具备的素质和能力要求

依据教育部人才评估文件的要求，并参照其他职业院校师资队伍建设的经验，"双师"素质教师应具备以下基本素质和能力：

（1）良好的职业道德。"双师"素质教师要投身并引领学生进入行业、职业领域，除熟悉并遵守教师职业道德外，还要熟悉并遵守相关行业的职业道德，熟悉其制定过程、具体内容及其在行业中的地位、作用等，并通过言传身教，培养学生具有良好的行业职业道德。

（2）教学、教研能力。具有教育、教学管理的基本能力，具备扎实的专业理论基础，能胜任本专业两门以上课程的教学，并熟悉相关课程的内容，能把行业、职业知识较好地融合于教育教学过程中；能主编所任课程的教学大纲，参编相关课程的教学大纲，承担综合课程开发工作，并编写课程教材（讲义）；能运用现代教学技术进行教学，教学效果好，受到学生和同行好评；胜任与专业相关的实验、实训、实习、课程设计、毕业设计的组织与指导工作；能积极探索高职教育教学规律，进行教育教学改革，具有较高的学术水平，能撰写质量较高的高职专业学术论文，其研究成果能指导专业建设和解决教学、生产实际问题。

（3）专业实践能力。具有一定的工艺能力、设计能力、技术开发与技术服务能力，并有技术开发或设计成果；具有中级技工以上的生产操作能力，并有职业资格证书或相应技术等级证书；具有胜任专业工作的能力，并有一定的专业实践经验。

（4）职业指导和创业、创新教育的能力。职业指导和创业、创新教育是职业教育的一项重要内容。"双师"素质教师不仅担负着学历教育的任务，而且

担负着职业培训和指导学生创业、创新的任务。要善于发现和分析职业教育领域出现的新情况、新问题，能主动适应变化的新形势，不断更新自身的知识体系和能力结构，掌握创新的一般原理和技能，以良好的创新精神、创新意识，去教育、指导学生开展创造性的活动。

（二）积极探索加强水利高职院校"双师型"教师建设路径

（1）广开人才引进渠道，优化"双师"素质教师队伍结构。

通过公开招聘的形式，从企事业单位引进有实践经验的专业人员，以进一步充实集团"双师"素质教师队伍。同时要积极创造条件，加强对硕士、博士层次"双师"素质人才的培养，造就一批"双师"素质的专业带头人，提升"双师"素质教师队伍的学历层次，优化"双师"素质教师队伍的结构。

（2）更新观念，完善自我，促进专业教师向"双师型"转化。

"双师"素质教师队伍建设应以专业教师为对象，择优培养，要坚持因人制宜、专业需要、重点培养、全面提高的原则。在全面提高师资队伍整体素质和能力的同时，重点培养有发展前途的中青年骨干教师，支持和鼓励专业教师具备相应的"双师"素质。同时要充分发挥老"双师"素质教师、高级技能人才和管理人员的传、帮、带作用。

（3）"产学研"结合，是"双师"素质教师队伍建设的有效途径。

定期安排专业教师到企业进行专业实践或挂职锻炼，依托企业采用岗位培训、挂职顶岗、跟班研讨、导师带徒等方式，提高集团专业教师的实践本领与工程技能，并获得相应的职业资格证书，促使教师由单一教学型向教学、科研、生产实践一体化的"一专多能"型人才转变。对于有实践经验的教师，也必须定期到企业再学习，实行轮回学习制度。

（4）内外结合，建立一支相对稳定、具有"双师"素质的外聘教师队伍。

外聘教师主要来自校外合作企业及社会中实践经验丰富的名师专家、高级技术人员和能工巧匠，他们既有丰富的实践经历、经验和专业技能，又有较高理论水平、专业知识和一定的讲授能力，是高职教育培养目标实现的重要辅助力量。适当外聘具备"双师"素质资格的人员来集团讲课，可以充实集团"双师"素质教师队伍，促进集团"双师"素质教师队伍的发展。

（三）建立"双师"素质教师队伍建设的保障及激励机制

（1）建立促进教师成长的激励机制。

对取得"双师"素质的教师给予外出培训、进修、项目开发补贴等相关待遇；对参加"双师"素质的考试、培训、职称评定学院提供必要条件，对取得"双师"资格证书的教师，学院根据不同类型给予一定的奖励；对取得"双师"素质的教师,在职称评聘、评优、提拔使用等方面给予优先,并与考核挂钩,建立高职教师"双师型"职务评聘制度。

(2)建立专业教师技能考核制度。

为教师参加各种技术资格考试提供便利,鼓励专业教师通过业余自学,取得与所从事专业相同或相近的专业技术资格。专业教师要积极学习本专业的最新业务知识和专业技能,所任课程要求学生掌握的技能,教师应该首先掌握。建立"双师"素质教师认定办法。

(3)设立"双师"素质教师特聘教学岗位。

设立"双师"素质教师特聘教学岗位,充分发挥"双师"素质教师的骨干带头作用,对同时承担理论教学和实践教学任务的"双师"素质教师,享有充分的教学改革权。学院在教学工作考核、教学工作量计算等方面向"双师"素质教师倾斜,最大限度地调动和保护"双师"素质教师的积极性。

(4)鼓励教师到创业一线兼职和参加各类竞赛、评比。

鼓励"双师"素质教师到创业一线兼职,获取创业实践经历。定期开展"双师"素质教师教学基本功和职业技能竞赛,并积极选派技能高手参加各类技能竞赛,对成绩突出的教学能手、技能高手、专业带头人进行表彰奖励。

四、合作建设水利高职教育实习实训基地

实习实训基地是职业教育教学工作的重要组成部分,是培养学生实践能力和创新能力的重要环节,也是提高学生社会职业素养和就业竞争力的重要途径。加大投入,加强实习基地建设,是水利职教集团发展人才共育,为国家和社会培养更多更好的高素质劳动者和技能型人才的关键环节。

(一)进一步加强校内实习实训基地建设

职业院校主动寻求与集团内其他成员合作,多方筹措资金,合作共建实习实训基地,依托校内实习实训室、校内实训基地等实际平台,开展生产性实训教学,提升学生综合素质和技能,建立科学完善的管理运行机制。集团内企业单位、科研单位等参与校内实习实训基地共建,校方所建实习实训室可以以该单位名称冠名,对相关有资质人员授予相应荣誉称号;校方也应当积极配套做好校内场地、硬件设施等建设工作,积极探索校内生产性实训基地建设的多方合作新模式,实习场所的管理权和经营权归合作双方共同所有。在条件允许的前提下,学院免费为知名企业提供厂房、车间和人力资源(骨干师资及学生),为企业文化以及产品的宣传和推广尽力提供帮助,并优先为资助企业提供选择毕业生的权利。

根据职业岗位和职业能力要求,逐步探索教学实训一体化、项目化管理方法,有效地制定学生实训环节课程标准,明确教学目标、教学计划、教学环节和教学方法。根据各专业职业技能形成的内在规律,科学划分实习实训阶段,制订不同阶段的实习实训教学计划,建立既相对独立又渐进提升的实习实训体系,适用不同层次、不同阶段、不同就业需求的需要,提高实习实训的针对性和实效性。组织编写具有针对性、实用性的实训教材,把企业生产的新知识、新技术和新工艺充分体现到教材与实训课程中,增强校内实训效果,促使学生的专业技能和职业能力的提高。

(二)进一步加强校外实训基地建设

校外实训基地是对学生进行实践能力训练、职业素质培养的重要场所,同时在教师进行实践锻炼、应用研究、技术开发、新技术的推广应用等方面发挥着重要作用。

校外实习实训基地建设要与人才培养目标紧密结合,尽可能选择专业对口、工艺和设备先进、技术力量雄厚、管理水平高、生产任务比较充足、企业领导重视校企合作工作的企事业单位开展合作,职业院校和基地双方要按照统筹规划、互惠互利、合理设置、全面开放和资源共享的原则来建设实习、实训基地。要全面规划、协调发展,避免各专业之间重复,提高校外实习实训基地的利用率。要结合本专业的特点和教学改革的实际需要,每个专业必须建立能满足本专业学生校外实习实训的稳定校外实习、实训基地,甚至是建立自己相对独立的产学研相结合的校外实习实训基地。校外实习实训基地应由校企双方共同管理与协调,双方均安排专人负责,在基地建设与管理方面,应在合作协议中明确校企双方的责任、义务与权利。双方签订实习实训基地协议。协议书内容包括:双方合作目的,基地建设目标与受益范围,双方权利和义务,实习实训师生食宿、学习、生活补贴等,协议合作年限,实习实训期间意外事故处理等。

校外实训基地校方主要职责:负责根据人才培养目标的要求制定专业技术技能培训教学大纲,组织编写校外实习、实训的指导书,根据教学计划的要求和专业岗位的技术技能要求,制订实习实训实施方案,并依据科学技术的发展、岗位需求的变化,开发新的职业技术技能培训项目与培训内容;选聘实习实训基地的实习指导教师,保证学生顶岗实习期间的日常管理和实习指导等工作运转正常规范;做好实习实训基地与学校之间经常性的联系和业务往来、项目开发、技术推广等;提前将实习实训计划和指导书送达实习实训基地并与基地有关部门人员协商实习实训的安排。

校外实训基地企业主要职责:负责实习实训基地的正常运转,保证学生所处的工作环境都是真实环境,执行的规范都是职业标准,实训的项目和学生今后所从事的职业及工作岗位要求一致,使学生能真刀真枪地进行职业规范化训练;指定专人负责学生在顶岗实习期间的一系列考勤、考核等工作,同时对学生进行安全、劳防、保密等规章制度及员工日常行为规范的教育;指定有关职能部门组织、管理实习实训工作,协助校方一起考察选派政治素质好、实践经验丰富、具有一定理论水平、责任心强的专业人员担任实习实训指导工作,并保持相对的稳定;与校方的实习实训指导教师共同组成考评小组,对实习实训学生进行全面的考核评定;为教师提供部分实践岗位,承担"双师"素质教师的培训任务。

(三)切实加强实训基地内涵建设

(1)实训基地教学资料建设。建设内容包括实训教学标准、实训教学方案、实训项目流程、实训案例素材、实训项目介绍、指导书及任务书、实训设备操作规程、实训考核评价量化指标等。

(2)实训基地管理制度建设。建设内容包括实训基地管理制度、学生实训管理制度、仪器设备借还制度、实训设备赔偿制度、学生实训实习手册、指导教师工作职责与管理制度、实训教学质量评价与监控管理办法等。

(3)实训基地师资队伍建设。职业院校应与行业企业共同培养实训指导教师队伍,建设一支专兼结合、素质优良、结合合理、人员精干的实训指导教师队伍。这支队伍既是教学人员,也是实训基地的管理者和建设者,同时还肩负着对外的技术与社会服务工作。

(4)实训基地行业文化氛围建设。建设内容包括业界最新动态介绍、行业知名专家介绍、宣传标语、水利法律法规宣传、先进经验介绍等。

(5)实训基地教学实施过程资料积累。积累内容包括实训计划及其执行情况、实训考核情况、学生实训总结、教师实训总结、专业实训总结及其相关的照片、录像等资料。

第四节　建立和完善水利高职教育集团化特色发展的体制机制

一、高职院校集团化发展特色

根据职业教育集团化发展的内涵,以及职业教育集团化发展的实践,可以概括出职业教育集团化发展的几个主要特色。

（一）集团化发展主体的多元性

职业教育集团化发展的主体有职业院校、政府、行业、企业、科研院所和其他社会组织等。政府、行业、企业和社会各方面都具有对职业教育的需求，这就决定了职业教育集团化发展主体的多元性。职业教育集团化发展是将多元的主体整合聚集，通过相关权、责、利的协调与均衡，调动多元教育主体参与职业教育的积极性，发挥不同参与主体在职业教育中的资源优势，最大限度地实现"多赢"。

（二）集团化发展资源的共享性

职业教育集团化发展主要功能就在于整合资源，实现资源的优化配置。多元的参与主体具有不同的资源优势，职业教育集团的最大价值就在于能将这些不同的成员统筹起来，一方面实现资源共享，提高资源利用率；另一方面通过成员间的优势互补和优势聚集，集中力量攻破难题，形成职业教育的强大合力，提升整体的职业教育竞争力。

（三）集团化发展管理的协同性

在集团化发展中明确牵头单位、成员学校、成员企业、行业协会、科研机构以及政府等不同利益相关者在集团运行中的权利和义务，建立多方联动机制，理顺不同主体间的关系，发挥各自在集团化发展中的管理作用，促进参与主体之间的有效运作。

（四）集团化发展模式的多样性

职业教育集团化发展成员单位之间的合作形式主要以契约、股份合作、租赁等伙伴关系进行交流合作和共同发展。依据不同地区的社会经济和职业教育发展状况，结合不同模式的要求、内涵和特点，选择相应的集团化发展模式，探索多种形式组建职业教育集团，如区域型职业教育集团、行业型职业教育集团、复合型职业教育集团、特色型职业教育集团、涉外型职业教育集团等。

（五）集团化发展利益的共赢性

利益是职业教育集团生存发展的根本驱动力。职业教育集团化发展既要为职业院校发展提供必要的支持，又要为企业输送人力资源。要利用政策杠杆和市场机制，鼓励集团成员开展多层次、多样化的合作。通过集团化发展形式，实现教育资源、经济资源和社会资源的整合，实现资源上的互补、利益上的共赢。

二、国内外水利职业教育集团化发展模式

（一）以中央企业牵头，水利高等职院、水利行业、企业联盟的"行业职教集团"模式

中国现代水利职教集团，是由水利部科教司和教育部职成教司共同指导，中国水利教育协会牵头，广东省水利厅、广东水利水电职业技术学院等多所院校及水利行业组织、企业组建的非法人教育集团。该职教集团旨在以国家教育方针为指导，创新产教融合合作机制，充分发挥融合效应、规模效应和体系效应，促进教育链和产业链的有机结合，加强校企和校校深层合作，建立政府、行业、企业、院校深度融合平台。同时，该职教集团的成立，也是为适应产业需求调整专业，改善发展条件。提升实训设备配置水平，疏通就业渠道，建立起适应市场、立足行业、依托企业、强化技术技能培养的现代职教模式和体系，促进职教水平的提高，促进水利水电职业院校毕业生就业创业，真正构建具有中国特色、世界水平的现代畜牧业职教体系，服务现代畜牧业产业发展和水利现代化。走出了一条校企融合、产学结合、优势互补、资源共享、共同发展的路子，探索现代学徒制、订单定岗培养模式，打造具有鲜明职教特点、教练型的师资队伍，推进产业链、师资链、专业链以及就业岗位链的对接，在现代水利高技能人才培养、项目合作、基地建设和国际交流等方面发挥作用，促进现代水利健康快速发展。

（二）院校牵头、行业参与的"杨凌模式"

作为全国首批国家示范性高职院校，杨凌职业技术学院近几年创造性地实施了百县千企联姻工程，开辟了高职院校校企校政合作的新路子，连续多年在国家教育部门工作会议上交流经验。组建职教集团，有效整合共享多方优势资源，创新合作育人新机制。毕业生初次就业率多年保持在96%以上，被国家教育部授予"全国普通高等学校毕业生就业工作先进集体""全国高校毕业生就业典型经验高校"。2010年7月，杨凌现代水利职业教育集团成立，杨凌职业技术学院为集团董事长单位。该集团肩负着整合陕西省内涉水职业院校和企事业单位的职业教育、师资、科研成果、实验实训、产业发展等多方资源，探索水利职业教育发展和校企合作发展的新机制，实现互惠互利多赢社会效应的历史使命。集团现有59个职业院校、77个企业、3个科研所，共139个成员单位。其中33个成员单位在集团内职业院校中设立了人才培养基地，开办了51个订单班，设立了12类奖学金。

杨凌现代水利职业教育集团搭建了"校企、校政、校校"3个合作平台，构

建"引企入校、校企合作、实训共享、现代学徒制、就业基地、顶岗实习、员工培训、教师锻炼、国际合作"9 种合作模式。学院按照"贴近行业、围绕专业、面向职业、服务就业"的原则,充分利用百县千企和职教集团的有效平台,积极吸引行业生产一线技术人员参与制订相关专业的人才培养方案,面向市场、大胆改革,不断创新人才培养模式,形成范例,推广应用。建成了省级以上重点专业 38 个、省级以上重点实训基地 18 个、省级以上精品课程 62 门,全面提升了毕业生素质和能力,提高了高职人才培养质量,为服务现代水利培养了一大批高素质技术技能人才。

杨凌现代水利职教集团促进了五个有效对接:专业与产业对接、职业岗位对接、专业课程内容与职业标准对接、教学过程与生产过程对接、学历证书与职业资格证书对接。创新了 9 种合作模式:一是引企入校合作型中水模式。以全国 500 强企业中国水利水电集团十五局有限公司、陕建集团总公司为代表。二是校政合作型彬县模式。以彬县、凤县等水利综合试验示范基地为代表。三是以共建实训基地型杨凌模式。以与杨凌示范区入区企业共建实训基地为代表。四是共建基地型兵团模式,以新疆生产建设兵团等合作就业单位为代表。五是员工培训型三木模式。以与陕西三木园林有限公司等企业合作为代表。六是教师锻炼型乐多收模式。以潍坊乐多收生物工程有限公司等合作企业为代表。七是学生顶岗实习型柳工模式。以与广西柳工世源工程机械公司等企业合作为代表。八是国际合作交流型 ESAF 模式,指学院与法国 ES-AF 公司等国外企业合作,4 年送出 60 多名毕业生到国外创业就业的合作模式。九是现代学徒制麦迪生模式。以学院与东科麦迪生制药有限公司合作为代表。

(三)民办为主、多元参与协作的"四川模式"

四川现代水利职教集团是以职业教育为主的民办教育集团,现有 8 所学校,2 所培训就业中心,300 多家合作企业、行业协会。集团坚持教育公益性质,用爱心回馈社会,发展结余继续用于教育事业。在成员构成上体现多元化,推进产权制度创新,积极发展混合所有制。在治理结构上强化责任制,参照现代企业制度,建立董事会,实行董事会领导下的校长负责制,量化管理目标责任制等制度。在资源统筹上凸显共享性,统筹各校资源,建设重点专业,推动各高校共享合作企业、实训基地和优质课程。

(四)校企合作、工学结合的"湖南水利模式"

湖南是全国职业教育的先进地区之一,有着举办职业教育的传统基础,在职教发展过程中,逐渐形成了与湖南水利产业和支柱行业紧密结合、与经济社会协调发展的高标准水利职业教育集团体系,并把"校企合作、工学结合"作为其职教集团化发展的基本运作模式。

湖南水利职教集团建立和完善了"校企合作管理办法""订单式人才培养项目协议""校外实训基地协议""专业教师下企业锻炼协议"等一系列协议文本。与湖南工学院合作签订专升本合作协议,2017年有162人升入湖南工学院本科学习。以大型招聘会为平台,加强用人单位与学生的直接对话,广东省水利集团有限公司等100多家集团理事单位现场参与招聘。聘请集团行业专家担任校外专家带头人,与校内专家带头人共同制订专业人才培养方案,开展水利行业人才需求市场调研,根据水利行业转型升级需要,新增水政水资源管理专业。聘任全国水利行业首席技师吴继业担任技能大师。聘请100名行业企业技术骨干担任兼职教师,指导学生毕业设计和顶岗实习实训。湖南水利水电职业技术学院每年选派30多名教师,利用暑假时间到集团单位湖南水利水电勘测设计研究院、湖南省水利科学研究院等锻炼,提高了教师的实践能力。学院与集团成员单位共建了校外实训基地96家,年接收学生实习达5 000人次。集团积极探索现代学徒制人才培养模式,与湖南华丰源工程服务有限公司共建"华丰源风电班"。与广东南方测绘公司合作开展"南方测绘杯"技能竞赛。集团积极组织科学研究和技术开发,依托湖南湘水工程建设咨询服务有限公司开展对外技术服务。集团全力推动和落实好基层水利职工培训工作,水利行业终身学习平台上线课程达48门。

企业参与,提高核心竞争力。本着将产业、专业、就业相连接的原则,湖南水利职教集团积极与企业合作,将企业的用人需求纳入职业教育的教学设计和课程安排当中,有针对性地培养学生。此外,职教集团还建立了稳定的校外实训基地,在学生的实习实训方面下足功夫,聘请企业管理人员指导学生,把课堂办到企业去,把实训放在水利水电企业里,学员既是学生,又是企业员工。这种在真实环境中的实训方式使学生的实践动手能力得到了很大提高,从而促进了就业。

产学研结合,校企共赢。职教集团在注重校企合作的同时,坚持走产学研一体化的道路,将培养高素质的技术技能型水利人才目标设定为水利职教集团发展的重点,为企业提供稳定的优质劳动力,解决水利水电企业职工培训问题,为企业提供智力支持,实现职教集团与企业的双赢。

(五)校企合作、产学结合的德国模式

德国职业教育集团化发展主要体现为校企合作和产学结合,其内涵可以理解为包括政府、学校(学院)、企业、行业、社会中介组织等在内的多元主体通过多种方式进行互补性结盟，实现人才培养的高质量和技术转移及创新，最终各利益方共进共赢、和谐发展。

1. "双元制"职教模式

"双元制"是德国职业教育最早的职教形式，也是颇具代表性的一种职业培训模式。"双元"指的是两个场所，一是职业学校——用于传授专业知识，一是校外实训场所——用于培训专业技能，通过以上两个场所的合作，把学生培养成能为社会生产一线服务的实践型和应用型高级人才。"双元制"发展模式需要政府、企业等多方参与，积极配合达成联盟，使年轻人掌握职业能力（包括业务能力和适应社会的能力），而不是简单的岗位培训。

2. 跨企业培训中心

跨企业培训中心是德国职业教育走向集团化发展的重要标志，它源于模拟以工厂公司和项目教学法为核心的行为导向型教学策略，通过整合各个企业多方面的资源来缓解单一企业培训能力不足和资源局限的问题。这种方式看似是企业之间的联合，实质是对职教培训的一种重新定位，是由政府、非营利性的民间组织、企业签订合同联合设立的实施职业教育的中心，学员完全可以在岗接受培训，大大降低了接受职业教育和培训的费用，也节省了时间成本。

3. 技术转移中心

德国有两种技术转移中心：一种以高等院校为主导，另一种以社会中介组织为主导。高等院校主导的技术转移中心多以应用科技大学和高职院校为依托主体，发挥高校学科专业优势，整合资源，促进高校与企业融合，解决科研与生产脱节问题，满足企业对技能型人才的需求。由社会中介组织主导技术转移中心，形成连接多个行业企业的技术转移组织网络和信息网络，成为职业教育培训坚实的后备力量。

（六）部门合作、政府主导的荷兰模式

荷兰职业教育集团化发展主要有两种模式：一种是行业（企业）主导型，表现为部门与部门之间的紧密合作；另一种是政府主导型，强调行业内合作，联盟关系较为松散。

1. 行业（企业）主导型

这类职教模式发展目的明确，与企业合作关系紧密，具有行业化、国际化、多功能、多层次的特点，以鹿特丹航运中心集团为典型。鹿特丹航运中心集团由几大部分组成，包括企业、学校、培训中心和研究中心，以提升集团综合实力为目的，多方合作，并最终形成一体化的教育培训研究机构。作为全球供应商,鹿特丹航运中心集团专门为航运、物流链、海港石油和化工等行业提供服务。由于合作单位多样,其提供的教育也具有层次性,包括职前教育、在职教育、中等教育、高等教育等,此外还设有专门的培训中心,具有多元化的教育教学模式。

2. 政府主导型

这类职教模式以专业为线索,多为规模庞大的行业内联合发展,这种发展模式直接由政府促成,采用互补性的合作联盟方式,以荷兰水利职业教育集团最为典型。荷兰水利职业教育集团将研究、教育和推广三者紧密结合,组成机构包括水利职业院校、实践培训中心以及水研推广站。该集团还设置了各个层次的职教联盟,包括中等职业教育与高等职业教育、低级职业教育与高级职业教育,为塑造全面的人才做准备。集团教学注重将教育与生产实践相结合,教学设施完备、教师教学经验丰富,让学生能够充分掌握实践技能。

三、现代水利集团化特色发展的策略选择

(一)深化校企合作,实现双方共赢

职业教育集团化发展的重要基础就是校企合作。校企合作是市场经济条件下高等职业教育与企业共同发展的必然选择,也是推进职业教育集团化发展的一个重要切入点。校企合作能最大限度地满足企业对高素质技能型人才的要求,能提高高职专业学生的岗位适应能力,缩短技能型人才成长周期,能使学校培养目标和企业需求对接,避免人才培养的盲目性,可以实现供给与需求、培养与就业的统一。对于企业而言,创新型、高技能人才需求量很大,实用技术和科研成果需要引进与转化,与高等职业教育建立长期战略合作已成为企业的发展战略。

应从以下三方面深化校企合作:

(1)大力发展行业协会的桥梁、媒介作用。一方面,行业协会作为职业资格标准的主要制定者,最熟悉岗位对劳动者技能和素质的规格与要求,加强对学生职业技能的教育与培训,使他们不仅获得学历证书,还能获得将来从事某一职业岗位的资格证书,从而增强就业能力;另一方面,行业协会作为市场信息的传播者,能够通过信息传递在学校和企业之间架起沟通的桥梁。

(2)探索灵活多样的校企合作模式。现阶段,职业教育的主题是改革与发展,产学研结合是职业教育发展的必由之路,校企合作则是实现产学研结合的重要途径。职业院校与企业的校企合作不仅是企业发展和参与竞争的必然要求,也是我国职业教育改革的重要方向,是我国职业教育发展的根本出路。

(3)加强校企合作的政策支持和法律保护。一方面,政府部门要出台好的政策来扶持校企合作,通过系列优惠政策促使条件不足的高职院校,努力创造条件开展校企合作,同时通过政府财政扶持渠道,全力组织企业积极参与合作;另一方面,政府部门要加强对职业教育的立法工作,建立健全职业教育立法体系,为行业、企业和高职院校的双赢及高效发展提供法律保障。

(二)建立大职教链,形成现代职业教育体系

现代职业教育体系是指适应经济发展方式转变和产业结构调整要求、体现终身教育理念、中等和高等职业教育协调发展,满足人民群众接受职业教育的需求,满足经济社会对技术技能人才需求的职业教育系统。

有效利用和共享集团学校的资源,以高职为中间环节,在区域内建立起大职教链,向下衔接中职(专)、职高、职教中心,向上连通本科层次职业教育、专业学位研究生教育,从而建立普通教育与职业教育课程互通体系,为学生个性成长、未来职业选择创造条件。具体措施如下:

(1)建立适应水利行业、企业发展的技能人才培养机制。首先,需要建立技能人才标准制定和更新机制。在水利职教集团这个平台内,学校和行业协会应该合作,行业协会负责制定和及时更新技能人才标准,学校可以通过购买行业协会提供的相关服务,从而建立一种持久的互惠互利机制。其次,技能人才培养是否达标,企业最有发言权。在职教集团内,应以行业协会为依托,建立技能人才培养的第三方评价机制。再次,在职教集团内,建立技能人才的多元合作培养机制。通过政策激励、制度规范,学校和企业共同对各层次技能人才开展教育和培训,形成"学校学习"和"职场训练"协同配合的职业教育技能人才培养机制。

(2)加快建立有助于中高等职业教育协调发展的服务支撑体系。应逐步加大水利职业教育专本衔接的拓展,在现代职业教育体系内,不应只有中职、高职两个层次,还应有高职本科、应用型硕士、博士等各种层次。建立以能力为本位的中高职课程体系,在实践专家参与下,对各专业对应的职业岗位、工作任务和职业能力进行深入调研与分析,列出各专业可能面向的岗位,通过统计就业频率分布,确认应该面向的岗位;通过工作任务分析,确认各专业对应岗位的工作任务;通过对企业专家工作经验的挖掘,用"输出"方式和"分层"方法,描述工作任务中的职业能力。根据建立的中高职职业能力标准模块,从而开发出以能力为本位的中高职课程体系。

(3)建立职业学历教育与非学历教育横向贯通渠道。在职教集团内构建职业教育体系时,必须把职前和职后教育、职业教育和职业培训结合起来,组成一个相联系的整体,统筹协调,才能使职业教育产生应有的活力。同时加强职业教育与成人教育的渗透,建立终身教育体系,职教集团内各类职业教育和成人教育机构都要积极承担起集团内企业人员的进修、转岗、转业培训和下岗再就业培训等,以满足其各种人才的进修、转业、转岗要求。在职教集团内,逐步建立一个能够满足终身职业教育需要的职业教育与成人教育相互交融的现代职业教育体系。

(三)推进基地建设,促进集团教学发展

1. 建设教育教学实训基地

实现师资和专业的优势互补,集团内部成立教育教学研究中心,组织对专业设置、培养目标、课程开发、教学计划、质量考核标准等人才培养方案和模式进行研讨交流与合作,不断更新教学内容,改进教学方法,实现专业与水利行业的主动对接。同时,以教育教学(教研教改)基地的形式将集团内部各个学校组织起来,形成校际联盟,适应了目前水利类学校的实际需要,不但为当地学校解决了一些自身难以解决的问题,也缓解了各级政府和教育行政部门在科研、教研、师训方面的经费不足所带来的一系列矛盾。同时,这种形式又不受部门的限制,将教研、科研、师训自然而有机地结合在一起,三股劲往一处使,目标明确,力量集中。在水利类学校教育经费和物质匮乏的情况下,教育教学(教研教改)基地的出现,创造了有利于自身发展的条件。

2. 建设师资培训基地

在集团内建立师资培训中心,定期对专业教师进行培训。培训基地可以提供灵活多样的培训方式,学员"量身订制"培训计划,真正落实"因需施教"。在培训时间上脱产、半脱产、业余相结合;在培训内容与方式上,要以现场教学为主,把单科培训与模块培训结合起来,突出实践性。培训基地应与企业合作开展师资培训,为职教师资培训提供更多的与生产实践相结合的训练场所,也可采取有偿委托培养的方式,让学员参加企业的培训和生产实践。学员在参与企业生产实践的过程中,可与企业中的技术专家或工程师建立"师徒"关系,一位技术专家或工程师可以带3～4名学员。学院也可以聘请企业专家、技术人员和能工巧匠担任现场教学专家或客座教授,参与实用型人才的培养过程。

3. 建设学生实训基地

技能型人才的重要标志就是具有较高的技术应用和实践动手的能力。实践教学环节是提高人才培养质量的核心。加强实践教学,一方面要加强课堂教学与实践的结合,另一方面就是要加强实习、实训环节。集团内实习实训基

地等资源实现共享,为集团内职业院校的学生学习、实训及实习提供支持。充分发挥实习实训基地功能,促进学生职业技能提高,并且积极探索校内生产性实训基地建设的校企联合新模式,着力推进校外顶岗实习的力度。

4. 建设职业培训和职业技能鉴定基地

充分发挥集团内各职业院校资源共享作用,建立职业培训和职业技能鉴定平台,院校之间实现学分互认,开展合作发展、合作培训,实现职业资格和培训考核鉴定的资源共享,依托行业、企业,参与职业资格标准的制定,建设职业培训和职业技能鉴定基地,提高水利专业技能人才培养水平,促进了水利类职业院校人才培养模式、专业、课程和教材建设、教学内容和教学方法改革,强化了学校基础能力建设,推动了职业资格衔接、"双师型"教师队伍建设和学生就业工作的全面发展。

5. 建设农村劳动力转移和学生就业服务基地

随着水利劳动生产率的提高,农村积蓄了大量剩余劳动力,如何解决好农村剩余劳动力就业问题,是加快农村经济发展、协调城乡关系、确保农民增收的关键举措。水利职教集团应充分发挥自身优势,建设农村劳动力转移培训基地,根据市场需求,有针对性地对农村劳动力进行培训,促进农村劳动力转移。同时,职教集团内部围绕职业化人才培养要求,校行企三方合作共建校内生产性就业实习基地,强化就业实习基地职业文化氛围,完善基地的运行与管理,通过"订单式培养"和"零距离培训",沟通职业教育的人才供求信息,实现地域和空间的优势互补,满足职业院校学生培养和企业不同层次的用人需求,建设学生就业服务的基地。

6. 建设技术研发与推广基地

积极培育和争取科研推广项目,为产学研基地建立创造条件,积极组织申报国家有关部委,省科技厅、教育厅、水利厅、林业厅、水利厅等科研计划项目。同时,积极开展横向协作,与其他职教集团、高职院校及相关企业开展科技合作。大胆实践,积极创新,针对不同区域水利经济的发展水平和农民科技文化素质,探索适用于不同水利经济发展水平的产学研结合新模式。实现教育教学资源和企业资源的共享,成立技术研发及推广中心,定期举办水利高层论坛,合作进行应用技术研究、产品开发、技术培训,进一步推动科技成果转化,建设技术研发与推广基地。

(四)增强职教集团发展适应性

职业教育集团化发展最基本的特性是适应经济结构战略性调整的需要,以高素质的技能型人才支撑区域产业转型升级和经济发展方式转变。职教集团应该增强行业对职业教育发展的指导作用,吸引企业参与人才培养全过程,实现专业与产业对接、课程标准与职业标准对接、教学过程与生产过程对接。

首先,应该通过专业动态调整机制,实现专业结构与区域产业结构相协调。根据当地产业发展规划,实现技能人才适度超前培养,避免因人力资源支撑不足而影响经济发展,集团专业设置方案需要经过行业、企业专家参与的咨询委员会审定。通过集团内部协商机制,实现集团内部成员学校之间专业合理布局,消除盲目发展和恶性竞争现象,最大限度地减少专业重复建设。

其次,应该构建校企共同育人机制,实现教育内容与企业工作内容相协调。校企合作开发项目化的课程和教材,并由集团企业成员为主体进行审定,使最新技术标准及时引入课程,促进企业自主创新能力的提升。在条件允许时,校企共同开展订单培养,解决企业的用人急需。在集团内部企业,参与教学的技术人员应该达到教师总数的30%以上。集团企业应该积极支持职业院校建设校外实习基地,为学生实习配备最新技术设备,以适应技术升级需要。

再次,应该构建行业、企业教学评价机制,使职教集团毕业生质量显著提高。毕业生质量是职业院校满足用人单位需求的具体表现,满足度高,质量就高。提升毕业生质量是职教集团发展的根本目的,也是集团适应性的最终体现。提高毕业生质量,需要实行"双证"制度,让毕业生获得职业资格证书,使毕业生能够尽快地适应工作岗位的需要。集团应该定期搜集毕业生信息,调查用人单位的满意度,统计在企业一线生产和服务骨干中所占比例,以确保起到对经济发展的支撑作用。此外,职教集团还应适应促进社会协调发展的需要,将课程资源向社会开放,积极承办社会性职业技能大赛、企业职工技能鉴定、技术成果评比等公益活动,促进不同区域职业教育的均衡发展。

第五节 集团化发展培育新型水利人才的新思路

一、水利行政部门是培养的组织者

(一)省级水利行政部门的工作任务

党的十八大以来,推进现代水利的各项工作进入新的高潮,为现代水利的推进提供强有力的组织保证。省水利厅是培养技术型水利人才的宏观组织者,统一协调指导各县级水利行政部门制订培养水利人才的近期方案和长期规划,能够确保水利各项事业发展资金最大限度使用在人才的培养方面。

省级水利行政部门的组织任务至少包含以下四个方面：一是统筹国家与省本级支持各县水利发展的教育培训经费，对经济发达的县（市）可以责成其承担一定比例的培训经费，对欠发达的贫困县给予适当倾斜；二是指导各县调研确定本区域对新型水利人才的培养需求，形成近期与远期的培养规划；三是组织省属高等水利院校分层次承担水利人才的具体培训任务；四是充分调动水利科研机构和水利企业的积极性，引导其建立水利新技术的示范推广基地。

（二）县级水利行政部门的工作任务

县级水利行政部门是负责技术型水利人才培养工作的枢纽，至少具有三大工作任务：一是建立县—乡（镇）—村—培养对象的四级管理体系，根据乡村的生态环境和经济社会条件，确定水利人才的培养类型与数量；二是根据高等水利院校的学科优势，确定具有不同学科优势的院校进入相应的乡镇区域，分担具体培训任务；三是根据省级水利部门的指导意见和当地产业发展特点，选择确定服务人才培养的水利科研机构和水利水电类企业。由高等水利院校根据区域经济发展状况制订技术水利人才培养的实施方案，同时由水利院校牵头，联合水利企业、水利科研机构确定某地技术型水利人才的生产实践教学方案，按照市场与成本管理的原则，高等水利院校负责实施水利人才的培养计划，水利行政部门、水利院校、水利企业与科研院所培训对象零距离对接。

二、高等水利院校是水利人才培养计划的落实者

（一）高等水利院校培养水利人才的独立优势

高等水利院校的育人优势，主要表现在以下四个方面：一是高等水利院校具有服务社会经济发展的任务，多年的发展实践使其较好地掌握了水利、农村及社会发展的基本情况；二是高等水利院校具有较强的组织力量和实践教学体系，如系统化的校院（或院系）管理制度、配套的实验仪器设备和教学设施等；三是院校教师具有组织教学的系列能力，教师可以根据培养对象的心理特点实施相应的教学方法，把技术型教学内容分解在不同的教学环节之中，做到管教管导，能切实保障培养效果；四是具备一定的技术研发优势，许多专业骨干教师，在长期的育人过程中有针对性地开展了许多技术研究工作，能够综合统筹水利企业、科研机构的技术优势，并将其运用到教学实践。

（二）高等水利院校培养水利人才的基本思路

水利人才的培养是一个系统的过程培养，水利院校在与水利科研机构和水利企业充分协商后确定某地技术型水利人才的培养方案，其培养模式应当包含四个方面的特点：第一，彻底打破学校寒暑假的时间界限，采取工学结合

培养模式确定教学内容,文化理论课程可以安排在下午下班后进行,相当于"夜大",在确保教学时数的前提下,将现有的初中起点的五年制大专生的培养计划改造为连续不间断的4年培养过程,这能满足大批渴望成为水利人才的学生的愿望,具有较强的操作性;第二,体现以实践为教学主线,每一种技术的学习要经过系统的操作训练,文化与理论采用精讲与分散辅导的方式进行;第三,以政府购买服务的方式建立实践教学基地,教学基地以企业为主进行申报建设和管理,水利院校在参与基地管理的过程中实施实践性教学环节;第四,水利院校应当充分利用社会资源,聘请水利科研与企业单位的技术骨干担任部分实践课程教学任务,精讲文化理论课程,教学中突出应用知识和应用技术的传授。

(三)调研确定培养技术型水利人才的主要内容

高等水利院校应当在充分的调研分析后,按照生态水利、工程水利等发展规律确定培训内容。首先,根据地域特点分阶段确定生产技术型和管理服务型的培养数量,并以技术型水利人才培养为主;其次,根据学员的兴趣与家庭情况确定培养的主要专业,同时,技术型人才的培养专业应当体现综合性;再次,管理服务型的水利人才,应当掌握多种应用技术,需要掌握水利水电的基本技术,再重点学习合同、成本核算、信息收集与分析等管理技术,而技术服务型人才则从循环水利或生态水利的角度,应当掌握一定的谈判交流技术、成本核算技术、信息收集与处理技术等。

三、水利水电类企业和水利水电类科研机构是培养新型水利人才的重要骨干力量

(一)水利水电类企业为培养新型水利人才搭建实践平台

一方面,水利企业注重成本与效益管理,具有转化技术成果成为现实生产力的能力,由其负责建设培养的新技术示范基地,能够确保学习新技术的同时,学会成本与效益管理,使之所学能够迅速应用于实际工作中;另一方面,政府以购买服务的方式吸纳水利企业参加培养工作,可利用这一杠杆衡量其工作实效,并确定政府对企业的资助额度,引导其认真做好培养的相关工作。

(二)水利水电类科研机构为培养技术型水利人才提供技术支持

水利水电类科研机构长期从事水利水电新技术的研究与开发工作,相对于院校和企业而言,在技术方面更具优势,在培养新型水利人才的过程中,聘请科研机构专家进行培训指导,可以减少培训的盲目性,增强新型水利人才培养的前瞻性。

附录 部分水利类高职院校专业设置表

序号	专业代码	专业名称	年限
湖南水利水电职业技术学院			
1	520301	工程测量技术	3
2	520307	测绘与地质工程技术	3
3	530101	发电厂及电力系统	3
4	530102	供用电技术	3
5	530103	电力系统自动化技术	3
6	530106	水电站机电设备与自动化	3
7	530109	水电站与电力网	3
8	540301	建筑工程技术	3
9	540502	工程造价	3
10	540505	建设工程监理	3
11	540603	给排水工程技术	3
12	550103	水政水资源管理	3
13	550201	水利工程	3
14	550202	水利水电工程技术	3
15	550203	水利水电工程管理	3
16	550204	水利水电建筑工程	3
17	550401	水土保持技术	3
18	560301	机电一体化技术	3
19	600202	道路桥梁工程技术	3
20	600604	城市轨道交通供配电技术	3
21	630103	资产评估与管理	3
22	630206	投资与理财	3
23	630302	会计	3
安徽水利水电职业技术学院			
1	520301	工程测量技术	3
2	520303	测绘工程技术	3

续表

序号	专业代码	专业名称	年限
3	520801	环境监测与控制技术	3
4	520804	环境工程技术	3
5	530102	供用电技术	3
6	530104	高压输配电线路施工运行与维护	3
7	540102	建筑装饰工程技术	2
8	540102	建筑装饰工程技术	3
9	540105	风景园林设计	3
10	540301	建筑工程技术	2
11	540301	建筑工程技术	3
12	540302	地下与隧道工程技术	3
13	540304	建筑钢结构工程技术	3
14	540401	建筑设备工程技术	3
15	540402	供热通风与空调工程技术	3
16	540404	建筑智能化工程技术	3
17	540501	建设工程管理	3
18	540502	工程造价	3
19	540502	工程造价	2
20	540504	建设项目信息化管理	3
21	540505	建设工程监理	3
22	540601	市政工程技术	3
23	540603	给排水工程技术	3
24	540701	房地产经营与管理	3
25	540703	物业管理	3
26	550101	水文与水资源工程	3
27	550201	水利工程	3
28	550202	水利水电工程技术	3
29	550203	水利水电工程管理	3
30	550204	水利水电建筑工程	3
31	550207	水务管理	3
32	560101	机械设计与制造	3
33	560102	机械制造与自动化	3

续表

序号	专业代码	专业名称	年限
34	560103	数控技术	3
35	560113	模具设计与制造	3
36	560203	机电设备维修与管理	3
37	560301	机电一体化技术	3
38	560301	机电一体化技术	2
39	560302	电气自动化技术	3
40	560302	电气自动化技术	2
41	560303	工业过程自动化技术	3
42	560309	工业机器人技术	3
43	560702	汽车检测与维修技术	3
44	560707	新能源汽车技术	3
45	570201	应用化工技术	3
46	570207	工业分析技术	3
47	600202	道路桥梁工程技术	3
48	600202	道路桥梁工程技术	2
49	600307	港口与航道工程技术	3
50	600602	城市轨道交通机电技术	3
51	600605	城市轨道交通工程技术	3
52	600605	城市轨道交通工程技术	2
53	600606	城市轨道交通运营管理	3
54	610102	应用电子技术	3
55	610119	物联网应用技术	3
56	610201	计算机应用技术	3
57	610202	计算机网络技术	3
58	610207	动漫制作技术	3
59	610210	数字媒体应用技术	3
60	610301	通信技术	3
61	630302	会计	3
62	630505	经济信息管理	3
63	630604	连锁经营管理	3
64	630702	汽车营销与服务	3

续表

序号	专业代码	专业名称	年限
65	630801	电子商务	3
66	630903	物流管理	3
67	650101	艺术设计	3
68	690202	人力资源管理	3
山东水利职业学院			
1	510103	设施农业与装备	3
2	520301	工程测量技术	3
3	520305	地籍测绘与土地管理	3
4	520804	环境工程技术	3
5	530102	供用电技术	3
6	540102	建筑装饰工程技术	3
7	540104	建筑室内设计	3
8	540106	园林工程技术	3
9	540301	建筑工程技术	3
10	540303	土木工程检测技术	3
11	540501	建设工程管理	3
12	540502	工程造价	3
13	540503	建筑经济管理	3
14	540505	建设工程监理	3
15	540603	给排水工程技术	3
16	540701	房地产经营与管理	3
17	550201	水利工程	3
18	550203	水利水电工程管理	3
19	550204	水利水电建筑工程	3
20	550207	水务管理	3
21	560101	机械设计与制造	3
22	560103	数控技术	3
23	560113	模具设计与制造	3
24	560203	机电设备维修与管理	3
25	560205	制冷与空调技术	3
26	560301	机电一体化技术	3

续表

序号	专业代码	专业名称	年限
27	560302	电气自动化技术	3
28	560501	船舶工程技术	3
29	560610	无人机应用技术	3
30	560702	汽车检测与维修技术	3
31	600111	高速铁道工程技术	3
32	600202	道路桥梁工程技术	3
33	600307	港口与航道工程技术	3
34	610101	电子信息工程技术	3
35	610102	应用电子技术	3
36	610201	计算机应用技术	3
37	610202	计算机网络技术	3
38	610205	软件技术	3
39	610206	软件与信息服务	3
40	610207	动漫制作技术	3
41	610213	云计算技术与应用	3
42	610301	通信技术	3
43	630103	资产评估与管理	3
44	630201	金融管理	3
45	630205	保险	3
46	630206	投资与理财	3
47	630302	会计	3
48	630506	报关与国际货运	3
49	630801	电子商务	3
50	630903	物流管理	3
51	640101	旅游管理	3
52	640105	酒店管理	3
53	650103	广告设计与制作	3
54	650104	数字媒体艺术设计	3
55	650111	环境艺术设计	3
56	670202	商务英语	3

续表

序号	专业代码	专业名称	年限
黄河水利职业技术学院			
1	520202	水文与工程地质	3
2	520301	工程测量技术	3
3	520302	摄影测量与遥感技术	3
4	520303	测绘工程技术	3
5	520304	测绘地理信息技术	3
6	520305	地籍测绘与土地管理	3
7	520804	环境工程技术	3
8	520904	安全技术与管理	3
9	530101	发电厂及电力系统	3
10	530601	材料工程技术	3
11	540301	建筑工程技术	3
12	540302	地下与隧道工程技术	3
13	540303	土木工程检测技术	3
14	540403	建筑电气工程技术	3
15	540502	工程造价	3
16	540505	建设工程监理	3
17	540603	给排水工程技术	3
18	550101	水文与水资源工程	3
19	550201	水利工程	3
20	550202	水利水电工程技术	3
21	550204	水利水电建筑工程	3
22	550206	港口航道与治河工程	3
23	550301	水电站动力设备	3
24	550401	水土保持技术	3
25	560101	机械设计与制造	3
26	560103	数控技术	3
27	560113	模具设计与制造	3
28	560301	机电一体化技术	3
29	560302	电气自动化技术	3
30	560309	工业机器人技术	3

续表

序号	专业代码	专业名称	年限
31	560702	汽车检测与维修技术	3
32	590101	食品加工技术	3
33	590103	食品质量与安全	3
34	600202	道路桥梁工程技术	3
35	600204	道路养护与管理	3
36	600206	工程机械运用技术	3
37	600405	空中乘务	3
38	600603	城市轨道交通通信信号技术	3
39	600605	城市轨道交通工程技术	3
40	610101	电子信息工程技术	3
41	610102	应用电子技术	3
42	610201	计算机应用技术	3
43	610202	计算机网络技术	3
44	610205	软件技术	3
45	610210	数字媒体应用技术	3
46	610215	大数据技术与应用	3
47	630206	投资与理财	3
48	630301	财务管理	3
49	630302	会计	3
50	630304	会计信息管理	3
51	630701	市场营销	3
52	630801	电子商务	3
53	630803	网络营销	3
54	630903	物流管理	3
55	640101	旅游管理	3
56	640105	酒店管理	3
57	650102	视觉传播设计与制作	3
58	650111	环境艺术设计	3
59	650203	歌舞表演	3
60	670202	商务英语	3

续表

序号	专业代码	专业名称	年限
		广东水利电力职业技术学院	
1	520207	环境地质工程	3
2	520301	工程测量技术	3
3	530101	发电厂及电力系统	3
4	530102	供用电技术	3
5	530102	供用电技术	2
6	530104	高压输配电线路施工运行与维护	3
7	530105	电力系统继电保护与自动化技术	3
8	530109	水电站与电力网	3
9	530112	分布式发电与微电网技术	3
10	530301	风力发电工程技术	3
11	540101	建筑设计	3
12	540102	建筑装饰工程技术	3
13	540102	建筑装饰工程技术	2
14	540301	建筑工程技术	3
15	540302	地下与隧道工程技术	3
16	540401	建筑设备工程技术	3
17	540401	建筑设备工程技术	2
18	540403	建筑电气工程技术	3
19	540502	工程造价	3
20	540505	建设工程监理	3
21	540601	市政工程技术	3
22	540603	给排水工程技术	3
23	540701	房地产经营与管理	3
24	550103	水政水资源管理	3
25	550201	水利工程	3
26	550204	水利水电建筑工程	3
27	550206	港口航道与治河工程	3
28	560102	机械制造与自动化	3
29	560113	模具设计与制造	3
30	560118	工业设计	3

续表

序号	专业代码	专业名称	年限
31	560204	数控设备应用与维护	3
32	560301	机电一体化技术	3
33	560301	机电一体化技术	2
34	560302	电气自动化技术	3
35	560302	电气自动化技术	2
36	600202	道路桥梁工程技术	3
37	610101	电子信息工程技术	3
38	610101	电子信息工程技术	2
39	610119	物联网应用技术	3
40	610201	计算机应用技术	3
41	610202	计算机网络技术	3
42	610203	计算机信息管理	3
43	610205	软件技术	3
44	610205	软件技术	2
45	610210	数字媒体应用技术	3
46	610215	大数据技术与应用	3
47	630301	财务管理	3
48	630302	会计	3
49	630701	市场营销	3
50	670202	商务英语	3
51	670203	应用英语	3
52	670204	旅游英语	3
53	690206	行政管理	3
广西水利电力职业技术学院			
1	520301	工程测量技术	3
2	530101	发电厂及电力系统	3
3	530102	供用电技术	3
4	530103	电力系统自动化技术	3
5	530104	高压输配电线路施工运行与维护	3
6	530105	电力系统继电保护与自动化技术	3
7	540102	建筑装饰工程技术	3

续表

序号	专业代码	专业名称	年限
8	540104	建筑室内设计	3
9	540301	建筑工程技术	3
10	540401	建筑设备工程技术	3
11	540403	建筑电气工程技术	3
12	540404	建筑智能化工程技术	3
13	540501	建设工程管理	3
14	540502	工程造价	3
15	540505	建设工程监理	3
16	540601	市政工程技术	3
17	540603	给排水工程技术	3
18	540701	房地产经营与管理	3
19	550101	水文与水资源工程	3
20	550201	水利工程	3
21	550203	水利水电工程管理	3
22	550204	水利水电建筑工程	3
23	550304	水利机电设备运行与管理	3
24	550401	水土保持技术	3
25	560102	机械制造与自动化	3
26	560103	数控技术	3
27	560113	模具设计与制造	3
28	560118	工业设计	3
29	560203	机电设备维修与管理	3
30	560301	机电一体化技术	3
31	560302	电气自动化技术	3
32	560303	工业过程自动化技术	3
33	560309	工业机器人技术	3
34	560702	汽车检测与维修技术	3
35	560703	汽车电子技术	3
36	560707	新能源汽车技术	3
37	600202	道路桥梁工程技术	3
38	600602	城市轨道交通机电技术	3

续表

序号	专业代码	专业名称	年限
39	600603	城市轨道交通通信信号技术	3
40	610101	电子信息工程技术	3
41	610102	应用电子技术	3
42	610119	物联网应用技术	3
43	610201	计算机应用技术	3
44	610202	计算机网络技术	3
45	610210	数字媒体应用技术	3
46	610301	通信技术	3
47	630301	财务管理	3
48	630302	会计	3
49	630601	工商企业管理	3
50	630701	市场营销	3
51	630702	汽车营销与服务	3
52	630801	电子商务	3
53	630903	物流管理	3
54	640105	酒店管理	3
55	670301	文秘	3
		四川水利职业技术学院	
1	510301	畜牧兽医	3
2	510301	畜牧兽医	5
3	510301	畜牧兽医	2
4	510304	动物防疫与检疫	3
5	510308	饲料与动物营养	3
6	510401	水产养殖技术	3
7	510401	水产养殖技术	5
8	510401	水产养殖技术	2
9	520202	水文与工程地质	3
10	520301	工程测量技术	3
11	520302	摄影测量与遥感技术	3
12	520304	测绘地理信息技术	3
13	520305	地籍测绘与土地管理	3

续表

序号	专业代码	专业名称	年限
14	520801	环境监测与控制技术	3
15	520804	环境工程技术	3
16	530102	供用电技术	3
17	530103	电力系统自动化技术	3
18	530103	电力系统自动化技术	2
19	530104	高压输配电线路施工运行与维护	3
20	530106	水电站机电设备与自动化	3
21	530106	水电站机电设备与自动化	5
22	540104	建筑室内设计	3
23	540104	建筑室内设计	2
24	540301	建筑工程技术	3
25	540502	工程造价	3
26	540502	工程造价	5
27	540603	给排水工程技术	3
28	540703	物业管理	3
29	550101	水文与水资源工程	3
30	550201	水利工程	3
31	550202	水利水电工程技术	3
32	550202	水利水电工程技术	5
33	550203	水利水电工程管理	3
34	550204	水利水电建筑工程	3
35	550204	水利水电建筑工程	2
36	550401	水土保持技术	3
37	570101	食品生物技术	3
38	600202	道路桥梁工程技术	3
39	600407	民航空中安全保卫	3
40	610201	计算机应用技术	3
41	610202	计算机网络技术	3
42	610205	软件技术	3
43	610210	数字媒体应用技术	3
44	610212	移动应用开发	3

续表

序号	专业代码	专业名称	年限
45	630301	财务管理	3
46	630301	财务管理	5
47	630301	财务管理	2
48	630903	物流管理	3
49	630906	冷链物流技术与管理	3
50	640105	酒店管理	3
51	680702	安全防范技术	3
重庆水利电力职业技术学院			
1	520301	工程测量技术	3
2	520804	环境工程技术	3
3	520809	污染修复与生态工程技术	3
4	530101	发电厂及电力系统	3
5	530102	供用电技术	3
6	530102	供用电技术	2
7	530104	高压输配电线路施工运行与维护	3
8	530105	电力系统继电保护与自动化技术	3
9	530109	水电站与电力网	3
10	530201	电厂热能动力装置	3
11	540102	建筑装饰工程技术	3
12	540106	园林工程技术	3
13	540107	建筑动画与模型制作	3
14	540301	建筑工程技术	3
15	540301	建筑工程技术	2
16	540303	土木工程检测技术	3
17	540304	建筑钢结构工程技术	3
18	540401	建筑设备工程技术	3
19	540403	建筑电气工程技术	3
20	540501	建设工程管理	3
21	540502	工程造价	3
22	540505	建设工程监理	3
23	540601	市政工程技术	3

续表

序号	专业代码	专业名称	年限
24	540603	给排水工程技术	3
25	540703	物业管理	3
26	550201	水利工程	3
27	550202	水利水电工程技术	3
28	550203	水利水电工程管理	3
29	550204	水利水电建筑工程	3
30	550204	水利水电建筑工程	2
31	550205	机电排灌工程技术	3
32	550207	水务管理	3
33	550402	水环境监测与治理	3
34	560102	机械制造与自动化	3
35	560102	机械制造与自动化	2
36	560203	机电设备维修与管理	3
37	560302	电气自动化技术	3
38	560309	工业机器人技术	3
39	600202	道路桥梁工程技术	3
40	600204	道路养护与管理	3
41	610102	应用电子技术	3
42	610111	电子制造技术与设备	3
43	610201	计算机应用技术	3
44	610206	软件与信息服务	3
45	610212	移动应用开发	3
46	610215	大数据技术与应用	3
47	650111	环境艺术设计	3
48	650111	环境艺术设计	2
福建水利电力职业技术学院			
1	520301	工程测量技术	3
2	520304	测绘地理信息技术	3
3	530101	发电厂及电力系统	3
4	530102	供用电技术	3
5	530102	供用电技术	2

续表

序号	专业代码	专业名称	年限
6	530103	电力系统自动化技术	3
7	530104	高压输配电线路施工运行与维护	3
8	530104	高压输配电线路施工运行与维护	2
9	530105	电力系统继电保护与自动化技术	3
10	540301	建筑工程技术	3
11	540502	工程造价	3
12	540505	建设工程监理	2
13	540601	市政工程技术	3
14	540601	市政工程技术	2
15	550201	水利工程	3
16	550203	水利水电工程管理	3
17	550203	水利水电工程管理	2
18	550204	水利水电建筑工程	3
19	550204	水利水电建筑工程	2
20	550207	水务管理	3
21	550301	水电站动力设备	3
22	560103	数控技术	3
23	560301	机电一体化技术	3
24	560302	电气自动化技术	3
25	560304	智能控制技术	3
26	560702	汽车检测与维修技术	3
27	560707	新能源汽车技术	3
28	600103	铁道供电技术	3
29	600108	铁道交通运营管理	3
30	600202	道路桥梁工程技术	3
31	610101	电子信息工程技术	3
32	610201	计算机应用技术	2
33	610205	软件技术	3
34	610210	数字媒体应用技术	3
35	610301	通信技术	3
36	630304	会计信息管理	3

续表

序号	专业代码	专业名称	年限
37	630801	电子商务	3
38	650111	环境艺术设计	3
山西水利职业技术学院			
1	520301	工程测量技术	3
2	520302	摄影测量与遥感技术	3
3	520304	测绘地理信息技术	3
4	520305	地籍测绘与土地管理	3
5	520804	环境工程技术	3
6	520904	安全技术与管理	3
7	530702	建筑材料检测技术	3
8	540102	建筑装饰工程技术	3
9	540106	园林工程技术	3
10	540301	建筑工程技术	3
11	540302	地下与隧道工程技术	3
12	540401	建筑设备工程技术	3
13	540502	工程造价	3
14	540505	建设工程监理	3
15	540603	给排水工程技术	3
16	550101	水文与水资源工程	3
17	550102	水文测报技术	3
18	550201	水利工程	3
19	550203	水利水电工程管理	3
20	550204	水利水电建筑工程	3
21	550304	水利机电设备运行与管理	3
22	560301	机电一体化技术	3
23	560302	电气自动化技术	3
24	560309	工业机器人技术	3
25	600202	道路桥梁工程技术	3
26	610112	电子测量技术与仪器	3
27	610119	物联网应用技术	3
28	610201	计算机应用技术	3

续表

序号	专业代码	专业名称	年限
29	610202	计算机网络技术	3
30	610203	计算机信息管理	3
31	630201	金融管理	3
32	630302	会计	3
33	630801	电子商务	3
辽宁水利职业学院			
1	510107	园艺技术	3
2	510118	农业经济管理	3
3	510202	园林技术	3
4	510301	畜牧兽医	3
5	510304	动物防疫与检疫	3
6	510308	饲料与动物营养	3
7	520301	工程测量技术	3
8	520302	摄影测量与遥感技术	3
9	520303	测绘工程技术	3
10	520304	测绘地理信息技术	3
11	530102	供用电技术	3
12	540202	村镇建设与管理	3
13	540301	建筑工程技术	3
14	540502	工程造价	3
15	540505	建设工程监理	3
16	540601	市政工程技术	3
17	540703	物业管理	3
18	550101	水文与水资源工程	3
19	550201	水利工程	3
20	550204	水利水电建筑工程	3
21	550301	水电站动力设备	3
22	550401	水土保持技术	3
23	560203	机电设备维修与管理	3
24	590101	食品加工技术	3
25	610201	计算机应用技术	3

续表

序号	专业代码	专业名称	年限
26	610213	云计算技术与应用	3
27	610301	通信技术	3
28	630302	会计	3
29	630601	工商企业管理	3
30	630903	物流管理	3

参 考 文 献

[1] 左其亭,李宗坤,梁士奎,等.新时期水利高等教育研究[M].北京:中国水利水电出版社,2014.

[2] 姚纬明,等.中国水利高等教育100年[M].北京:中国水利水电出版社,2015.

[3] 中华人民共和国教育部.加快发展现代职业教育[M].北京:高等教育出版社,2014.

[4] 王孝坤.高职教育强校实践与战略理论探索[M].杭州:浙江大学出版社,2011.

[5] 饶水林.高等职业院校特色办学的研究与实践[M].北京:高等教育出版社,2012.

[6] 黄达人.高职的前程[M].北京:商务印书馆,2012.

[7] 崔岩.高等职业教育集团化办学研究[M].北京:高等教育出版社,2012.

[8] 梁绿琦.高等职业教育研究资料选编[M].北京:北京理工大学出版社,2010.

[9] 金川,李蓓春,吕韩飞.高等职业教育办学定位理论与实践研究[M].北京:中国政法出版社,2013.

[10] 罗志.高职院校办学特色形成机制研究[M].长沙:湖南大学出版社,2012.

[11] 朱卫彬.高职院校发展专业特色的实证研究[M].长沙:中南大学出版社,2009.

[12] 李名梁.大学办学特色的形成机制研究[M].天津:天津大学出版社,2007.

[13] 高隆昌.系统科学原理[M].北京:科学出版社,2005.

[14] 黄宇智,潘懋元.高等教育学文集[M].汕头:汕头大学出版社,1997.

[15] 薛天祥.高等教育管理学[M].上海:华东师范大学出版社,1997.

[16] 房剑森.高等教育发展论[M].南宁:广西师范大学出版社,2001.

[17] 王前新.高等职业教育人才培养模式构建[M].广东:汕头大学出版社,2002.

[18] 林毅夫.供给侧结构性改革[M].北京:民主与建设出版社,2016.

[19] 郭光华,向群.试论高等水利院校校园文化建设——以江西农业大学校园文化建设为例[J].江西农业大学学报(社会科学版),2005(4):125-127.

[20] 王刚清,王延年,高艳,等.高等农业院校校园文化建设的探索与思考[J].高等农业教育,2009(5):3-5.

[21] 宋孝忠.办学特色与大学的核心竞争力[J].华北水利水电学院学报(社会科学版),2007,23(5):2-4.

[22] 王炜波.台湾技职院校办学特色研究[J].中国职业技术教育,2011(36):82-85.

[23] 李名梁,陈士俊.大学办学特色研究述评[J].中国地质大学学报(社会科学版),2005,18(4):126-129.

[24] 王会.水利高等教育与现代化水利人才的培养[J].华北水利水电学院学报(社会科学版),2013,29(4):9-11.

［25］汪恕诚. 人水和谐科学发展——新时期水利改革发展的时代特征［J］. 中国水利，2011（8）:7-8.

［26］吴娱. 浅析我国水利高等教育的现状与发展［J］. 科技导刊，2013（4）:15-16.

［27］魏有兴. 构建与水利事业大发展相适应的水利高等教育［J］. 水利发展研究，2011（8）:40-43.

［28］张修宇，左其亭. 新时期水利改革与水利学科专业发展探析［J］. 华北水利水电学院学报（社会科学版），2013，29（4）:9-11.

［29］续润华，李建强. 美国科教兴农政策的历史嬗变及其启示［J］. 教育理论与实践，2005（13）:23-26.

［30］李文英. 日本农业教育的现状、特点及其启示［J］. 比较教育研究，2004，25（10）:63-68.

［31］张伟. 我国现代农业发展的趋势与对策研究［J］. 河南农业科学，2013，42（8）:197-200.

［32］牛金成. 高校办学定位研究:内涵、属性与内容［J］. 现代教育科学，2012（7）:18-20.

［33］朱志海. 高职院校办学定位存在的问题及对策［J］. 教育与职业，2011（32）:22-23.

［34］刘晓保. 高等技术院校:地方本科院校的路向选择［J］. 职教论坛，2012（28）:24.

［35］崔清源，但军. 高职教育社会适应性的体制和机制研究［J］. 职业技术教育，2010，31（10）:36-41.

［36］刘洪宇. 我国高等职业教育校企合作体制机制建设的新思路［J］. 教育与职业，2011（5）:10-13.

［37］牛力超，赵梓含，袁玉捷. 我国高等教育体制的发展与改革［J］. 经营管理者，2011（24）:405.

［38］王亚华，胡鞍钢. 中国水利之路:回顾与展望（1949—2050）［J］. 清华大学学报（哲学社会科学版），2011，26（5）:99-112.

［39］郭桂英，姚林. 关于我国高校办学定位的研究［J］. 江苏高教，2002（1）:59-62.

［40］游永才. 对高职教育办学定位问题的探讨［J］. 教育学术月刊，2008（9）:74-75.

［41］吴升刚，牛金成. 高等职业院校办学定位探微［J］. 继续教育研究，2011（9）:47-49.

［42］王永和，姜兆全. 农业高职院校为地方现代农业服务的研究与实践［J］. 安徽农业科学，2013，41（16）:7387-7389.

［43］肖福玲. 高职院校如何确定自身的办学特色［J］. 教育导刊，2010（2）:56-58.

［44］张文杰. 关于高职教育发展定位研究［J］. 职业教育研究，2009（6）:12-13.

［45］陈同强，刘振优. 高校教学管理模式的创新研究与实践［J］. 科技视界，2013（65）:167.

［46］邓川，晏龙强. 改革高职院校办学体制　促进校企深度融合［J］. 继续教育研究，2011（8）:47-48.

［47］陈嵩，黄芳. 职业教育差异化管理体制机制初探——以上海的实践为例［J］. 职教论

坛,2013(34):76-78.

[48] 王孝坤.城市高职教育质量观与办学机制的理论探讨[J].黑龙江高教研究,2005
(2):51-53.

[49] 钟静.生命周期理论视角下高职院校专业建设策略研究[J].当代教育论坛(教学
版),2008(4):77-79.

[50] 张兄武.专业特色的定位和培育[J].煤炭高等教育,2009,27(4):19-20.

[51] 杨杰.论高职院校专业特色的培育途径[J].河北大学成人教育学院学报,2007,9
(3):33-35.

[52] 姜大源.职业教育学基本问题的思考(一)[J].职业技术教育(教科版),2006,27
(1):5-10.

[53] 姜大源.职业教育学基本问题的思考(二)[J].职业技术教育(教科版),2006,27
(4):45-50.

[54] 马成荣.职业教育课程改革的若干问题分析[J].中国职业技术教育,2009(9):
70-74.

[55] 刘洪宇.高职教育的类型特色与高职院校的内涵建设[J].教育与职业,2008(21):
10-13.

[56] 周劲松.高等职业院校精品专业内涵建设的着力点[J].职教论坛,2008(2):37-39.

[57] 沈宏毅,李文权.关于高职专业内涵建设的研究与实践[J].淮南职业技术学院学报,
2007,7(4):7-9.

[58] 欧阳霞,刘增安.论高职教育人才培养目标定位与内涵建设[J].中国成人教育,2008
(1):90-91.

[59] 郝超,蒋庆斌.试论高职教育项目课程的基本内涵[J].中国高教研究,2007(7):
59-60.

[60] 王昆.我国水利高等教育层次结构的优化研究[D].南京:河海大学,2006

[61] 雷洪德.中国高等教育规模变化的特征及其成因[J].高等教育研究,2012(7):
46-52.

[62] 杨胜敏.高职水利专业职业能力的探索及实践[J].教育与职业,2007(20):125-126.

[63] 尹韦.高职校园文化建设的探索与实践[J].中国职业技术教育,2010(24):72-73.

[64] 岳梦.论行业组织在职业教育中的作用[J].职教论坛,2008(1):43-45.

[65] 曹根基,蒋庆斌.以行业协会为桥梁探索产学研结合的发展道路[J].中国高教研究,
2007(1):68-69.

[66] 浩泉.地方高校如何争创"一流"——北工大校长左铁镛谈地方高校发展战略[J].中
国高等教育,2001(13):38-40.

[67] 程艺.新时期如何推进"开门发展"[N].中国教育报,2009-06-01(5).

[68] 常小勇.高职产学研合作教育模式及选择的探讨[J].中国高教研究,2005(7):
41-42.

［69］崔岩.强化特色专业　打造高职品牌［N］.中国教育报,2008(3).

［70］苏文锦.高等职业教育社会服务的内涵与实现途径［J］.福建师范大学学报(哲学社会科学版),2008(6):166-170.

［71］孙中义,陶潜毅,高职院校办学特色研究与实践［J］.国土资源高等职业教育研究,2008(5):1-27.

［72］张绍山,赵为粮.构建现代职业教育体系:教育战略发展的必然选择［J］.中国职业技术教育,2013(30):5-7.

［73］乔佩科.中国高等职业教育政策发展研究［D］.沈阳:东北大学,2009.

［74］杜安国.中国高等职业教育财政研究［M］.北京:经济科学出版社,2011.

［75］邓岳南.我国农业高等职业院校投资体制问题研究［D］.长沙:湖南农业大学,2010.

［76］石丽敏.农业职业教育发展中政府职能的有效运用［J］.中国农业教育,2009(2):62-64.

［77］曹晔.我国现代职业教育体系框架构建［J］.教育发展研究,2013(1):41-45.

［78］李术蕊.充分发挥行业指导作用加快发展现代职业教育［J］.中国职业技术教育,2013(4):5-11.

［79］马庆发.创新思维:深化职业教育校企合作［J］.职教通讯,2012(34):6-9.

［80］徐东.高职院校校企合作深化中的问题与思考［J］.教育与职业,2013(3):27-28.

［81］高鸿,高红梅.职业教育集团化办学的内涵与特征研究［J］.中国职业技术教育,2012(26):32-36.

［82］黄国英.我国职业教育集团化办学运行机制研究［J］.成人教育,2012,32(3):70-71.

［83］黄远辉,庞基赛.校行企三方合作共建就业实习基地——提高高职学生就业实习质量的创新举措［J］.企业科技与发展,2010(10):214-216.

［84］刘向红,段峻.高职教育集团化办学改革的研究与探索［J］.中国大学教学,2012(5):71-73.

［85］王芳平.陕西省高等职业教育与区域经济协调发展研究［D］.杨凌:西北农林科技大学,2012.

［86］郝婧.高等农业职业教育人才培养模式的创新与实践［J］.北京农业职业学院学报,2010,31(3):58-61.

［87］中国水利教育协会.水利高校如何培养适应现代水利需要的人才［J］.中国水利,2009(16):1-4.

［88］卢晓东,陈孝戴.高等学校"专业"内涵研究［J］.教育研究,2002(7):47-52.

［89］吴锋,魏伟.美国社区教育的发展模式及对我国的启示［J］.湖北大学学报(哲学社会科学版),2004,31(1):119-122.

［90］潘陆益.德国"双元制"职业教育的文化渊源及其启示［J］.中国高等教育,2011(22):40-41.

［91］徐继宁.赠地学院:美国高等农业职业教育的开拓者［J］.职业技术教育,2008(22):

85-89.

[92] 王丽丽,赵邦宏,赵宗峰.日韩两国职业农民培育对中国的启示[J].黑龙江畜牧兽
医,2015(4):27-28.

[93] 苗晓丹,刘立新,刘杰.德国农业职业教育体系及其主要特点[J].中国农村经济,
2015(6):85-95.

[94] 杨铎,宁永红,刘颖.中日农业职业教育体系的比较分析及启示[J].教育与职业,
2015(6):20-23.

[95] 陈登斌.湖南信息科学职业学院发展特色[M].长沙:湖南人民出版社,2009.

[96] 胡春晓.加强高校校园文化建设,营造良好人文环境[J].江西农业大学学报(社会科
学版),2005,4(2):82-83.

[97] 麦可思研究院.2011年中国大学生就业报告[M].北京:社会科学文献出版社,2011.

[98] 王承绪,等译.高等教育系统——学术组织的跨国研究[M].杭州:杭州大学出版
社,1994.